煤矿粉尘危害防控关键技术

李德文 著

U0380216

东南大学出版社
SOUTHEAST UNIVERSITY PRESS
·南京·

内 容 简 介

本书针对煤体增渗润湿、矿山粉尘捕获、综掘面通风除尘压抽风流协调机制等基础研究不够深入，粉尘防治、监测等技术突破难，矿山职业危害分级管理与预警尚属空白等一系列问题，以矿山粉尘控制为主要目标，对采煤机尘源跟踪高压喷雾降尘技术、掘进工作面涡流控尘及旋流除尘技术、特殊煤层的注水工艺技术、矿用湿式孔口除尘技术和粉尘监测技术等开展机理研究，进一步阐述相关技术及装备的设计准则及注意事项。研发的难注水煤体逾裂增渗润湿、综采面分尘源粉尘控制、综掘面通风除尘风流自动调控、粉尘浓度连续监测等关键技术及装备有效推动了矿山职业危害防治技术的进步。

本书可作为从事煤矿开采设计、粉尘危害防治研究和产品开发等工作的工程技术人员的参考资料，亦可作为高等院校相关专业的设计参考书。

图书在版编目(CIP)数据

煤矿粉尘危害防控关键技术/李德文著. —南京:东南
大学出版社,2020.9
　ISBN 978-7-5641-8752-1

　Ⅰ.①煤…　Ⅱ.①李…　Ⅲ.①煤尘－防尘　Ⅳ.
①TD714

中国版本图书馆 CIP 数据核字(2019)第 292674 号

煤矿粉尘危害防控关键技术
Meikuang Fenchen Weihai Fangkong Guanjian Jishu

著　　者：	李德文
出版发行：	东南大学出版社
社　　址：	南京市四牌楼 2 号　　邮编：210096
出 版 人：	江建中
责任编辑：	姜晓乐(joy_supe@126.com)
网　　址：	http://www.seupress.com
经　　销：	全国各地新华书店
印　　刷：	江苏凤凰数码印务有限公司
开　　本：	787 mm×1092 mm　1/16
印　　张：	13
字　　数：	325 千字
版　　次：	2020 年 9 月第 1 版
印　　次：	2020 年 9 月第 1 次印刷
书　　号：	ISBN 978-7-5641-8752-1
定　　价：	59.00 元

本社图书若有印装质量问题，请直接与营销部联系。电话(传真)：025-83791830

前　　言

我国是世界煤炭生产量及消费量最大的国家,煤炭一直是我国的主要能源和重要原料,在一次能源生产和消费构成中煤炭始终占一半以上。粉尘是煤矿生产的重大灾害之一,其危害主要表现在:(1)污染工作场所,容易引起尘肺病等职业病;(2)在一定条件下会发生爆炸,致使矿毁人亡;(3)降低采、掘等工作场所能见度,增加工伤事故的发生率;(4)容易自燃,易形成火灾;(5)加速机械磨损,缩短精密仪器的使用寿命。"十二五"以来,我国矿山实现了安全生产状况明显好转的目标,但粉尘危害上升趋势未能得到有效遏制。企业接触粉尘人员数量大、接尘率高,受粉尘危害引发的尘肺病例一直处于上升态势。而随着矿山开采强度的加大,作业场所粉尘的生成量也大大增加。针对当前煤矿掘进工作面、采煤工作面、粉尘监测和监管方面关键技术的现状,本书重点对煤矿粉尘防治、粉尘浓度连续监测、职业危害分级管理与预警信息平台等问题进行了研究。

全书共分8章:第1章对煤矿粉尘防治进行概述,介绍了煤矿粉尘成因、危害、防控技术、装备方面的发展历程及趋势;第2章阐述了煤矿粉尘粒度分布、密度、形状和结构、充填性质、安置角与滑动角、湿润性、扩散性、黏附性、荷电性、光学特性、磨损性、化学成分、爆炸性等基本特性及影响因素;第3章基于罗辛-拉姆勒分布和粒径对数正态分布等函数,对煤(岩)的产尘性能指标进行了研究,并进一步指出煤(岩)的产尘能力直接定量地反映煤(岩)破碎后的产尘量,说明煤(岩)本身的产尘性质是影响粉尘作业场所粉尘浓度的主要因素;第4章给出了高压喷雾、预荷电喷雾、声波雾化喷雾等喷雾降尘技术的设计准则及应用条件;第5章叙述了针对掘进工作面的袋式除尘器、湿式过滤除尘器的设计依据,介绍了研制的高效袋式、湿式过滤除尘器装备,指出了相关的关键技术细节及注意事项,提出了呼吸性粉尘的除尘机理,从而满足了不同断面尺寸机掘工作面掘进的除尘需要;第6章介绍了采煤工作面粉尘治理的总体思路及途径,提出了预先湿润煤体粉尘治理技术、机械化采煤工作面粉尘治理技术、炮采工作面粉尘治理技术等关键技术及相关装备的研制设计依据;第7章提出了粉尘采样器、检测、监测等设备的研制思路及相关的机理;第8章按照"设备及仪表"→"协议"→"平台"的研究思路,采用分布式处理模式和集中管理模式,构建了云平台职业危害监管系统,实现了远程监测和远程控制,即实现了各种控制参数的远程在线修改及运行工况的实时监控。

本书是作者依托承担的国家重点研发计划"矿山职业危害防治关键技术及装备研究"、

国家科技支撑项目"瓦斯煤尘爆炸预防及继发性灾害防治关键技术"、国家重点科技攻关项目"以控制呼吸性粉尘为主的粉尘高效防治技术及装备的研究"及"特殊煤层注水工艺技术的研究"、国家自然基金重点项目"煤矿难润湿性煤层采掘面煤尘扩散机理及防治技术基础研究"等撰写而成,是笔者对多年来学习和研究煤矿粉尘防治理论、方法和应用成果的一个总结。

在撰写本书的过程中,摘引和参阅了国内外行业专家、学者的论文和论著,同时得到了卢鉴章、刘见中等专家的支持、帮助,他们为书稿内容提出了很多建设性建议。此外,本书还得到了中国矿业大学、北京科技大学等高校的大力支持,在此特向为本书出版给予支持与帮助的同志们表示衷心的感谢!

由于作者的学识水平有限,书中疏漏及不当之处在所难免,恳请读者批评指正。

著　者

2020 年 9 月

目　　录

第1章 绪 论

煤炭资源是能源矿产资源之一,截至 2018 年年底,煤炭在世界一次能源消费量中占 27.2%。煤炭是我国的基础能源。我国是"富煤、贫油、少气"的国家,是当今世界上第一产煤大国,煤炭产量占世界的 35% 以上,煤炭可供利用的储量约占世界煤炭储量的 11.67%,位居世界第三。我国也是世界煤炭消费量最大的国家,煤炭一直是我国的主要能源和重要原料,在一次能源生产和消费构成中煤炭始终占一半以上。上述特点决定了煤炭将在一次性能源生产和消费中占据主导地位且长期不会改变。

中国煤炭工业协会发布的《2017 煤炭行业发展年度报告》显示,大型现代化煤矿已经成为煤炭生产主体,2017 年底全国煤矿数量减少到 7 000 处以下。其中,年产 120 万吨及以上的大型现代化煤矿达到 1 200 多处,产量占全国的 75% 以上;建成千万吨级特大型现代化煤矿 36 处,产能 6.12 亿吨/年;在建和改扩建千万吨级煤矿 34 处,产能 4.37 亿吨/年。全国前 4 家大型煤矿企业产量 9.33 亿吨,占全国煤炭产量的 26.5%,同比增加 1.12 亿吨。

但是,伴随着煤炭工业的发展,粉尘危害也日益显著。粉尘作为煤矿生产的伴生物,是煤矿的五大灾害(指瓦斯、顶板、矿尘、火、水)之一,危害主要表现在以下几个方面。(1) 污染工作场所,引起尘肺病等职业病。截至 2009 年 6 月底,我国共报告尘肺病 64.3 万例,2009 年上半年新发 4 972 例,已死亡 361 例,其中煤矿尘肺病患者占尘肺病总数的 46%。据专家测算,全国每年因尘肺病造成的直接经济损失达 80 多亿元,间接损失更是难以计算。(2) 在一定条件下可能引发爆炸,致使煤毁人亡。(3) 降低采、掘等工作场所能见度,增加工伤事故的发生。(4) 容易自燃,易形成火灾。(5) 加速机械磨损,缩短精密仪器的使用寿命。由此可见,粉尘的防治对于我国煤矿行业发展来说已迫在眉睫。

1.1 煤矿开采工艺及其相关粉尘危害

1.1.1 我国煤矿主要采煤方法的采煤工艺

任何采煤方法的采煤工艺都脱离不了落、装、运、支、管等环节。采煤方法分为壁式、柱式两大体系,我国以壁式体系为主。

1. 长壁采煤法

1) 走向长壁综合机械化采煤方法(图 1-1)

(1) 采煤工作面所配套的机械设备

① 双滚筒采煤机:以工作面刮板输送机为导轨,在工作面上下穿梭行走割煤或单向割

煤、装煤。

② 工作面刮板输送机:作为采煤机的导轨,其主要功能是装运煤,将采煤机割落的煤装运出工作面;由机头、机尾和许多中部槽与刮板链条组成。

③ 液压支架:主要功能是支护工作面的顶板,形成采煤工作必要的作业空间。支架的数量视工作面的长度而定。每架支架的宽度据采高不同而变化,一般为1.5 m、1.75 m和2.05 m不等,支架宽度与刮板输送机中部槽长度对应。液压支架底座有一个推移千斤顶,其头部与刮板输送机中部槽相连。它以液压支架为支点将刮板输送机推向煤壁(称为推溜);又可以刮板输送机中部槽为支点,在液压支架降柱以后,将液压支架拉向煤壁完成推溜移架的功能。3.5 m以上一次采全高的液压支架一般设计有护帮板,可减少高大工作面煤壁片帮。

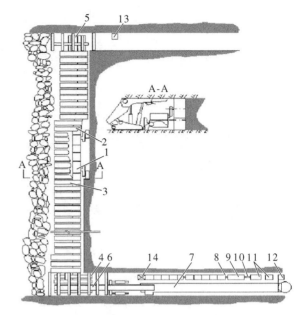

1—采煤机;2—刮板输送机;3—液压支架;4—下端头支架;5—上端头支架;6—转载机;7—可伸缩胶带输送机;8—配箱;9—移动变电站;10—设备列车;11—泵站;12—喷雾泵站;13—绞车;14—集中控制台

图 1-1　走向长壁综合机械化放顶煤采煤工作面示意图

(2) 综采工作面采煤工艺过程

① 双滚筒采煤机:上、下滚筒上下割煤、装煤(滚筒上有螺旋板可将割落煤甩向输送机)。

② 工作面刮板输送机:将采煤机割落的煤装运出采煤工作面。

③ 液压支架:支护工作面顶板,切断工作面顶板让其自行垮落,同时有推溜移架功能。

2) 倾斜长壁综合机械化采煤方法

此采煤方法的采煤工艺与走向长壁采煤方法类似,不同点是采煤工作面沿走向布置,沿倾向推进。

3) 走向长壁综合机械化放顶煤采煤方法(同图1-1)

5 m以上厚煤层由原倾斜长壁分层开采改为放顶煤开采。

(1) 采煤工作面所配备的机械设备:与综合机械化采煤工作面基本相同,不同之处主要是其液压支架设计不同(称为放顶煤液压支架),后部掩护梁空间较大,其下部有一段活动梁称为放煤板,可上下摇动起放煤作用。在支架后部掩护梁下与工作面一样安设了一台刮板输送机运送垮落的顶煤。

(2) 综放工作面采煤工艺过程:工作面前部与综采工作面相同。

① 支架后部:在工作面推溜移架3至5架之后即可放煤,放煤工艺有"两采一放"和"一采一放",现基本上为"一采一放"。先将后部刮板输送机拉向液压支架尾部摇动放煤板,垮落的顶煤即可流入刮板输送机,输送机就将煤运向运输巷转载机。

② 落:矿压作用、自重作用垮落。

③ 装:自然坡度滑落、晃动装煤板,煤即滑落至刮板输送机中,随后运入运输巷转载机中。

4) 急倾斜水平分层综放工作面采煤方法

采煤工作面采煤工艺同综放工作面。比如,新疆某些煤矿工作面倾角55°以上,沿走向推进。

5) 走向长壁普采和高档普采(普通机械化采煤)采煤方法

与综采工作面的区别主要就是工作面顶板支护分别用摩擦式金属支柱或单体式液压支柱。工作面用液压推溜器推溜,人工打支柱。

主要采煤工艺为:采煤机落、装煤→刮板机装(人工辅助)运煤→人工打支柱支护顶板→人工回柱放顶。

6) 走向长壁炮采工作面采煤方法

(1) 工作面打眼分段放炮落煤。

(2) 刮板输送机加人工装运煤。倾角20°～25°笨溜子运煤,25°以上工作面煤顺底板自溜。

(3) 人工单体支柱支护顶板。

(4) 人工回柱放顶。

2. 柱式体系采煤法

柱式体系采煤法又称为短壁体系采煤法。我国20世纪90年代初神华集团在个别矿井引进美国房柱式开采技术和采矿设备进行了短壁式开采。主要机械设备为连续采煤机和履带行走式液压支架。一般采用此法垮落式管理顶板,工作面布置机动灵活,适合开采边角不规则块段。

1.1.2 我国煤矿巷道掘进方法和掘进工艺

1. 煤矿巷道的分类

1) 从巷道掘进所破岩石类型划分

(1) 全岩巷道;(2) 半煤岩巷道;(3) 全煤巷道。

2) 从巷道所服务类型(年限)划分

(1) 服务于矿井,如井底车场、主要硐室(全岩巷;一般建井过程中已完成)。

(2) 服务于水平,如水平车场、主要硐室、水平运输大巷(一般为全岩巷)。

(3) 服务于采区或采煤工作面,一般为半煤巷和全煤巷(一般生产矿井大量需掘进的巷道)。

2. 煤矿巷道掘进方法分类

1) 综合机械化掘进工作面(半煤岩巷、全煤巷)。

2) 钻爆法全岩巷掘进工作面。

3. 巷道掘进工艺

主要有破岩、排矸、支护等环节。

4. 综合机械化掘进工作面的掘进工艺

1）所配备的机械设备

（1）主要机械为悬臂式（也称为炮头式）综合掘进机（破、装、运）。

（2）转载刮板机（转运）或矿车。

（3）可伸缩皮带（运）或矿车。

（4）巷道锚喷全套设备：包括锚杆打眼机、锚喷机等。

（5）安全配套设备：压入式局部扇风机及软风筒（通风）。

（6）过滤式除尘器。

2）掘进工艺

（1）综掘机破岩掘进，同时装运破落的煤岩，转入转载机或矿车。

（2）转载机装运的煤矸转入可伸缩皮带运出工作面或转入矿车运出工作面。

（3）综掘机掘进若干米之后（按作业规程规定）停止掘进，退出工作面一定距离，修整工作面（刷帮、挑顶、拉底等），对巷道进行临时支护或永久支护（架棚、锚网或锚网喷支护）。

5. 钻爆法全岩巷掘进工作面的掘进工艺

1）所配备的机械设备

（1）钻眼设备：① 电煤钻（煤、软岩）；② 气腿或凿岩机（岩）；③ 液压台车（全岩）。

（2）出煤矸设备：① 挖斗式装岩机；② 侧卸式铲斗装岩机；③ 扒斗装岩机。

（3）运煤矸设备：带式（转载）输送机、4～5 t 电机车与转运矿车。

（4）巷道锚喷全套设备。（同前）

（5）安全配套设备。（同前）

2）掘进工艺

（1）钻眼：按掘进作业规程规定布孔钻眼。分为矩形断面、梯形断面（大多数工作面、进风巷、回风巷和采区上下山）和拱形断面。水平运输大巷、硐室和车场巷道分为周边眼和掏槽眼。

（2）装药爆破：① 二次爆破，即先爆破掏槽眼，后爆破周边眼；② 一次爆破，即掏槽眼用瞬时雷管，周边眼用延时雷管。

（3）安全检查：瓦斯检测、敲帮问顶、消除隐患。

（4）临时支护。

（5）出矸：使用人工、扒斗装岩机，侧卸式铲斗装岩机、挖斗装岩机。运矸：使用矿车、刮板机、带式输送机，有时出矸和第二次爆破的打眼可平行作业。

（6）永久支护。

1.1.3 矿尘的产生及影响因素

1. 矿尘的产生

煤矿井下生产的绝大部分作业都会不同程度地产生粉尘。产尘的主要作业有：

1）采煤机割煤、装煤和掘进机掘进；

2）炸药爆破；

3）各类钻眼作业，如打炮眼、锚杆眼和注水眼等；

4）风镐落煤；

5）装载、运输、转载和提升；

6）采场和巷道支护，移架和推溜等；

7）放煤口放煤。

如发生冒顶和冲击地压等也会产生大量的粉尘。

2. 影响产尘的主要因素

1）采掘机械化程度和开采强度

据不完全统计，机械化开采的煤矿井下矿尘的70％～85％来自采掘工作面。采掘机械化程度的提高和开采强度的加大使产尘量大幅度地增加。在地质条件和通风状况基本相同的情况下，不同的采掘方法及有无防尘措施，其产尘浓度相差很大（见表1-1）。有无防尘措施也会影响粉尘的粒度分布（表1-2），采取防尘措施后，粗粉尘的比例下降，微细粉尘的比例上升，说明除去的粗粉尘更多。

表1-1 不同采掘方法及有无防尘措施的产尘浓度比较

采掘方法	防尘措施	产尘浓度/(mg・m^{-3})
炮 采	无	300～500
	煤层注水和喷雾洒水	40～80
机 采	无	1 000～3 000(个别达8 800以上)
	煤层注水和采煤机内外喷雾	30～100
综 采	无	4 000～8 000(个别达20 000以上)
	煤层注水和采煤机内外喷雾	20～120
炮 掘	无	1 300～1 600
	湿式凿岩、放炮喷雾、装车洒水、冲洗岩帮及净化通风	6～10
机 掘	无	2 000～3 000(个别达6 000以上)
	掘进机外喷雾和除尘器净化等	5～50

表1-2 有无防尘措施的粉尘粒度分布比较(平顶山某矿采煤工作面)

防尘措施	粉尘斯托克斯粒径 d_{st}/μm										
	＞100	＞80	＞60	＞50	＞40	＞30	＞20	＞10	＞8	＞6	＞5
	粒度分布(累计质量百分比)/%										
无防尘措施	2.3	4.6	8.5	12.0	18.4	29.4	42.8	63.9	70.7	77.5	81.0
采取综合防尘措施	1.0	1.8	4.7	7.5	12.1	18.2	29.9	51.0	56.0	64.3	68.5

产尘量除受机械化程度因素的影响外,与开采强度(即工作面的产量)也有密切关系。一般情况下,在没有采取防尘措施的煤矿井下,产生的煤尘约等于采煤量的1%～3%,有的综采工作面达到了5%以上。

不同的采掘方法不仅影响产尘量,而且影响矿尘的粒度分布(表1-3)。

表1-3　不同采掘方法产生的矿尘的粒度分布(计数)

矿井名称	采掘方法	测定工序	粉尘投影粒径 $d_{pr}/\mu m$			
			0～2	2～5	5～10	＞10
			粒度分布(对应粒径所占数量)/%			
集贤竖井	普采	割煤	46	24	21	9
岭西竖井	炮采	出煤	27	40	27	6
岭西竖井	半煤层炮掘	打眼	35	35	20	10
七星四井	岩炮掘	打眼	31	43	21	5
七星四井	综采	割煤	43	44	11	2

2)地质构造及煤层赋存条件

地质构造复杂、断层褶曲发育、受地质构造运动破坏强烈的煤田,开采时产尘量大、粉尘颗粒细、呼吸性粉尘含量高。

煤层的厚度、倾角等赋存条件对产尘量也有明显影响。开采厚煤层比开采薄煤层的产尘量大;开采急倾斜或倾斜煤层比开采缓倾斜煤层产尘量大。

3)煤岩的物理性质

一般情况下,节理发育、脆性大易碎、结构疏松、水分低的煤岩较其他煤岩产尘量大,尘粒也细。

4)采煤方法和截割参数

在相同煤层条件下,采用不同的采煤方法其产尘量也不同。急倾斜煤层用倒台阶采煤法比用水平分层采煤法产尘量大;顶板全冒落采煤法比充填采煤法产尘量大。采掘机械截齿形状及排列、牵引速度、截割速度、截割深度等的确定和选择是否合理都直接影响着产尘量及其粒度组成。

5)环境温度和湿度

在其他条件相同的情况下,如果作业环境温度高、湿度低,则悬浮在空气中的粉尘的浓度就大。

6)作业点的通风状况

(1)通风方式

在合适条件(如急倾斜倒台阶采煤工作面)下,下行通风方式比上行通风方式产尘量少;作业点分区通风方式比串联通风方式产尘量少。

(2)风速

风速是影响作业环境空气中粉尘含量极重要的因素。风速过大,会将已沉积的矿尘吹扬起来;风速过低,影响供风量和矿尘的吹散。最佳排尘风速要根据不同作业点的特点而定。国内外专家认为,掘进工作面的最佳最低排尘风速为 0.25～0.5 m/s。

针对回采工作面的最佳排尘风速,国内外研究得出的结果见表 1-4。各国煤矿回采工作面的生产技术条件不同,需要的供风量也各异,加之煤体性质等方面的差别,因此确定出的最佳排尘风速有较大差异。从表 1-4 可以看出,我国部分综采工作面的实际风速已超过最佳排尘风速,这对粉尘治理非常不利。

表 1-4　几个国家确定的回采工作面最佳排尘风速　　　　单位:m/s

国　家	最佳排尘风速	部分综采工作面实际已达风速
中　国	1.2～1.6	3.8
英　国	1.5～2.0	2.5
德　国	2.0～3.0	3.1

3. 浮游粉尘的运动状况

井下作业产生的浮游粉尘因受风流吹动和尘粒自身的重力作用,将做定向运动或不规则(布朗)运动。

粉尘在风流作用下的运动状况与风流的状态有密切关系。当风速较大时,即当粉尘的速度比(风速与尘粒的速度比)接近 1 时,尘粒基本上处于均匀分布状态,呈悬浮运动;当风速较小时,粉尘的速度比是不规则变化的,尘粒呈疏密流或停滞流;当在接近巷道底板扬起粉尘时,粉尘绝大部分靠近巷道下部运动;当风速很小时,粉尘仅部分被风流带走;当局部巷道断面变小风流增大时,粉尘的运动状态也随之发生变化。

悬浮在风流中的粉尘在自身的重力作用下沉降,一般情况下,进入回风巷内的部分粉尘大致在距工作面 60 m 的范围内沉降下来;装载点扬起的部分粉尘大致在距尘源 20 m 范围内沉降下来。

悬浮在气流中的微细粉尘是很难沉降的,仅靠与障碍物接触时黏附在障碍物上,当聚集的尘团重力大于黏附力时,便第二次进入风流中。

沉积粉尘可被风流再次扬起,此时的风速叫作沉积粉尘的吹扬速度。

煤尘堆被吹扬的速度为 5～25 m/s;

单层煤尘被吹扬的速度为 20～140 m/s;

煤尘堆局部被吹扬的速度为 2～24 m/s;

单层煤尘局部被吹扬的速度为 2～6 m/s。

1.2　煤矿防控粉尘方面的发展历程

1.2.1　国外防降尘技术现状

为了达到卫生标准对粉尘浓度的控制要求,世界发达采煤国家在粉尘治理和粉尘监测方面开展了深入研究,研制出一系列先进适用的粉尘防治技术及装备。

1. 粉尘治理技术

国外对粉尘的治理贯穿于煤矿设计、生产整个过程,从巷道布置、采煤工艺等方面就充分考虑了防尘的需要,在此基础上,结合先进的控尘、除尘措施,减少作业人员的接尘强度,避免产生尘肺病。

美国综采和综放工作面综合考虑防尘和防治瓦斯的需要,采用 Y 形通风系统,并将工作面的风速控制在 $2.0 \sim 2.3$ m/s 之内,既能有效排尘,又能避免粉尘二次飞扬。开采前进行煤层注水,要求瓦斯抽放后预留 6 个月时间对煤体进行注水,确保煤体的水分含量增加到 6% 左右;采煤机割煤时采用内外喷雾控尘、降尘,通过加大喷雾流量提高降尘效果,喷雾流量达到 1 200 L/min 以上(我国一般在 200 L/min 左右);在支架的顶部和侧面布置一定数量喷嘴,减少移、降架产尘,同时,在支架顶梁底面安装喷雾,形成移动式水幕,以控制滚筒区域的粉尘;破碎机采用全密闭,密闭罩内设置多道低压大流量喷雾水幕;皮带防尘采取低压大流量喷雾湿润煤,减少运输过程产尘;同时在喷雾中添加一定的化学降尘剂以增加降尘效果。美国综采工作面在采取综合防尘措施后,呼吸性粉尘时间加权平均浓度达到 2.0 mg/m³ 以下。

德国在综掘工作面设计时就考虑控除尘设备的安装要求,工作面辅助运输采用单轨吊方式,控除尘设备吊挂在单轨吊上随掘进机同步移动,设计好的配套工艺参数在掘进过程中基本不变化,大的断面及单轨吊运输可采用控尘效率高达 99% 的涡流控尘装置和除尘效率高达 99.9% 的布袋除尘器,综掘工作面的呼吸性粉尘时间加权平均浓度降低到 1 mg/m³ 以下。

2. 粉尘监测技术

国外以长周期呼吸性粉尘监测为重点,英国、德国等还配置了粉尘浓度传感器,对作业场所的粉尘进行连续实时监测,研制了系列化的粉尘浓度监测仪器,如德国的 TM 系列、日本的 P5 系列、英国的西姆斯林系列及美国的粉尘雷达等,可以根据作业场所粉尘的特点及监测目的选择相应的粉尘监测手段。

1.2.2 国内防降尘技术现状

近年来,随着国家对职业安全健康工作逐步重视,以及《中华人民共和国劳动保护法》《中华人民共和国职业病防治法》《煤矿作业场所职业危害防治规定(试行)》等法律文件的颁布实施,国内粉尘防治工作正逐步与国际接轨,从总尘治理向呼吸性粉尘治理过渡,粉尘监测也从短时间断监测向连续在线监测转变,研究出了综采工作面综合防尘技术、综掘工作面综合防尘技术、钻孔除尘技术、锚喷控除尘技术、粉尘在线监测技术、个体防护技术等。

1. 粉尘治理技术

采煤工作面在采取水质保障技术、煤层注水防尘技术、采煤机内喷雾、采煤机高压外喷雾、采煤机尘源智能跟踪喷雾降尘技术、液压支架自动喷雾降尘技术、破碎机与转载点防尘技术等的综合措施后,采煤机司机处的总粉尘降尘效率达到 90%～95%,呼吸性粉尘降尘效率达到 80%～90%;放煤工操作处的总粉尘降尘效率达到 80%～88%,呼吸性粉尘降尘效率达到 70%～80%;支架下风流 15 m 处的总粉尘降尘效率达到 80%～90%,呼吸性粉尘降尘效率达到 70%～80%。

综掘工作面在采取注水防尘技术、掘进机高压外喷雾降尘技术、泡沫除尘技术、控除尘技术等措施的有机组合应用后,低瓦斯小风量综掘工作面(风速小于 1 m/s)掘进机司机处的总粉尘降尘效率达到 97%以上,呼吸性粉尘降尘效率达到 95%以上;高瓦斯大风量综掘工作面(风速大于 1 m/s)掘进机司机处的总粉尘降尘效率达到 95%以上,呼吸性粉尘降尘效率达到 87%以上;有突出危险的综掘工作面掘进机司机处的总粉尘降尘效率达到 90%以上,呼吸性粉尘降尘效率达到 80%以上;底板为泥岩的掘进面,采用泡沫降尘技术,在耗水量 10 L/min 情况下能够使综掘工作面降尘效率达到 90%以上。

在锚喷工作面采取以下综合措施:喷射机采用全密闭罩控制粉尘的扩散;采用以空气放大器为动力的湿式过滤除尘器对控制的粉尘进行抽尘净化;研制出体积小、操作方便、除尘效率高的新型潮喷机;喷浆采用遥控自动的机械手使操作人员不接尘;采用涡流控尘与除尘器相结合的控除尘措施对喷浆的粉尘进行抽尘净化。使喷射机处的总粉尘浓度降低到 10 mg/m³ 以下,呼吸性粉尘浓度降低到 5 mg/m³ 以下;使喷浆处的总粉尘浓度降低到 20 mg/m³ 以下,呼吸性粉尘浓度降低到 8 mg/m³ 以下。

瓦斯抽放钻孔采用孔口除尘器能使钻孔时的降尘效率达到 98%以上;运输采用皮带自动喷雾降尘技术、矿车密闭罩等,转载点采用密闭抽尘净化技术、密闭喷雾降尘技术等,将粉尘浓度控制在 10 mg/m³ 以下;进风巷采用光控自动喷雾降尘技术、定时自动喷雾降尘技术等,将粉尘浓度控制在 10 mg/m³ 以下;回风巷采用粉尘浓度超限自动喷雾降尘技术可使回风巷的粉尘浓度降低到设定限值。

个体防护方面,淘汰了传统的棉纱口罩,已采用带气阀的化纤滤料自吸式防尘口罩(以 3M 口罩为主)。近两年,针对自吸式防尘口罩在粉尘浓度高环境下长时间使用会影响工人呼吸的问题,又研制了动力送风式防尘口罩。这种口罩利用掘进工作面压入的新鲜风流作为气源,经过过滤后供工人呼吸。该口罩优点是价格低,只需购买呼吸面罩和过滤装置,缺点是携带不方便、移动距离受限。另一种带有动力的便携式防尘口罩采用镍氢电池作为电源,通过微型风机作为动力,其送风量可以根据不同的劳动强度随时调节,使用灵活、携带方便。

2. 粉尘检测技术

粉尘检测的内容主要有三项:粉尘浓度、粉尘分散度及粉尘中游离 SiO_2 含量,其中粉尘浓度又包括总粉尘浓度和呼吸性粉尘浓度两种。为了准确掌握煤矿井下粉尘浓度状况、防降尘设备使用状况,研发了防尘设备远程在线监控技术、基于北斗的职业危害监管技术。

粉尘浓度监测采用粉尘采样器、直读式测尘仪和粉尘浓度传感器三类仪器。粉尘采样器是粉尘浓度基准测定仪器,也是我国规定的粉尘浓度标准测定方法,有定点采样(短时采样、长周期采样)和个体采样。在直读式快速测尘方面,我国于 2002 年研制了 β 射线原理的第一代直读式测尘仪,采用采样与测尘一体化结构,避免了粉尘抖落而带来的误差;近年来研制的光电式直读测尘仪采用反馈原理稳定流量和正计时原理保障流量误差控制在 5% 的范围内,使仪器的测量误差小于 1.5%(标定误差)。在粉尘浓度连续监测方面,我国于 2005

年开发了第一代粉尘浓度传感器,该传感器采用光散射原理测尘,可以与煤矿井下的监测系统联网使用,实现煤矿井下粉尘浓度的连续监测;2013 年又成功研制了检测精度更高的静电感应式粉尘浓度传感器,该传感器利用粉尘电荷量与粉尘浓度呈正相关关系,通过电极感应电荷量的大小推算粉尘浓度,克服了光学式粉尘浓度传感器易污染、易堵塞的缺点,做到了基本免维护。同时研究出了现场校准技术与方法,能在井下对传感器进行自动快速校准。

粉尘分散度测定采用光学法和计数法两种。光学法利用斯托克斯(Stokes)定律结合光吸收原理测定粉尘分散度,实现了测试的自动化,粒度分布测量范围 $1\sim150~\mu m$。计数法是通过显微镜放大人眼计数方式,近两年随着电子、光学技术的发展,显微镜成像与计算机技术结合,实现了粉尘分散度的快速测量。

粉尘中游离 SiO_2 含量测试,国内一般采用焦磷酸法和红外分光光度计在实验室按有关标准测试。

防尘设备运行状态监控技术利用计算机通信技术,通过压力传感器、流量传感器、功率传感器、粉尘浓度传感器等对作业工作参数进行采集,根据地面监测防降尘设施的使用运行状态和现场粉尘浓度情况,通过远程控制防降尘设备,有效降低作业场所粉尘浓度。既保证煤矿井下的防降尘设施的有效使用、避免现场人员弄虚作假,又使监管部门以及煤矿企业管理人员能够及时准确地掌握煤矿井下的粉尘状况。

基于北斗的云端职业危害扁平化监管技术是在防尘设备运行状态监控技术的基础上,通过井下工业控制光纤环网将所有数据传输到地面监控平台,在监控室通过计算机屏幕就能及时准确地了解煤矿井下所有防降尘设备的使用情况、粉尘浓度,通过云计算中心和北斗卫星将监测的数据传送到相关监管人员用户终端,监管人员也能及时了解煤矿井下粉尘的真实情况。

1.2.3 国内外粉尘防治技术分析与比较

国内外在粉尘防治技术方面差距越来越小,均采用煤层注水预湿润技术、喷雾降尘技术、通风、密闭或除尘器除尘等防降尘技术降低粉尘浓度,但在防降尘思路、具体技术措施、采掘设备防尘设计以及粉尘监测等方面存在一定差距,主要表现在以下几方面。(1)在防降尘思路方面,国外更注重主动抑尘,通过大面积长时间注水增加煤体水分和发挥采煤机内喷雾抑尘作用,减少割煤过程中粉尘的产生。美国要求注水时间大于 6 个月、煤体水分增量大于 6%,内喷雾必须正常使用;德国要求回采工作面必须进行煤层注水。我国偏向于被动防尘,从事煤层注水研究的单位和实施煤层注水的煤矿不多,采煤机内喷雾基本不能正常使用。(2)在防降尘具体技术措施方面,国外采用低压大流量(压力 4 MPa 左右、流量大于 1 200 L/min)喷雾降低采煤机割煤过程中的粉尘;我国由于煤矿企业对煤质的要求高,煤炭水分含量不能太大,大部分煤矿采用低压小流量(压力 1~4 MPa、流量 80~200 L/min)喷雾,降尘效率低,一般在 50% 左右。国外(波兰、德国、南非、美国等)综掘工作面控除尘技术推广使用率高,同时对控除尘措施在现场配套工艺参数有严格的要求,可将呼吸性粉尘浓度降低到 2 mg/m³ 以下;我国由于受瓦斯治理规定、开采条件等因素的影响,使用控除尘措施的矿井不多,大部分防降尘设备生产企业缺少对现场配套工艺技术方面的研究,防尘设备使用、移动困难。(3)在采掘机械方面,国外在采掘机械的设计生产时就考虑了防尘的需要,如美国、德国采掘机械、液压支架设置大量喷雾装置,并对喷嘴进行有效保护;我国采掘机械的设计生产企业对防尘设计不重视,采掘机械内外喷雾一直沿用 20 世纪 70 年代末 80 年代初的研究成果,《滚筒采煤机出厂检验规范》(MT/T 82—1998)标准中无任何喷雾降尘内容,《采煤机螺旋滚筒》(MT/T 321—2004)只规定"筒内喷雾水路,应能承受(4.5±0.3)MPa 的耐压及畅通试验,相关焊缝处应无泄漏,单独拆除每个喷嘴的堵头,均应有压力水喷出",而对喷嘴设置数量及雾化情况、降尘效果无量化要求。(4)粉尘监测方面,国外以长周期呼吸性粉尘监测为重点,英国、德国等配置了粉尘浓度传感器,对工人作业场所的粉尘进行连续实时监测;我国还停留在以短时、间断性检测总粉尘为主的阶段,虽然已研制出长周期呼吸性粉尘采样器,但由于没有制定相应的法规和标准,没有普遍推广应用。

1.3 煤矿粉尘防控发展趋势

许多发达国家对呼吸性粉尘接尘浓度进行监测管理,改进了相应的防尘措施,经过 10～20 年的努力,已基本控制了尘肺病的发生。到 20 世纪 90 年代英国尘肺的发病率降到 1%以下;美国到 1993 年仅检出 477 人;澳大利亚到 20 世纪 90 年代已很少发现尘肺患者。

我国政府对煤矿粉尘危害虽然十分重视,组织科研机构、高等院校和专业厂家加大对煤矿粉尘防治技术的研发力度,在除(降)尘技术及成套装备、粉尘检测仪器及管理科学等方面取得了很大进步。但由于长期积累下来的观念落后、技术不能满足需要、投入严重不足等原因,粉尘危害问题依然十分突出,尘肺病人数居高不下,达到 30 万人(不完全统计),粉尘爆炸事故时有发生,造成数万家庭的痛苦和国家财产的重大损失。分析原因,我国煤矿粉尘防治技术主要在标准、监测方法和手段以及防尘技术上与发达国家存在差距。针对此现状,我国煤矿粉尘防治的发展总趋势应该是进一步完善粉尘治理技术及装备,提升技术水平,特别是自动化水平,同时注意技术的成套性、配套性、可靠性和安全性,紧密与生产技术条件相结合。在此基础上,研究并广泛应用粉尘检测技术,特别是适时粉尘遥测技术,建立粉尘监测的数字化系统,使管理工作科学化,为进一步提高粉尘技术及装备的技术水平,降低作业场所的粉尘浓度,为有效降低尘肺病发病率提供技术保障。为此,我国煤矿粉尘防治应在以下几个方面开展工作。

1. 建立合理的粉尘防治管理标准,为执法部门提供科学的监督手段

近年来,我国加强了煤矿粉尘防治标准编制工作,先后制定《煤矿井下粉尘综合防治技术规范》《煤矿采掘工作面高压喷雾降尘技术规范》《煤层注水可注性鉴定方法》《矿用除尘器通用技术条件》等管理和技术标准,制定总粉尘浓度和呼吸性粉尘浓度的管理标准,为煤矿粉尘防治水平的提高发挥了积极作用。但标准太少,一些很重要的标准,如煤矿井下综合防尘达标评分办法等尚未制定出台。标准制定的落后造成了对尘害防治管理的混乱,与发达国家相比存在较大差距。为此,我国主要应该制定两个标准:

1) 制定接尘人员健康档案建立及管理标准

通过对粉尘毒性、粉尘浓度和接尘时间三者的综合作用与尘肺病的关系研究,制定该标准。

2) 制定煤矿粉尘防治达标评估方法及其评估指标量化标准

此标准包括防尘供水系统及巷道防尘措施、采煤工作面防尘措施、掘进工作面防尘措施、粉尘浓度及粉尘检测仪器、防尘机构及管理制度和尘肺病防治等内容的评分标准、检查办法和评分方法、等级划分与等级评定办法等。形成既符合煤矿实际条件,又有充分科学试验依据的粉尘监测与防治的标准体系,对尘害防治工作起到充分有效的指导作用。

2. 研究并建立科学、合理的粉尘监测体系

煤矿粉尘监测的发展趋势是短时间采样测尘与长时间连续监测并重,逐步向连续监测的方向发展。主要研究课题将是以下几种:

1) 研究呼吸性粉尘浓度传感器,实现作业场所呼吸性粉尘的在线连续监测,作为个体呼吸性粉尘采样器的补充,对作业工人的肺部接尘量进行连续预测,为尘害管理提供科学依据。

2) 研究各种测尘技术的粉尘浓度数据的相互关系,实现不同仪器、不同测尘技术所测粉尘浓度的接轨。

3) 研究便携式粉尘中游离 SiO_2 含量测试仪。目前,我国测试粉尘中游离 SiO_2 含量的仪器还是空白,亟待开发。

3. 研究新型高效的综采工作面综合防尘技术及装备

实践表明,采用目前的综合防尘措施只能将综采工作面的粉尘浓度由 3 000 mg/m³ 降低到 100～3 000 mg/m³,离《煤矿安全规程》的要求还很远,为此,将开展的主要课题是:

1) 加强对难注水煤层的注水技术及工艺的研究,力争取得大的突破,如采取脉冲注水等新型注水技术,有效湿润煤体,减少下面工艺的产尘量。

2) 研究高效的采煤机随机自动跟踪降尘系统,通过与高压喷雾引射降尘相结合的技术及装备,进一步提高降尘效果。

3) 研究液压支架及放煤口高压自动喷雾降尘技术。

4) 研究破碎机等尘源适用型高效降尘技术。

5) 研究孔口除尘技术。

4. 研究新型高效的综掘工作面综合防尘技术及装备

研究适于高瓦斯、高粉尘、大风量机掘面的综合防尘技术工艺和成套装备,使掘进机司机处和掘进头后方 50 m 处的总粉尘降尘效率达到 95% 以上,呼吸性粉尘降尘效率达到 90% 以上。

1) 研究新型综掘面干式除尘技术。目前德国在煤矿井下使用此类技术,使掘进面的粉尘浓度降低到 1 mg/m³。煤炭科学研究总院重庆分院(以下简称"重庆煤科院")在"八五"至"九五"期间成功研制 GBC 型脉冲喷吹袋式除尘器,虽然体积较大、成本较高,没有在煤矿井下推广,但由于除尘效果好,在煤矿地面洗选煤车间(同样有爆炸危险)等不受体积限制的地方,仍具有良好应用前景。而且,随着煤矿现代化水平的提高,巷道断面将越来越大,这种高效降尘技术在有条件的煤矿应该优先使用。

2)湿式除尘进一步系列化,在现有基础上进一步提高除尘效率,重点开发超大风量和小风量除尘器,适应高瓦斯矿井及转载点、破碎机和锚喷支护的需要,如安全可靠的长钻孔、瓦斯抽放钻孔湿式孔口除尘设备,以液压马达取代电动机为动力的除尘设备。

3)掘进机、除尘器及收尘技术一体化技术及装备的研究。

5. 研究集喷浆和除尘于一体的新型锚喷工作面高效喷浆除尘技术及装备

锚喷工作面粉尘浓度虽然不如采掘工作面高,但粉尘的危害更大。由于粉尘中的游离 SiO_2 含量很高,因此工人患尘肺的风险很大。我国煤矿锚喷工作面的粉尘治理一直是难点之一,长期以来基本没有得到解决。为此,解决锚喷工作面粉尘污染问题是防尘工作中亟待解决的重要问题。

第 2 章　煤矿粉尘基本特性及影响因素

2.1　粉尘的特性

粉尘的特性包括粉尘粒度分布、密度、形状和结构、充填性质、安置角与滑动角、湿润性、扩散性、黏附性、荷电性、磨损性、光学特性、化学成分、爆炸性等,以下介绍与粉尘防治有关的主要内容。

2.1.1　粉尘粒度分布

煤矿生产过程产生的矿尘与其他粉尘一样,是由各种不同粒径的尘粒组成的集合体,因此单纯用"平均"粒径来表征这种集合体是不能反映出其真实水平的。在粉体工学中采用了"粉尘粒度分布"这一概念,按照《煤矿科技术语 第 8 部分:煤矿安全》标准(GB/T 15663.8—2016),又可称为"粉尘分散度"或"粉尘粒径分布",用在矿尘中,它表征部分煤岩及少数其他物质被粉碎的程度。

所谓粉尘粒度分布指的是不同粒径粉尘的质量或颗粒数占粉尘总质量或总颗粒数的百分比。通常粉尘分散度高,表示粉尘中微细尘粒占的比例大;分散度低,表示粉尘中粗大颗粒占的比例大。

2.1.2　粉尘密度

自然堆积状态下的粉尘通常都是不密实的,颗粒之间与颗粒内部均存在一定空隙。因此,在自然堆积,即松散状态下,单位体积粉尘的质量要比密实状态下小得多,所以粉尘的密度分为堆积密度和真密度。粉尘呈自然堆积状态时,单位体积粉尘的质量称为堆积密度,它与粉尘的贮运设备和除尘器灰斗容积的设计有密切关系。不包括粉尘间空隙的单位体积粉尘的质量称为真密度,它对机械类除尘器(如旋风除尘器、惯性除尘器、重力沉降室)的工作和效率具有直接的影响。如治理粒径大、真密度大的粉尘可以选用重力沉降室或旋风除尘器。

2.1.3　粉尘的安置角与滑动角

将粉尘自然地堆放在水平面上,堆积成圆锥体的锥底角通常称为安置角,也叫自然堆积角、安息角或修止角,一般为 35°～50°;将粉尘置于光滑的平板上,使该板倾斜到粉尘开始滑动时的角度称为滑动角,一般为 30°～40°。粉尘的安置角和滑动角是评价粉尘流动性的一个重要指标,它与粉尘的含水率、粒径、尘粒形状、尘粒表面粗糙度、粉尘黏附性等因素有关,是设计除尘器灰斗或料仓锥度、除尘管道或输灰管道倾斜度的主要依据。

2.1.4　粉尘的湿润性

粉尘与液体相互附着或附着难易的性质叫粉尘的湿润性。尘粒接触液体后,原来的固—气界面接触被新的固—液界面接触所代替而形成的性质差异,宏观上就表现为湿润性能的差异。粉尘湿润性越好,越有利于降尘。影响粉尘湿润性的主要因素包括液体的表面张力、尘粒形状和大小、环境温度和气压条件、尘粒化学成分及其荷电状态等。

有的粉尘容易被水湿润,如锅炉飞灰、石英砂等,与水接触后会发生凝并、增重,有利于从气流中分离,通常称这类粉尘为亲水性粉尘;有的粉尘难于被水湿润,如炭黑、石墨等,通常称这类粉尘为憎水性粉尘。用湿式除尘器处理憎水性粉尘,除尘效率不高;如果在水中添加合适的湿润剂就可以减小固、液间的表面张力,提高粉尘的湿润性,从而提升除尘效率。

2.1.5　粉尘的黏附性

粉尘粒子附着在固体表面上,或彼此相互附着的现象称为黏附。产生黏附的原因是存在黏附力。粉尘之间或粉尘与固体表面之间的黏附性质称为粉尘的黏附性。在气态介质中,产生黏附的作用力主要有范德华力、静电引力和毛细黏附力等。影响粉尘黏附性的因素很多,现象也很复杂,粉尘黏附现象还与其周围介质性质有关。一般情况下,粉尘的粒径小、表面粗糙、形状不规则、含水率高、湿润性好和带电量大时易产生黏附现象。

粉尘相互间的凝并与粉尘在器壁或管道壁堆积,都与粉尘的黏附性有关。前者会使尘粒增大,易被各种除尘器所捕集,后者易使除尘设备或管道发生故障。粉尘的黏附性的强弱取决于粉尘的性质(包括形状、粒径、含水率等)和外部条件(包括空气的温度、湿度,尘粒的运动状况、电场力、惯性力等)。

2.1.6　粉尘的磨损性

粉尘的磨损性指粉尘在流动过程中对器壁或管壁的磨损程度。硬度高、密度大、带有棱角的粉尘磨损性大,在高气流速度下,粉尘对管壁的磨损显得更为严重。为了减少粉尘的磨损,需要适当地选取除尘管道中的气流速度和壁厚。对磨损性的粉尘最好在易于磨损的部位(如管道的弯头、旋风除尘器的内壁等处)采用耐磨材料作内衬,除了一般耐磨涂料外还可以采用铸石、铸铁等材料。

2.1.7　粉尘的光学特性

粉尘的光学特性包括矿尘对光的反射、吸收和透光强度等性能。在测尘技术中,可以利用粉尘的光学特性来测定它的浓度和分散度。

1. 尘粒对光的反射能力

含尘气流光强的减弱程度与尘粒的透明度和形状有关,但主要取决于尘粒大小及浓度。

尘粒大于还是小于光的波长,对光的反射和折射能力是不同的。当尘粒粒径大于 1 μm 时,光线是由于直接反射而消失的,即光线的损失与反射面面积成正比。当粉尘的浓度相同时,光强的反射值随粒径的减小而增加。

2. 尘粒的透光程度

含尘气流对光线的透明程度取决于气流含尘浓度的大小。当粉尘浓度为 0.115 g/m^3 时,含尘气流是透明的,可通过 90% 的光线。随着含尘浓度的增加,其透明度大大减弱。

3. 光强衰减程度

当光线通过含尘介质时,由于尘粒对光的吸收和散射等作用而使光强减弱。其减弱程度与介质的含尘浓度和尘粒粒径有关。尘粒大小与光波波长接近的均匀微细尘粒,其光强减弱的程度可用 Gamble 和 Barnett 提出的公式表示:

$$I = I_0 \exp(-k_1 n V_p^2 / \lambda^4) \tag{2-1}$$

式中,I——通过的光强;

$\quad I_0$——照射的初始光强;

$\quad k_1$——系数;

$\quad n$——单位体积介质中的尘粒数;

$\quad V_p$——尘粒的体积;

$\quad \lambda$——光波波长。

对于粒径大于波长的尘粒,通过的光强服从几何光学的平方定律,即正比于尘粒所遮挡的横断面面积。当粒径大于 1 μm 时,通过的光强实际上与波长无关。

通过均匀含尘的悬浊介质时的光强,可按 Lambert Beer 公式确定:

$$\ln\left(\frac{I_n}{I}\right) = k_2 \, c \delta_1 \tag{2-2}$$

式中,k_2——吸收系数,可用在光线中每 1 kg 粉尘的投影面积 A_{pr} 来表示,m^2/kg;

$\quad c$——粉尘的浓度,kg/m^3;

$\quad \delta_1$——光线通过的长度,即介质的厚度,m。

根据 Rose 提出的消光系数,对 A_{pr} 进行修正,Lambert Beer 公式就可包括各种粒径的粉尘。

2.1.8 粉尘的化学成分

通过实验研究认为,悬浮粉尘的化学组分和原矿石的成分基本上是一致的,只有其中有些挥发性、蒸发性的成分减少,而有些组成成分的比例相对增加,其减少或增加的范围在 0.7~1.3。据测定,岩石、煤块和空气中岩尘、煤尘中游离 SiO_2 含量相差 20%~30%。粉尘中游离 SiO_2 含量一般都比原矿石中的含量低。

不同煤矿由于煤系不同,它们的岩石和煤的化学组成也不一样。如果煤系的沉积岩是以砂岩、砾岩为主,则 SiO_2 含量高;如以黏土岩、页岩为主,则 SiO_2 含量低。

我国煤矿岩巷掘进工作面的矿尘中,游离 SiO_2 的含量在 $14\%\sim80\%$,多数在 $30\%\sim50\%$。

我国煤矿多数采煤工作面的矿尘中,游离 SiO_2 的含量在 5% 以下,也有少数煤质差的采煤工作面的矿尘中,游离 SiO_2 含量在 5% 以上。

2.1.9　粉尘的爆炸性

当悬浮在空气中的某些粉尘(如煤尘、麻尘等)达到一定浓度时,若存在能量足够的火源(如高温、明火、电火花、摩擦、碰撞等),将会引起爆炸,这类粉尘称为有爆炸危险性粉尘。这里所说的"爆炸"是指可燃物的剧烈氧化作用,并在瞬间产生大量的热量和燃烧产物,在空间内造成很高的温度和压力,故称为化学爆炸。可燃物除指可燃粉尘外,还包括可燃气体和蒸气。引起可燃物爆炸必须具备两个条件:一是可燃物与空气或含氧成分的可燃混合物达到一定的浓度;二是存在能量足够的火源。

粉尘的粒径越小,表面积越大,粉尘和空气的湿度越小,爆炸危险性越大。对于有爆炸危险的粉尘,在进行通风除尘系统设计时必须给予充分注意,采取必要和有效的防爆措施。爆炸性是某些粉尘特有的,具有爆炸危险的粉尘在空气中的浓度只有在一定范围内才能发生爆炸,这个爆炸范围的最低浓度叫作爆炸下限,最高浓度叫作爆炸上限。粉尘的爆炸上限因数值很大,在通常情况下皆达不到,故无实际意义。

2.2　粉尘基本物性测定

粉尘物性测定内容包括粒度分布、湿润性、安置角、黏性、磨损性、电阻率、真密度、爆炸性等,根据实际情况,本书只介绍其中粒度分布、湿润性、爆炸性和真密度的测定方法。

2.2.1　粉尘粒度分布测定

粉尘粒度分布的测定方法可参考《煤矿粉尘粒度分布测定方法》(GB/T 20966—2007)中重力沉降光透法,即根据斯托克斯沉降原理和比尔定律测定粉尘粒度分布。将粉尘溶液经过混合后移入沉降池中,使沉降池中的粉尘溶液处于均匀状态。溶液中的粉尘颗粒在自身重力的作用下发生沉降现象。在沉降初期,光束所处平面溶质颗粒动态平衡,即离开该平面与从上层沉降到此的颗粒数相同,所以该处的浓度是保持不变的。当悬浮液中存在的最大颗粒平面穿过光束平面后,该平面上就不再有相同大小的颗粒来替代,这个平面的浓度也随之开始减少。此时刻 t 和深度 h 处的悬浮液浓度中只含有小于 d_{st} 的颗粒。d_{st} 由斯托克斯公式决定:

$$d_{st} = \sqrt{\frac{18\mu h}{(\rho_p - \rho_l)gt}} \qquad (2-3)$$

式中,d_{st}——粉尘斯托克斯粒径,μm;

　　　h——粉尘溶液在沉降池中的高度,m;

t——沉降时间,s;

μ——测量时温度对应的分散液的运动黏度,g/(cm·s);

ρ_l——测量时温度对应的分散液体真密度,g/cm³;

ρ_p——粉尘真密度,g/cm³;

g——重力加速度,9.8 m/s²。

表 2-1 中列举了我国部分矿区样品的粒度分布数据。

表 2-1 我国部分矿区煤样的粒度分布数据一览表

序号	样品采集地	对应粒径累计质量分数/%												
		150 μm	100 μm	80 μm	60 μm	40 μm	30 μm	20 μm	10 μm	8 μm	7 μm	5 μm	3 μm	1 μm
1	重庆开州煤	0.0	1.2	2.6	6.0	13.2	20.8	30.5	46.9	51.0	52.1	60.5	70.5	99.9
2	陕西神木煤	0.0	2.2	3.9	12.6	26.2	33.6	63.4	68.2	81.1	85.6	92.6	96.7	99.9
3	陕西黄陵煤	0.0	4.4	4.9	18.7	59.9	61.5	77.9	79.0	84.8	92.3	94.3	95.5	99.9
4	山东汶上煤	0.0	0.0	1.6	1.2	55.0	70.2	74.3	78.8	86.0	90.4	92.3	97.2	99.9
5	四川邻水煤	0.0	18.4	18.8	22.7	27.7	71.6	76.5	81.9	87.6	88.8	93.2	98.2	99.9
6	青海海西州煤	0.0	0.0	2.4	11.4	27.7	35.3	51.7	75.6	80.5	83.6	89.7	98.4	99.9

2.2.2 粉尘湿润性测定

粉尘湿润测定方法较多,如沉降法、接触角法、滴液法、反向渗透法等。这里主要介绍沉降法与毛细管反向渗透增重法。

1. 沉降法

沉降法参考《矿用降尘剂性能测定方法》(MT/T 506—1996)中的沉降法,即记录 1.0 g 煤尘在湿润剂溶液中完全沉降所需时间,以此收集粉尘湿润性能数据。表 2-2 是采自国内不同地区、不同煤种的煤样在同一种湿润剂作用下的沉降实验结果对比。可见,不同地区、不同煤种间的粉尘湿润性差别是显而易见的。

表 2-2 不同地区、不同煤种的煤样沉降实验对比表

序号	煤样采取地	沉降时间/s	煤种
1	福建泉州煤	13.3	无烟煤
2	福建漳平煤	17.2	无烟煤
3	安徽淮北煤	7.7	无烟煤
4	山西阳泉煤	22.3	无烟煤
5	湖北恩施煤	14.0	无烟煤
6	云南镇雄煤	20.5	无烟煤
7	湖南郴州煤	16.1	无烟煤
8	山西长治煤	23.7	烟煤
9	贵州兴仁煤	16.3	烟煤
10	贵州绥阳煤	22.5	烟煤

续表

序号	煤样采取地	沉降时间/s	煤种
11	四川大竹煤	31.9	烟煤
12	四川攀枝花煤	33.1	烟煤
13	河北邢台煤	23.6	烟煤
14	宁夏石嘴山煤	36.8	烟煤
15	重庆綦江煤	22.9	烟煤
16	内蒙古鄂尔多斯煤	41.6	褐煤
17	山东新泰煤	59.2	褐煤
18	宁夏灵武煤	19.5	褐煤
19	安徽淮南煤	30.0	褐煤
20	甘肃天祝煤 2#	65.6	褐煤
21	山东滕州煤 1#	52.6	褐煤
22	江苏徐州煤	36.1	褐煤

2. 毛细管反向渗透增重法

通常毛细管法主要以测定煤尘的吸水增重和湿润剂在毛细管煤尘中上升的高度作为判定湿润剂性能优劣的依据。然而结合具体实验过程,湿润剂在毛细管中上升往往并不均匀,常会形成部分润湿上升的情况,因而通过上升高度来判定湿润剂性能存在一定偏差,故采用一定时间后称量毛细管增重为判定依据。毛细管反向渗透增重法(图 2-1)是在装有煤尘的毛细玻璃管的一端附加渗透膜,煤尘通过渗透膜与润湿液接触,润湿液反向渗入煤尘,通过称量一定时间内液体在煤尘柱的吸湿质量来表征煤尘的润湿性能。为加快实验进程,提高不同煤样湿润性的识别率,可在润湿液中添加一定浓度的湿润剂。

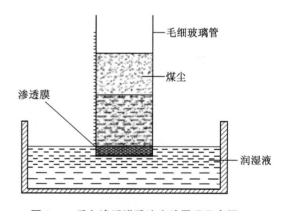

图 2-1　反向渗透增重法实验原理示意图

表 2-3 中列举了山西阳泉煤、西曲煤在湿润剂溶液中的反向渗透增重实验结果。

表 2-3　不同煤样的吸液对比

序号	煤样	不同时间下的吸液增重率/%						
		0.25 h	0.5 h	1 h	5 h	12 h	24 h	48 h
1	阳泉 3#煤	3.18	3.38	4.39	6.21	11.07	14.21	18.70
2	阳泉 15#煤	5.13	7.37	10.42	12.43	18.97	25.09	28.10
3	西曲 8#煤	2.67	3.12	4.45	6.88	12.27	19.46	26.34

2.2.3　粉尘真密度测定

粉尘真密度测定的方法较多,常用的是液体置换法(也称比重瓶法),此外也有采用气相膨胀法的。这里仅仅介绍《煤和岩石物理力学性质测定方法 第 2 部分:煤和岩石真密度测定方法》(GB/T 23561.2—2009)中规定的方法。

粉尘真密度的测定是通过求出粉尘的真实体积进而计算出真密度,具体方法是以十二烷基硫酸钠(或十二烷基苯磺酸钠)溶液为浸润液,使煤样在密度瓶中润湿沉降并排除吸附的气体,根据煤样排除的同体积水的质量算出煤的粉尘真密度。

其计算公式如下:

$$\rho = \frac{M\rho_s}{M + M_2 - M_1} \tag{2-4}$$

式中,ρ——试样真密度,g/cm^3;

M——试样质量,g;

M_1——比重瓶、试样、润湿剂蒸馏水合重,g;

M_2——比重瓶和满瓶蒸馏水合重,g;

ρ_s——室温下蒸馏水的密度,g/cm^3,$\rho_s \approx 1\ g/cm^3$。

表 2-4 中列举了我国部分地区煤样的粉尘真密度测试数据。

表 2-4　我国部分地区煤样的粉尘真密度数据一览表

序号	煤样采取地	真密度/$(g \cdot cm^{-3})$	煤种
1	贵州遵义煤	1.81	无烟煤
2	贵州大方煤	1.62	无烟煤
3	河南焦作煤	1.59	无烟煤
4	河南安阳煤	1.74	无烟煤
5	贵州六盘水煤	1.50	烟煤
6	内蒙古乌海煤	1.38	烟煤
7	安徽淮南煤	1.46	烟煤
8	江西萍乡煤	1.40	烟煤
9	四川攀枝花煤	1.39	烟煤
10	山西长治煤	1.61	烟煤
11	陕西韩城煤	1.42	烟煤
12	安徽宿州煤	1.97	褐煤
13	山东微山煤	1.34	褐煤
14	山东滕州煤	1.55	褐煤
15	新疆阜康煤	1.34	褐煤
16	山西灵石煤	1.38	褐煤

2.2.4　粉尘爆炸性测定

粉尘爆炸性测定通常采用大管状煤尘爆炸性鉴定仪对粉尘的爆炸性进行鉴定。即 1 g 粉尘试样通过玻璃管中已加热至 1 100 ℃的加热器时,观察是否有火焰产生。只要在 5 次煤样实验中有 1 次出现火焰,则该煤样为有"煤尘爆炸性";若在 10 次煤样实验中均未出现火焰,则该煤样为"无煤尘爆炸性"。详细步骤可参照《煤尘爆炸性鉴定规范》(AQ 1045—2007)。

表 2-5 为我国部分矿区煤尘爆炸性鉴定结果。

表 2-5　部分矿区煤尘爆炸性鉴定结果

序号	煤样采取地	火焰长度/mm	有无爆炸性	煤种
1	贵州毕节煤	0	无	无烟煤
2	安徽濉溪煤	0	无	无烟煤
3	云南富源煤	0	无	无烟煤
4	贵州遵义煤	0	无	无烟煤
5	山西沁水煤	0	无	无烟煤
6	湖北恩施煤	0	无	无烟煤
7	山西长治煤	0	无	烟煤
8	安徽淮北煤	35	有	烟煤
9	内蒙古乌海煤	270	有	烟煤
10	河南禹州煤	0	无	烟煤
11	云南镇雄煤	0	无	烟煤
12	四川乐山煤	15	有	烟煤
13	黑龙江黑河煤	＞400	有	褐煤
14	贵州六盘水煤	0	无	褐煤
15	山东新泰煤	＞400	有	褐煤
16	内蒙古鄂尔多斯煤	＞400	有	褐煤
17	新疆阜康煤	0	无	褐煤

第3章 煤层产尘能力评估

3.1 煤层产尘能力评估装置

3.1.1 MC-1型煤(岩)产尘试验装置的研究

1. 概况

煤(岩)层本身性质不同,在相同破碎条件下各项产尘性能指标也不同。产尘能力作为煤(岩)层产尘性能指标之一,表征一定粒径、一定质量的煤(岩)试样在外部能量破碎情况下,单位能量产生的粉尘量。煤矿井下粉尘70％以上是煤(岩)被外部能量(机械能、化学能等)破碎时产生的,煤(岩)产尘能力直接影响煤(岩)被破碎的产尘量。国外煤矿粉尘分级管理方法中,有的国家用与产尘能力直接相关的单位产尘量(生产一吨煤产生的粉尘量)作为分级管理定量依据。研制一种自动落锤产尘试验装置,用于测量煤(岩)层的产尘能力[煤(岩)被落锤破碎时单位能量的产尘量],作为煤矿粉尘分级管理的定量测量手段。这就要求准确可靠,能充分反映不同性质的煤(岩)的产尘性能的差别。

2. MC-1型产尘试验装置的研制

1) 工作原理

苏联煤矿粉尘管理方法是按正常生产条件下的单位产尘量将苏联各煤矿进行粉尘分级管理。

单位产尘量是指正常生产条件下每生产一吨煤产生的粒径小于 75 μm 的粉尘量,计算公式如下:

$$g = 150C_1C_2C_3 \times 100(1 - e^{-\lambda dN}) \tag{3-1}$$

式中,C_1,C_2,C_3——分别为煤的含水量、煤层开采厚度、常年冰冻带煤田负湿度的影响等系数;

$\quad$ $100(1-e^{-\lambda dN})$——小于某粒径 d 的粉尘量(质量％);

$\quad$ λ——煤(岩)的破碎程度指标;

$\quad$ N——煤(岩)的破碎性指标。

式(3-1)中已包含煤(岩)的部分产尘性能的指标 λ、N。若 $d=7$ μm,g 即为每生产一吨煤产生的呼吸性粉尘量。

苏联按 g 值大小将煤矿分为五个含尘级。规定各级应采取的防尘措施,否则在含尘级别高的作业场所严禁人员停留。

单位产尘量 g 与煤(岩)本身产尘能力 P 密切相关。无论采煤方法如何,本质都是各种能量对煤体或岩石做功使它们破碎,因煤(岩)本身性质不同、含水量及煤田地质条件不同,它们在相等能量作用下产尘的能力也不同。实验室测量煤(岩)产尘能力的方法是将各矿煤(岩)颗粒(粒径相同)、质量相等的试样放入产尘装置中落锤破碎,每次落锤具有相等能量,筛分被落锤破碎产生的粉尘,测定产尘量和产尘能力。

如上所述研制的产尘试验装置应具备两项主要性能:同一地点的煤(岩)试样测得的产尘能力重复性好;不同地点的煤(岩)试样测得的产尘能力不同。

据落锤破碎原理研制的自动落锤产尘试验装置,能自动将落锤提升到某一高度(可调),在提升高度 H、落锤质量 M 和加速度 g 不变时,几次落锤具有相等能量:

$$E = nMgH \tag{3-2}$$

式中, n——锤落次数;

E——破碎能量,J。

因此,评价煤(岩)和煤(岩)层产尘能力的方法是测一定质量、一定粒径的煤(岩)试样被外部能量破碎时的产尘量、产尘能力,由式(3-3)计算。

$$P = \frac{G}{E} \tag{3-3}$$

式中, G——产尘量,g;

P——产尘能力,g/J。

煤(岩)本身性质不同,产尘能力不同。这种物质特性在其他物质的粉碎加工中也反映出来,如同一台粉碎机功率、加工工艺相同,结果不同物质产粉量不同。在不同煤矿井下,因煤(岩)层本身地质条件和性质不同、产尘能力不同,尽管采煤机型号、采煤工艺、通风量相同,但产尘量不同。

根据这一原理并参考煤矿安全产品落锤冲击试验装置,研制了 MC-1 型产尘试验装置。将一定质量、一定粒径的煤(岩)颗粒试样放入试样杯内插入捣碎杆,一定能量的落锤砸在捣碎杆上,捣碎杆既传递能量又不使粉尘飞扬。当重锤质量、落锤高度恒定后,每次落锤能量及总能量即恒定。

2) 研制方案

MC-1 型产尘试验装置与其他机器一样,包括动力部、传动部、工作部三部分。据实际需要加入控制部分。研制方案如图 3-1 所示。

动力部为一台可逆转单相电机。传动部为一小型调速器及导向滑轮组和提升钢绳。工作部为提升器用于提升重锤。控制部包括延时继电器、接触器、控制开关及限位器。它的作用是使电机只能按一定方向正转和反转,保证提升按照固定程序升降,其程序是启动、下降、

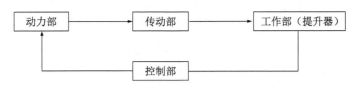

图 3-1　MC-1 型产尘试验装置研究方案图

停止→提起重锤上升→停止、落锤→下降。绕线轮收放钢绳使提升器匀速升降,当提升器提起重锤上升到固定高度,重锤自由落下,它的动能做功破碎煤(岩)延时后提升器匀速下降,这样就可以保证只有落锤动能做功,而提升器不做功。

3.1.2　MC-1 型煤(岩)产尘试验装置

1. 装置结构

MC-1 型产尘试验装置包括本机和电器控制盒,结构示意图如图 3-2 所示。

底座(3)下面有两只调平旋钮,底座后部固定一立柱(12),立柱上部有一根可伸缩、转动的调节臂(13),调节臂保证导向杆(16)与捣碎杆上端面垂直,垂点位于上端面中心,这样使提升器和落锤沿导向杆垂直升降。

试样捣碎部分有试样杯(5)、杯托(4)、捣碎杆(7)、与底座紧固的定向套(8),杯托可转动使试样杯紧固或松开便于装取试样。

提升钢绳经一组导向滑轮沿调节臂、立柱中孔线在减速器(9)绕线轮上。

提升器主要包括电磁铁(18)和上、下微动开关(17)。

捣碎杆中部直径方向有一活动插销,重锤(19)放在捣碎杆上,稍提起重锤,捣碎杆插销弹出,使捣碎杆只插在定向套中不插入试样杯,松动杯托即可取出试样杯。装好试样后放入杯托,转动杯托使试样杯紧固,手指压活动插销捣碎杆下滑插入试样杯,此时提升器位于导向杆中部;按起动按钮(22),延时后电机(10)反转放松钢绳,提升器匀速下降,达最低位置时下微动开关与重锤接触,电机停止反转;延时后电机、电磁铁通电提升重锤;达到预定高度时上微动开关与限位器(14)接触,电机、电磁铁停电,重锤立即自由下

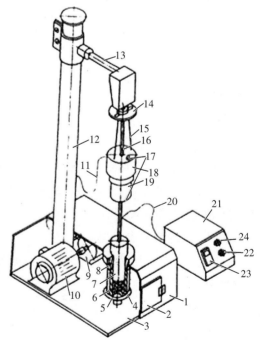

1—面板;2—取样门;3—底座;4—杯托;5—试样杯;6—试样;7—捣碎杆;8—定向套;9—减速器;10—电机;11—导线;12—立柱;13—调节臂;14—限位器;15—提升钢绳;16—导向杆;17—上、下微动开关;18—电磁铁;19—重锤;20—电缆;21—电气控制盒;22—起动按钮;23—计数器;24—停止按钮

图 3-2　MC-1 型产尘试验装置结构示意图

落,提升器延时后下降。完成所需的落锤次数后,待提升器下降到导向杆中段时,按停止按钮(24)停止动作,取出试样杯、倒出试样,进行筛分、称量。

2. 主要技术参数

工作电压:220 V;工作频率:50 Hz;最大功率:<1 kW(提升重锤时)。

电机:Yy-X型单相异步电机、220 V、120 W。

减速器:200 W、传动比30∶1。

落锤破碎一次所需时间:15～20 s(随调节延时时间而定)。

每次落锤能量:15～20 J(提升高度、重锤质量固定后,每次落锤能量恒定)。

试样要求:粒径12～15 mm,质量40 g。

落锤破碎次数:10次(每落锤破碎两次筛分一次,最后称量一次筛余量,产尘量为试样量与筛余量差值)。

质量:约20 kg。

外形尺寸:450 mm×350 mm×1 200 mm。

配套器材:SSD型电磁微振筛分机一台;

天平最大量程100 g、精度0.01 g;

ϕ12 mm、ϕ15 mm筛孔筛各一个;

75 μm筛、筛盘、筛盖各一个。

3. 操作方法

1) 使用前检查和调试

(1) 将MC-1型产尘装置安放在坚固的平台上调整至水平,保证导向杆垂直。

(2) 启动按钮,检查自动升降结构情况:提升器下降与重锤接触后,自动切断电机电源,电机停,延时3 s后开始上升,上升后到达限位器,提升器自动断电使重锤落下,完成一次落锤程序。再延时5 s后,自动供电,提升器下降,准备第二次提起重锤。

2) 操作顺序

(1) 将试样放入15 mm筛上,并重叠在12 mm筛上筛选出粒径为12～15 mm的试样。

(2) 提起捣碎杆放在定向套上,打开取样门顺时旋转杯托取出试样杯。

(3) 用百分之一天平称40 g筛好的试样放入试样杯中并摇平试样。

(4) 把试样杯放入杯托上逆时针旋转杯托使其紧固在定向套上,把捣碎杆轻放在试样上,关上取样门。

(5) 启动按钮开关,使重锤两次冲击捣碎杆对试样进行破碎。

(6) 当提升器第三次运行到导向杆中部时,按下停止按钮切断电源。

(7) 重复操作(2)、(3),取出试样杯将杯中试样倒入75 μm筛上。

(8) 将筛子放在微振筛砂机上筛分15分钟。

(9) 把筛上试样再倒入试样杯中,重复操作(4)、(5)、(6)、(7)、(8)。

(10) 重复操作(9)做5次循环使试样被冲击破碎10次。

（11）取出筛上试样，放入天平上称量。

4. 注意事项

1）该装置冲击能量大，不能与要求防震的仪器放在一起。

2）电气控制器、振动筛均不得与该装置放在一个平台上。

3）试样必须用 $\phi15$ mm、$\phi12$ mm 两筛重取。

4）起动前，各运动部位用 20♯ 机油涂抹，以减小摩擦。

3.2 产尘试验装置性能试验

3.2.1 MC-1 型产尘试验装置性能试验情况

1）运行可靠性试验

MC-1 型产尘试验装置安装、调试完毕后，连续 10 h 进行空载（不提升重锤）升降试验 2 400 余次，又历时八个多月用各地煤（岩）进行近 4 000 次产尘试验。结果证实运转正常、性能可靠、未产生误动作、操作方便。

2）测量误差统计检验和煤（岩）产尘能力测定

用中梁山南矿 280 水平东石门 K1 煤层同一地点的煤粒（粒径 12～15 mm），分 22 组每组质量 50 g，每组落锤破碎 34 次，每落锤破碎两次用孔径 75 μm 筛筛出粒径小于 75 μm 的粉尘并称量筛余量。统计检验总误差（包括破碎、筛分、称量）为 ±7.0%。结果证实产尘量与落锤次数（能量）成正比（见表 3-1），比例常数为产尘能力 P。

测量误差、每两次落锤产尘量、产生能力详见表 3-1 和图 3-3。落锤破碎 6～8 次（筛分 3～4 次）后产尘量与落锤次数（能量）成正比关系更准确。为了减少工作量，以后的煤（岩）产尘能力测量均落锤破碎 10 次。

3）产尘能力 P 与落锤质量关系试验

进一步验证产尘能力 P 与落锤破碎能量 E 的关系。用三种不同质量重锤落锤破碎同一煤和岩的三组试样测产尘量和产尘能力 P，尽管三种重锤都提升到同一高度 H 落下，但它们质量不同，落锤具有的能量不同，每组煤（岩）的产尘量不同，产尘能力都在同一值的误差范围、重复性好。

结果进一步证实煤（岩）产尘能力 P 代表煤（岩）本身的性质，产尘能力与落锤破碎能量无关。产尘量与落锤破碎能量成正比。比例常数产尘能力 P 详见表 3-2 三种不同质量重锤落锤破碎的产尘能力比较表。因岩石产尘能力低，为了减少测量误差，煤（岩）产尘能力测量均用质量最大的（3.73 kg）重锤做试验。

表 3-1 MC-1 型产尘装置产尘量试验统计表

试样组落锤次数	累计产尘量/g																						平均	标准偏差	误差/%	每两次落锤产尘量/g	产尘能力/(10^-3 g·J^-1)
	1	2	3	4	5	6	7	8	9	10	11	12	13	14	15	16	17	18	19	20	21	22					
2	0.90	1.00	0.80	0.80	0.70	0.90	1.00	0.60	1.00	1.10	1.00	0.90	0.90	0.95	1.15	0.95	1.05	0.95	0.60	0.95	0.80	1.05	0.91	0.14	15.38	0.91	25.40
4	2.20	2.30	1.90	1.90	1.95	1.95	1.85	1.75	2.40	2.35	2.05	2.30	2.05	2.30	2.30	2.10	2.35	2.15	1.65	1.95	1.70	2.40	2.08	0.23	11.06	1.17	32.70
6	3.25	4.75	2.50	3.00	2.85	3.10	3.00	2.95	3.65	3.40	3.35	3.80	3.40	3.35	3.75	3.40	3.80	3.45	2.75	3.25	3.05	4.90	3.40	0.56	16.47	1.32	36.90
8	4.70	6.45	4.05	4.45	3.95	4.65	4.30	4.15	5.05	4.50	4.65	5.60	4.45	4.90	5.30	4.75	5.35	5.00	4.40	4.60	4.40	5.60	4.78	0.58	12.13	1.38	38.50
10	6.20	8.00	5.40	5.75	5.15	5.80	5.60	5.15	6.50	6.25	5.95	6.05	6.05	6.65	7.10	6.20	6.95	6.50	5.85	6.00	5.45	6.75	6.15	0.66	10.73	1.37	38.30
12	7.60	9.60	6.65	7.45	6.15	7.40	7.65	6.95	7.85	7.65	7.45	7.55	7.50	8.50	8.75	7.50	8.70	7.95	7.35	7.55	7.05	8.40	7.69	0.74	9.62	1.54	43.00
14	9.15	11.05	7.95	8.85	7.60	8.70	9.35	7.95	9.35	9.15	8.55	9.20	8.70	10.10	10.10	8.95	10.35	9.40	8.70	8.85	8.45	9.95	9.10	0.81	8.90	1.41	39.40
16	10.50	12.50	9.55	10.15	9.10	10.25	10.65	9.40	10.70	10.45	9.95	10.80	10.30	11.65	11.65	10.40	11.95	10.95	10.10	10.15	9.90	11.55	10.57	0.84	7.95	1.47	41.10
18	11.70	13.80	10.60	11.35	10.40	11.75	12.50	10.80	12.40	11.90	11.75	12.00	11.50	13.20	13.05	11.85	13.60	12.35	11.75	11.45	11.20	12.90	11.99	0.89	7.42	1.42	39.70
20	13.15	15.45	12.00	12.85	11.70	13.25	13.90	12.10	13.90	13.30	13.45	14.85	13.05	14.65	14.75	13.00	15.40	13.80	13.40	13.10	12.70	14.55	13.56	1.02	7.52	1.57	43.80
22	14.35	16.90	13.20	14.35	13.20	14.80	13.65	13.65	15.60	14.40	14.95	16.25	14.25	16.25	16.25	14.50	17.05	15.20	15.20	14.65	14.00	16.05	15.02	1.08	7.19	1.46	40.80
24	15.65	18.30	14.50	15.85	14.45	16.10	14.90	14.90	17.45	16.10	16.50	17.75	15.85	17.80	17.40	15.85	18.50	16.85	16.75	16.10	15.40	17.55	16.47	1.13	6.86	1.45	40.50
26	17.00	19.90	15.90	17.50	16.35	17.65	18.00	16.35	19.05	17.45	17.95	19.20	17.35	19.30	18.90	17.05	20.30	18.30	18.40	17.65	16.70	18.95	17.93	1.22	6.80	1.46	40.80
28	18.20	21.50	17.20	18.80	17.10	19.30	19.05	17.80	20.55	19.15	19.30	20.70	19.00	21.05	20.25	18.15	21.85	20.05	19.70	18.95	17.90	20.55	19.38	1.31	6.76	1.45	40.50
30	19.60	22.70	18.30	20.05	18.40	20.90	21.15	19.15	22.00	20.80	20.80	22.30	22.30	22.90	21.60	19.40	23.60	21.30	21.05	20.30	19.25	22.10	20.82	1.44	6.92	1.44	40.20
32	20.95	24.00	19.70	21.15	19.75	22.10	22.85	20.65	23.15	22.00	22.20	23.70	21.90	24.35	23.05	20.50	24.95	22.50	22.55	21.75	20.65	23.65	22.20	1.45	6.53	1.38	38.50
34	22.40	25.35	20.95	22.70	20.95	23.55	24.65	22.25	25.05	23.95	23.85	25.15	23.25	26.15	24.30	21.90	25.25	24.05	23.80	23.15	22.05	25.25	23.68	1.50	6.33	1.48	41.40

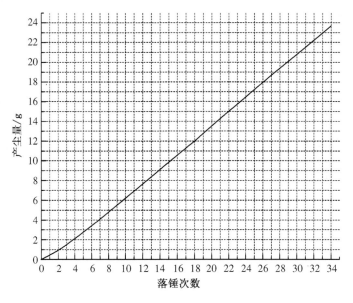

图 3-3　产尘量与落锤次数的关系

表 3-2　用三种不同质量重锤落锤破碎的产尘能力比较表

编号	落锤质量/kg	每锤能量/J	试样质量/g	落锤次数	产尘量/g		产尘能力/(10^{-3}g·J^{-1})
1	3.73	17.9	40	10	煤	6.80	38.0
					岩	2.54	14.2
2	3.30	15.8	40	10	煤	6.14	38.9
					岩	2.29	14.5
3	2.87	13.5	40	10	煤	5.16	38.2
					岩	1.89	14.0

注:产尘量为落锤砸 10 次后的值。

4) 试样粒径和质量对产尘量的影响

确定煤(岩)产尘能力测量对试样粒径和质量要求。结果证实,试样粒径 12～15 mm、质量 40 g 为宜。试样不均匀粒径为 0.075～5 mm,产尘能力 P 为变数、产尘量不与落锤破碎能量成正比;在内径 ϕ60 mm 试样杯内装 40 g 试样为宜,试样太少,全部落锤破碎能量集中在少数颗粒上,产尘能力 P 增大。详见表 3-3、表 3-4 和图 3-4。

表 3-3　试样粒径对产尘量的影响

试样粒径 /mm	落锤次数									
	0	2	4	6	8	10	12	14	16	18
12～15	0.00	0.95 g	1.10 g	1.35 g	1.35 g	1.40 g	1.55 g	1.45 g	1.45 g	1.45 g
	累计 0.00	0.95 g	2.05 g	3.40 g	4.75 g	6.15 g	7.70 g	9.15 g	10.60 g	12.05 g
0.075～5	0.00	1.55 g	0.95 g	0.30 g	0.25 g	0.25 g	0.20 g	0.20 g	0.20 g	0.05 g
	累计 0.00	1.55 g	2.50 g	2.80 g	3.05 g	3.30 g	3.50 g	3.70 g	3.90 g	3.95 g

结果:MC-1 型煤(岩)产尘试验装置的研制是成功的,它运行可靠、没有误动作、误差

小,能测定煤(岩)的产尘量和产尘能力。测出的数据说明不同煤矿或同一煤矿不同煤层的煤(岩)产尘能力不同,其差值远大于测定误差。

用 MC-1 型产尘试验装置破碎煤(岩)试样,试样粒径 12~15 mm、质量 40 g 为宜,落锤能量为 18~20 J。

表 3-4　不同试样质量产尘能力比较

试样/g	产尘量/g	产尘能力/(10^{-3} g·J^{-1})
50	6.75	37.7
40	6.80	38.0
30	6.80	38.0
20	7.55	42.2

注:产尘量为落锤砸 10 次后的值。

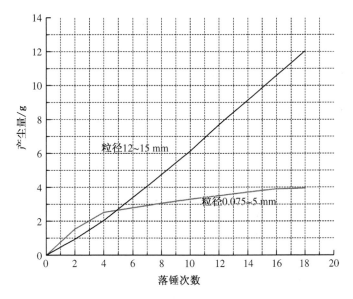

图 3-4　不同试样粒径对产尘量的影响

3.2.2　煤(岩)产尘性能指标研究

煤或岩石被外部能量破碎产生粉尘。用哪些指标表征煤(岩)产尘性能是本课题研究的主要内容。根据各种煤(岩)产尘试验和国内外对粉尘特性研究及有关测尘要求,研究出能准确反映煤(岩)产尘性能的指标。

煤矿生产现场粉尘 70% 以上是煤(岩)被破碎时产生的。尽管开采条件、工艺、设备相同,但产尘量不同。用 MC-1 型产尘试验装置在相同条件下对各种煤(岩)做产尘试验。试验条件完全相同,但不同煤的产尘量和产尘能力不同,这是由于各矿的煤(岩)性质不同,产尘能力不同。

试验用煤(岩)试样采自我国 9 个矿、9 个煤种、73 个不同作业地点。试验目的是在完全相同的试验条件下测量相同粒径、相同质量的试样在相等能量破碎下的产尘量 G 和产尘能

力 P。数据中的粉尘粒径上限为 75 μm，即用 75 μm 孔径筛的筛出粉尘。粒径上限定为 75 μm 的依据是：(1)苏联防尘手册中定义矿井悬浮粉尘上限 75 μm；(2)本课题组在"煤矿防尘装备试验粉尘标准"和"煤矿测尘仪检验用粉尘标准"两课题中对煤矿生产的各产尘环节进行滤膜采样，分析滤膜上粉尘粒度分布，经数百个试样分析结果证明煤矿各产尘环节呼吸带(1.5 m)高度的悬浮粉尘粒径 95%以上为 1～80 μm；(3)国外论著一般定义煤尘粒径为 1～100 μm。

试验数据证明：(1)不同煤矿的不同煤(岩)产尘量和产尘能力不同；(2)同一矿不同煤层的煤(岩)产尘量和产尘能力不同；(3)煤的产尘量和产尘能力普遍比岩石高。中梁山南矿和南桐鱼田堡煤矿的同一煤层的产尘量和产尘能力是同地点顶、底板页岩产尘能力的 2～5 倍(详见表 3-5、表 3-6)。

3.3 运行可靠性试验

煤矿井下粉尘 70%以上是煤或者岩石被外部能量破碎时产生的。因煤(岩)本身产尘能力、煤层厚度、含水量等因素不同，在同等能量破碎时产生粉尘量也不同。研制的 MC-1 型煤(岩)层的产尘试验装置可测量煤(岩)试样在同等能量破碎时的产尘能力，作为煤矿掘进、采煤工作面粉尘分级管理的测量手段。MC-1 型产尘试验装置性能试验的目的是通过试验检验它的运行可靠性、测量误差、落锤质量、试样要求等，达到现场使用的目的。

1. 运行可靠性试验

MC-1 型产尘试验装置安装、调试完毕后即可进行不带落锤的升降试验、性能试验、煤(岩)及煤(岩)层产尘试验，在试验过程中考察试验装置的运行可靠性。

不带落锤的升降试验仅仅是检验传动、提升机构是否运行正常。按设计电机经减速后绕线轮收放铜丝绳使提升器升降，提升器垂直行程 0.5 m 需 5 s，在上、下限位置延时 2～3 s(可调)，一次升降循环约 15 s，升降试验 10 h，提升器升降 2 400 次，运行正常。

性能试验落锤 1 000 余次，煤(岩)及煤(岩)层产尘试验落锤 2 000 余次，共计近 4 000次，历时八个月。试验证明：该试验装置运行可靠，落锤提升、下降符合设计要求，未产生误动作，每次提升高度相等保证每次落锤质量相等。

2. 性能试验

全部试验中产生的粉尘均用 75 μm 筛在 SSD 型电磁微振筛分机上筛分，筛分时间 15 min，振幅均相同。

1) 产尘量测量总误差

(1)目的：统计检验产尘量测量总误差，了解测量数据置信度，保证 MC-1 型产尘试验装置可用于测量不同煤(岩)的产尘能力。

通过试验确定测量煤(岩)产尘能力的最佳落锤次数。

(2)试验：中梁山南矿 280 水平东石门 K1 煤层同一地点的煤，粒径 12～15 mm，每组试样质量 50 g。

（3）试验方法：同条件下做 22 组试样，每组落锤破碎 34 次，每落锤破碎两次用 75 μm 筛子筛分一次并称重筛余量，得落锤破碎两次产尘量。每组共有 17 个产尘量数据。

（4）结果：

① 产尘量测量总误差（包括破碎、筛分、称重）为 ±7.0%。煤（岩）及煤（岩）层产尘试验中用不同煤（岩）试样落锤破碎试验证明：不同煤（岩）和不同煤（岩）层产尘能力也不同，它们的差值大于 ±7.0% 的总误差值。MC-1 型产尘试验装置可用于测量不同煤（岩）的产尘能力。

② 产尘量与落锤破碎次数（破碎能量）成正比，比例常数为产尘能力。由图 3-3 可以看出，落锤破碎 6 次后比例线性关系较好，故选取落锤破碎 10 次为以后试验破碎次数，增加破碎次数增大工作量。

2）产尘能力与落锤质量（能量）的关系

（1）目的：通过试验证明产尘能力是煤（岩）本身性质，与落锤质量和落锤破碎能量无关。

（2）试样：中梁山南矿 280 水平东石门 K1 煤层煤和顺槽顶板页岩，粒径 12~15 mm，煤、岩各三组每组 40 g。

（3）试验方法：用质量分别为 3.73 kg、3.30 kg、2.87 kg 的重锤提升到同一高度分别落锤破碎一组煤、岩试样，每组落锤破碎 10 次，每两次用 75 μm 筛筛分一次，最后称量一次得产尘量并计算产尘能力。

（4）结果：试样的产尘能力与落锤质量和落锤破碎能量无关，尽管三种重锤质量不同、落锤破碎能量不同、产尘量不同，但煤（岩）本身的产尘能力不变，详见表 3-2。

因延时不易破碎、产尘能力小、破碎时产量小，为了减少筛分、称量误差，以后试验均用 3.73 kg 的重锤。

3）试样粒径对产尘能力的影响

（1）目的：通过试验了解产尘试验装置对试样粒径要求。

（2）试样：中梁山南矿 280 水平东石门 K1 煤层煤粒径 0.075~5 mm 和 12~15 mm，质量各 40 g。

（3）试验方法：分别对两组样进行落锤破碎试验，落锤破碎 18 次，每两次用 75 μm 筛筛分一次并称量每次筛分产尘量。

（4）结果：试样粒径均匀（12~15 mm）时，落锤破碎的产尘量与落锤次数（能量）成正比，比例常数产尘能力保持不变；试样粒径不均匀（0.075~5 mm）时，不存在正比关系。

4）试样质量对产尘能力的影响

（1）目的：便于用 MC-1 型产尘试验装置测量各矿煤（岩）层的产尘能力，测量内径 60 mm 试样杯内最佳试样质量。

（2）试验：中梁山南矿 280 水平东石门 K1 层，粒径 12~15 mm，称量 20 g、30 g、40 g、50 g 四组进行落锤破碎试验。

（3）试验方法：分别将四组试样放入试样杯，摇动使试样平整，落锤破碎 10 次，每落锤两次用 75 μm 筛筛分一次，最后称量产尘量。

（4）结果：内径 60 mm 试样杯内宜平整放入粒径 12～15 m、质量 40 g 的试样进行产尘能力试验。试样太少使落锤能量主要集中在少数颗粒上使产尘能力增大。

3.4 性能指标

煤（岩）的产尘能力直接定量地反映煤（岩）被破碎后的产尘量，说明煤（岩）本身的产尘性质是影响粉尘作业场所粉尘浓度主要因素，产尘能力是煤（岩）产尘性能指标的主要参数之一。

国内外对粉尘的研究表明，粉尘是由不同粒径的颗粒物组成的群体，它的粒度分布范围，即分散性、细粉尘的多少，与物质本身性质和产尘工艺有关，粒度分布普遍遵从罗辛-拉姆勒和粒径对数正态分布等函数。选择哪种分布函数表征粉尘的粒度分布特性与各国使用习惯有关，英、美常用粒径对数正态分布，日本、德国、苏联习惯用罗辛-拉姆勒分布。煤（岩）产尘性能指标研究中对所有用 MC-1 型产尘试验装置产生的粉尘进行粒度分析表明，黏度分布全部遵从罗辛-拉姆勒分布规律：

$$R\text{-}R = 100 \cdot \exp(-\lambda d^N) \tag{3-4}$$

式中，$R\text{-}R$ 表示大于某粒径 d 的筛上（即筛余量）累计质量分数；N 为物质破碎性指标，表征物质是否易破碎和破碎后粉尘的分散性，即粒度分布范围，N 越大粉尘的粒度分布范围越窄，反之越宽；λ 为物质破碎程度指标，表征物质被破碎后产生的粉尘中细粉尘的多少，λ 值越大细粉尘越多。该分布在罗辛-拉姆勒坐标图上为直线，N 为斜率，λ 为直线与纵坐标截距。表 3-5 中全部粉尘均为 MC-1 型产尘试验装置在相同条件下破碎后产生的粉尘，因为煤（岩）本身性质不同，它们的产尘性能指标值不同，表征煤（岩）被破碎后产生的粉尘分散特性和细粉尘多少不同。一般而言，煤的 N 值偏大、λ 值偏小，则岩尘粒径分布范围较窄、细尘较少；岩的 N 值偏小，λ 值偏大，则岩尘粒径分布范围较宽、细尘较多。详见表 3-5、表 3-6。

从劳动卫生学及尘肺病预防观点，粉尘中呼吸性粉尘量极为重要，降低粉尘作业场所呼吸性粉尘浓度是粉尘防治技术上升一个台阶的重要环节。从对 70 余个煤（岩）试样产尘试验及对产生的粉尘进行粒度分析的研究证明：尽管各矿煤的产尘量和产尘能力普遍高于同地点顶、底板岩石的产尘量和产尘能力，但煤破碎产生的粗粉尘多，呼吸性粉尘含量低，岩石破碎产生的粉尘中呼吸性粉尘含量高。如表 3-7、3-8 所示，中梁山南矿和南桐鱼田堡煤矿正在开采的几层煤和顶、底板页岩取样试验证明：煤层的产尘量和产尘能力是同层顶、底板页岩的产尘量和产尘能力的 2～5 倍，而页岩产生的呼吸性粉尘含量又是煤产生的呼吸性粉尘含量的 1.5～3 倍。为此，把煤（岩）破碎后产生的粉尘中呼吸性粉尘含量作为煤（岩）产尘性能指标之一，既反映煤（岩）的产尘性能，又对粉尘防治、尘肺病预防有极其重要的意义。

表 3-5 煤(岩)层产尘性能试验分析结果表

试样					真密度/(g·cm⁻³)	粒度范围(质量分数/%)				粒度分布(累计质量分数/%)													d_{50}/μm	罗辛参数和性能指标				
局矿	煤层	分层	采样点	种类		<2	2~5	5~10	>10	5	6	7	8	10	20	30	40	50	60	75	100	150		λ/10^{-3}	N	G/g	P/(10^{-3} g·J⁻¹)	<7μm/%
中梁山南矿	K1	顶板	顺槽	页岩	2.36	7.0	8.0	10.9	74.1	85.0	82.6	80.3	78.2	74.1	57.6	45.4	36.2	29.0	23.4	17.0	10.20	3.80	25.9	39.50	0.881	0.252	14.1	19.7
			中巷	页岩	2.40	2.6	5.2	9.7	82.5	92.2	90.3	88.4	86.5	82.5	63.6	47.3	34.3	24.4	17.1	9.7	3.50	0.40	28.2	11.00	1.240	0.055	3.1	11.6
			进风巷	页岩	2.52	6.6	7.2	9.9	76.3	86.2	84.0	82.0	80.0	76.3	61.3	50.0	41.2	34.2	28.5	21.9	14.30	6.40	30.0	37.50	0.857	0.235	13.1	18.0
		底板	顺槽	页岩	2.69	11.4	11.3	13.9	63.4	77.3	74.1	71.2	68.4	63.4	44.6	32.3	23.9	17.9	13.5	9.0	4.70	1.40	16.6	68.30	0.825	0.242	13.5	18.8
			中巷	页岩	2.79	2.8	5.7	10.7	80.8	91.5	89.4	87.3	85.1	80.8	60.1	42.9	29.7	20.0	13.3	6.9	2.10	0.20	25.6	11.80	1.256	0.092	5.2	12.7
			进风巷	页岩	2.61	12.6	10.8	12.6	64.0	76.6	73.4	71.0	68.5	64.0	47.4	36.4	28.6	22.8	18.4	13.6	8.40	3.50	18.1	80.50	0.744	0.220	12.3	19.0
		煤	顺槽	烟煤	1.50	1.1	2.7	5.6	90.6	96.2	95.2	94.2	93.0	90.6	77.5	64.1	51.8	40.9	31.0	21.4	10.00	1.80	41.5	4.20	1.368	0.810	45.3	5.8
			中巷	烟煤	1.50	3.2	4.5	7.1	85.2	92.3	90.5	89.4	88.0	85.2	72.8	62.1	53.1	45.4	38.8	30.6	20.70	9.50	43.8	16.20	0.994	0.750	41.9	10.6
			进风巷	烟煤	1.50	3.6	5.4	8.4	82.6	91.0	89.3	87.6	85.9	82.6	67.8	55.4	45.3	36.9	30.1	22.1	13.10	4.60	35.1	18.00	1.026	0.570	31.9	12.4
	K2	顶板	顺槽	页岩	2.55	11.6	11.9	14.6	61.9	76.5	75.2	70.1	67.1	61.9	42.2	28.7	21.3	15.4	11.3	7.1	3.50	0.90	15.5	68.70	0.845	0.095	5.3	29.9
			中巷	页岩	2.73	4.3	6.1	9.5	80.1	89.6	87.6	85.7	83.8	80.1	64.0	51.0	40.6	32.3	25.7	18.2	10.30	3.20	30.8	21.50	1.013	0.045	2.5	14.3
			进风巷	页岩	2.59	4.5	6.9	10.9	77.7	81.7	86.3	84.1	81.9	77.7	59.0	44.5	33.3	24.9	18.5	11.8	5.50	1.20	25.9	22.00	1.060	0.160	8.9	15.9
		底板	顺槽	页岩	2.57	6.3	12.0	19.4	62.3	88.6	88.9	87.2	85.1	62.3	33.0	16.2	7.5	3.3	1.4	0.4	0.03	0.01	13.7	28.00	1.228	0.102	5.7	16.3
			中巷	页岩	2.65	4.5	8.7	14.8	72.0	86.8	83.8	80.8	77.9	72.0	46.7	28.7	17.1	9.8	5.5	2.2	0.50	0.30	18.5	20.00	1.215	0.140	7.8	19.2
			进风巷	页岩	2.65	3.0	5.7	10.4	80.9	91.3	89.2	87.2	86.1	80.9	61.1	44.7	31.9	22.3	15.4	8.6	3.10	0.02	26.6	12.90	1.216	0.162	9.1	12.8
		煤	顺槽	烟煤	1.49	2.7	6.1	11.9	79.3	91.2	88.7	86.6	84.2	79.3	55.7	36.6	22.8	13.7	7.9	3.3	0.70	0.60	22.6	10.70	1.336	0.295	16.5	13.4
			中巷	烟煤	1.59	2.8	5.4	9.6	82.2	91.8	89.9	88.0	86.1	82.2	63.7	48.1	35.6	25.9	18.6	11.1	4.50	0.80	28.6	12.40	1.199	0.452	25.3	12.0
			进风巷	烟煤	1.50	2.0	4.2	8.1	85.7	93.8	92.3	90.6	89.1	85.7	69.0	53.6	40.7	30.3	22.2	13.5	5.60	0.80	32.9	8.20	1.277	0.532	29.8	9.4

矿	煤层	分层	采样点	种类	真密度/(g·cm⁻³)	<2	2~5	5~10	>10	5	6	7	8	10	20	30	40	50	60	75	100	150	d_{50}/μm	λ/10⁻³	N	G/g	P/(10⁻³ g·J⁻¹)	<7μm/%
中梁山南矿	K4	顶板	顺槽	页岩	2.53	2.8	5.9	11.3	80.0	91.3	89.1	86.9	84.5	80.0	58.1	40.2	26.7	17.3	10.9	5.2	0.10	0.07	24.3	11.60	1.283	0.180	10.0	13.1
			中巷		2.40	7.6	10.5	15.8	66.6	81.8	78.5	75.4	72.3	66.6	43.8	28.7	18.7	12.2	7.9	4.1	1.40	0.20	16.8	38.80	1.021	0.165	9.2	23.6
			进风巷		2.79	3.9	6.3	10.1	79.7	89.8	87.8	85.7	83.7	79.7	62.0	47.6	36.3	27.6	20.8	13.5	6.50	1.50	28.2	18.80	1.088	0.105	5.9	14.3
		底板	顺槽	页岩	2.74	4.0	6.5	10.7	78.8	89.5	87.3	85.1	83.0	78.8	60.0	45.1	33.5	24.8	18.2	11.3	5.00	0.90	26.5	19.00	1.098	0.145	8.1	14.9
			中巷		3.03	8.3	10.7	14.7	66.0	81.0	77.8	74.7	71.8	60.3	44.6	30.3	20.6	14.1	9.6	5.5	2.10	0.30	17.1	44.10	0.970	0.152	8.4	35.3
			进风巷		3.10	4.6	7.6	12.1	75.7	87.8	85.3	82.4	80.4	75.5	55.1	39.5	28.0	19.6	13.7	7.9	3.10	0.40	22.9	22.20	1.098	0.140	7.8	17.1
		煤	顺槽	烟煤	1.59	2.7	6.4	12.4	78.5	90.5	88.6	86.1	83.6	78.5	53.9	34.3	20.6	11.8	6.5	2.5	0.40	0.01	21.7	10.80	1.351	0.568	31.7	13.9
			中巷		1.51	2.4	5.7	11.6	80.3	91.9	89.7	87.4	85.1	80.3	56.5	36.9	22.7	13.3	7.5	2.9	0.50	0.01	23.0	9.20	1.378	0.582	32.6	12.6
			进风巷		1.59	3.3	6.9	12.8	77.0	89.8	87.3	84.8	82.2	77.0	52.9	34.2	21.2	12.6	7.3	3.1	0.70	0.02	21.3	13.60	1.284	0.670	37.5	15.2
	K9	顶板	顺槽	页岩	2.78	6.4	8.8	12.7	72.1	84.8	82.1	79.5	76.9	72.1	52.2	37.9	27.5	20.0	14.5	9.0	4.10	0.80	21.3	33.40	0.991	0.168	9.4	20.5
			中巷		2.84	2.9	5.2	10.6	80.6	91.2	89.3	87.0	84.9	80.6	60.2	43.4	30.3	20.7	13.9	7.5	2.50	0.20	25.9	12.60	1.234	0.128	7.1	13.0
			进风巷		2.97	7.5	11.3	16.5	64.7	81.2	77.7	74.3	71.0	64.7	40.3	24.6	14.9	8.9	5.3	2.4	0.60	0.04	15.5	37.40	1.005	0.088	4.9	25.7
		底板	顺槽	页岩	2.85	4.3	8.0	13.4	74.3	87.7	85.0	82.3	79.6	74.3	50.9	33.7	21.7	13.7	8.5	4.0	1.10	0.07	20.5	19.50	1.181	0.148	8.2	17.7
			中巷		3.83	7.6	9.7	13.6	69.1	82.7	79.8	77.0	74.2	69.1	48.8	34.7	24.7	17.7	12.7	7.8	3.50	0.70	19.3	40.50	0.959	0.115	6.4	23.0
		煤	顺槽	烟煤	1.52	0.3	1.4	4.2	94.1	98.3	97.6	96.9	96.0	94.1	80.9	64.5	47.8	33.2	21.7	10.2	2.20	0.04	38.6	0.96	1.801	0.190	10.6	3.1
			中巷		1.57	0.7	2.4	5.8	91.1	96.9	95.9	94.4	93.7	91.1	75.5	58.6	43.0	30.0	20.0	10.1	2.70	0.10	35.1	2.40	1.589	0.460	25.7	5.1
			进风巷		1.52	2.7	5.8	10.7	80.3	91.5	89.4	87.4	85.1	80.8	59.8	42.4	29.1	19.5	12.7	6.5	2.00	0.10	25.3	11.60	1.265	0.960	53.7	12.7

续表

局矿	煤层	试样			真密度/(g·cm⁻³)	粒度范围(质量分数)/%				粒度分布(累计质量分数)/%													罗辛参数和性能指标					
		分层	采样点	种类		<2	2~5	5~10	>10	5	6	7	8	10	20	30	40	50	60	75	100	150	d_{50}/μm	$\lambda/10^{-3}$	N	G/g	P/(10⁻³·g·J⁻¹)	<7μm/%
中梁山南矿	K10	顶板	顺槽	页岩	3.60	8.6	10.7	17.4	61.7	79.1	75.3	72.7	68.2	61.7	37.0	21.9	12.9	7.5	4.4	1.9	0.50	0.03	14.1	43.70	1.043	0.188	10.5	28.3
			中巷		3.82	2.9	17.4	8.8	83.1	91.9	90.1	88.4	86.6	83.1	66.6	52.5	41.0	31.7	24.4	16.2	8.00	1.80	32.0	13.60	1.134	0.178	9.8	11.6
			进风巷		3.59	6.5	8.8	13.5	70.8	84.3	81.4	78.6	75.9	70.8	49.7	34.8	24.3	17.0	11.8	6.9	2.80	0.40	19.8	33.30	1.016	0.175	9.8	21.4
		底板	顺槽		2.96	4.9	13.5	12.2	75.2	87.4	84.9	82.4	79.9	75.2	54.6	39.1	27.8	19.6	13.7	8.0	3.20	0.50	22.7	23.60	1.083	0.198	11.0	17.6
			中巷		2.55	5.1	12.2	12.5	73.3	86.9	84.3	81.9	79.3	74.4	53.7	38.3	27.1	19.0	13.3	7.7	3.10	0.50	22.2	25.00	1.072	0.122	6.8	18.2
			进风巷		2.78	4.8	12.5	13.0	73.2	87.2	84.5	81.9	79.4	74.2	52.1	35.8	24.2	16.2	10.7	5.6	1.90	0.20	21.1	22.50	1.213	0.170	9.5	18.1
		煤	顺槽	烟煤	1.51	0.7	13.0	4.8	92.6	97.4	96.5	95.6	94.7	92.6	80.0	66.1	52.7	40.0	30.4	18.7	7.40	0.80	41.9	21.30	1.526	0.312	17.3	4.4
			中巷		1.52	3.5	4.8	11.3	78.8	90.1	87.8	85.6	83.3	78.8	58.1	41.5	29.0	19.1	13.5	7.3	2.50	0.30	24.6	15.40	1.189	0.430	24.0	14.4
			进风巷		1.46	0.3	11.3	4.0	94.3	98.3	97.7	97.0	96.1	94.3	81.2	64.8	48.1	33.3	21.6	10.1	2.10	0.03	39.3	0.90	1.817	0.218	12.2	3.0
南桐鱼田堡煤矿	K4	顶板	回风巷	页岩	2.24	4.8	4.9	17.8	64.4	85.2	81.6	78.0	74.5	67.4	37.9	10.4	9.2	4.1	1.8	0.8	0.04	0.00	15.4	19.80	1.239	0.115	6.4	22.0
		底板			2.79	4.6	17.8	11.6	76.5	88.1	85.7	83.3	81.0	76.5	56.8	41.7	30.4	21.9	15.8	9.5	4.10	0.70	31.0	22.40	1.078	0.095	5.3	16.7
		上层煤		瘦煤	1.41	2.3	4.7	9.0	84.0	93.0	91.5	89.5	87.7	84.0	65.9	50.0	36.9	26.7	19.0	11.0	4.30	0.50	30.0	9.60	1.259	0.370	20.7	10.5
		下层煤			1.64	2.3	4.8	9.3	83.6	92.9	91.1	89.2	87.4	83.6	64.8	48.3	34.9	24.7	17.1	9.6	3.40	0.30	28.9	9.50	1.276	0.568	31.7	10.8
	K5	顶板		页岩	3.55	5.6	8.6	13.2	72.6	85.8	83.0	80.3	77.7	72.6	51.1	35.7	24.6	16.9	11.5	6.5	2.40	0.30	20.6	27.50	1.087	0.125	7.0	19.7
		底板			2.57	11.4	14.5	18.8	55.3	74.1	69.9	65.9	62.3	55.3	31.0	17.5	9.9	5.6	3.2	1.4	0.30	0.02	11.7	61.50	0.983	0.142	8.0	34.1
		上层煤		瘦煤	1.51	2.7	5.3	9.7	82.3	92.0	90.1	88.2	86.2	82.3	63.7	47.9	35.2	25.4	18.1	10.7	4.20	0.30	28.6	11.90	1.213	0.338	18.9	11.8
		下层煤			1.54	1.5	3.7	7.9	86.9	94.8	93.3	91.8	90.2	86.9	69.2	52.4	38.2	27.0	18.5	10.0	3.30	0.30	31.5	5.80	1.386	0.398	22.2	8.2
	K6	顶板		页岩	2.91	7.6	12.8	19.4	60.2	79.6	75.5	71.5	67.6	60.2	32.4	16.6	8.2	3.9	1.8	0.6	0.07	0.00	13.1	35.70	1.152	0.100	5.6	28.5
		底板			2.84	5.4	7.8	11.9	74.9	86.8	84.3	81.8	79.4	74.9	55.3	40.7	29.9	21.8	16.0	9.9	4.50	0.90	23.4	27.00	1.031	0.100	5.6	18.2
		上层煤		瘦煤	1.48	1.8	4.0	7.7	86.5	94.2	92.7	91.9	89.7	86.5	70.1	55.0	42.0	31.5	23.2	14.2	6.00	0.90	33.6	7.50	1.288	0.482	27.0	8.8
		下层煤			1.70	3.7	7.8	13.9	74.6	88.5	85.8	82.9	80.2	74.6	49.2	30.5	18.2	10.3	5.7	2.2	0.40	0.01	19.7	15.80	1.270	0.650	36.3	17.1

续表

局矿	煤层	分层	采样点	种类	真密度/(g·cm⁻³)	粒度范围（质量分数/%）								粒度分布（累计质量分数/%）									罗辛参数和性能指标					
						<2	2~5	5~10	>10	5	6	7	8	10	20	30	40	50	60	75	100	150	d_{50}/μm	λ/10^{-3}	N	G/g	P/(10^{-3} g·J⁻¹)	<7μm/%
双鸭山宝山矿	41#			白沙岩	2.69	1.4	3.7	7.7	88.2	94.9	93.6	91.9	90.3	88.2	72.3	56.0	29.3	25.9	17.2	8.9	2.70	0.20	31.1	5.40	1.415	0.385	21.5	8.1
舒兰寄舒兰矿	15#			气煤	1.47	0.8	3.9	6.7	88.6	95.3	94.6	93.7	91.9	88.6	61.7	37.2	19.7	8.4	3.5	0.6	0.02	0.00	24.6	2.20	1.790	0.148	8.2	6.9
舒兰营城矿				褐煤	1.81	1.5	3.7	7.6	87.2	94.8	93.4	91.8	90.2	87.2	68.2	48.7	36.7	25.3	16.9	8.9	2.60	0.20	31.0	5.50	1.410	0.150	8.4	8.2
开滦赵各庄				长烟煤	1.57	2.3	5.6	9.6	82.5	92.1	90.5	87.7	86.2	82.5	60.4	38.6	23.6	11.9	4.4	3.2	0.60	0.00	23.5	9.00	1.378	0.148	8.2	12.3
	二煤层	底板		气煤	1.54	2.2	4.1	9.0	84.9	93.9	91.3	89.4	88.8	84.9	69.2	48.9	33.3	27.5	17.1	9.4	3.30	0.30	29.0	9.10	1.288	0.235	13.1	15.6
		煤		焦煤	1.51	2.7	5.5	13.5	78.3	91.8	89.5	85.6	81.5	18.3	58.9	33.1	16.8	8.7	4.9	1.4	0.20	0.00	20.3	10.30	1.396	0.362	20.3	14.4
焦作朱村矿	大煤层	顶板		页岩	3.07	7.9	11.0	15.5	65.6	81.1	77.7	74.5	71.2	65.6	42.4	21.1	14.7	13.6	1.6	3.7	1.20	0.10	16.2	40.70	1.017	0.138	7.7	25.5
		煤		无烟煤	2.12	8.9	10.9	13.3	66.9	80.2	77.2	73.6	71.9	68.9	42.3	26.1	17.4	14.1	9.0	5.4	2.30	0.40	16.7	48.00	0.948	0.330	18.4	26.4
		顶板		页岩	2.78	2.7	5.0	7.5	84.8	92.3	90.6	88.8	87.4	84.8	59.4	51.8	16.3	29.0	18.7	13.5	5.90	1.00	30.7	11.80	1.189	0.232	13.0	11.2
		煤		无烟煤	1.76	3.2	4.5	11.1	81.2	92.4	88.8	86.7	84.1	81.2	67.0	47.8	37.6	20.6	16.7	9.1	3.80	0.50	26.8	14.40	1.178	0.398	21.1	13.3
平顶山一矿	戊8	顶板		页岩	2.87	4.0	8.8	14.4	72.8	87.2	83.9	80.9	78.7	72.8	48.5	24.8	12.4	11.4	2.8	0.9	0.10	0.50	17.2	16.60	1.310	0.375	21.0	19.1
		煤		肥煤	1.50	1.1	2.8	7.2	88.9	96.1	95.0	93.8	92.8	88.9	79.7	60.9	47.5	36.2	26.9	16.6	6.80	0.90	38.4	4.20	1.403	0.390	21.8	6.2
	11#	顶板		页岩	3.11	4.5	7.3	13.5	74.7	88.2	84.7	82.0	79.1	74.7	50.4	33.0	22.2	14.2	9.0	4.5	1.30	0.10	20.5	20.70	1.162	0.168	9.4	22.8
		煤		弱黏煤	1.46	1.5	3.8	12.7	82.2	94.7	91.6	90.6	88.6	82.0	62.9	42.9	30.1	14.5	5.5	2.9	0.40	0.00	25.4	5.20	1.511	0.205	11.5	9.4
大同永定庄	12#	顶板		页岩	3.20	9.9	13.7	18.0	58.4	76.4	71.6	68.3	65.0	58.4	32.2	12.9	11.3	5.3	2.9	1.2	0.20	0.00	12.5	50.70	1.037	0.145	8.1	31.7
		煤		弱黏煤	1.47	1.0	2.7	5.7	91.0	96.3	95.5	94.1	93.9	91.0	76.9	64.1	51.3	37.3	27.8	17.3	7.10	0.90	38.8	3.80	1.421	0.190	10.6	5.9
	14#	煤		弱黏煤	1.54	1.2	3.2	6.6	89.0	95.6	95.2	93.1	92.1	89.0	78.4	63.0	44.6	32.3	23.2	13.6	5.10	0.50	35.3	4.70	1.400	0.280	15.0	6.9

表 3-6 煤(岩)破碎粉尘与现场滤膜采样粉尘性能比较

试样				粒度分布(累计质量分数/%)												罗辛参数和性能指标					
	局矿、煤层	种类	平均真密度/(g·cm^{-3})	5	6	7	8	10	20	30	40	50	60	75	100	d_{50}/μm	λ/10^{-3}	N	G/g	P/(10^{-3} g·J^{-1})	<7 μm/%
煤(岩)破碎粉尘	中梁山南矿 K1、K2、K4、K9、K10 煤层	烟煤	1.52	93.4	91.8	90.1	88.4	84.9	67.0	50.9	37.6	27.1	19.8	11.6	1.2	31.7	10.39	1.924 5	0.641	29.1	10.0
				93.4	91.7	90.0	88.3	84.7	66.8	50.7	37.5	27.1	19.2	11.1	0.5						
	中梁山南矿 K1、K2、K4、K9、K10 煤层顶、底板	页岩	2.84	85.8	83.2	80.6	78.1	75.2	52.8	37.8	27.1	19.4	14.0	8.7	4.0	22.3	30.39	1.064 4	0.151	8.4	18.7
				85.8	83.1	80.5	78.0	73.1	52.8	37.9	27.2	19.4	15.8	8.3	3.5						
	南桐鱼田堡煤矿 K4、K5、K6 煤层	瘦煤	1.55	92.6	90.7	88.8	86.9	83.0	63.8	47.4	34.2	24.3	16.9	9.6	3.6	28.7	10.02	1.282 0	0.47	26.1	11.2
				92.6	90.8	88.5	87.0	83.2	64.3	47.8	34.6	24.4	17.0	9.5	3.4						
	南桐鱼田堡煤矿 K4、K5、K6 煤层顶板、底板	页岩	2.82	83.3	80.0	77.8	73.8	67.8	44.1	28.6	18.7	12.4	8.4	4.8	1.9	19.2	32.32	1.095 0	0.11	6.3	23.2
				83.3	80.1	77.0	74.1	67.4	45.3	29.6	19.2	12.4	8.0	4.1	3.3						
现场滤膜采样粉尘	全国九矿和重庆四局一矿 采煤工作面和转载点煤尘	煤	1.52	82.1	77.8	74.6	70.5	63.7	40.6	27.7	16.6	11.0	7.8	3.6	0.5	16.2	40.00	1.025 8			25.5
				81.2	77.8	74.5	71.4	65.4	42.2	27.0	17.3	11.0	7.0	3.5	1.1						
	全国九矿和重庆四局一矿 矿掘进工作面岩尘	页岩	2.45	45.1	41.4	37.9	35.0	30.7	18.9	11.7	7.7	4.6	2.7	2.1	0.9	8.9	30.94	0.058 7			62.2
				45.1	41.2	37.8	35.0	30.2	16.6	10.2	6.7	4.6	3.2	2.0	1.0						

注：1. 粒度分布中上一行为实测统计值，下一行为 $n = e^{-\lambda d^{N}}$ 计算值。

2. 现场滤膜采样粉尘是距采样器按采样规程在距采掘工作面 8～5 m 处采样。因大颗粒粉尘在采样器前沉降，故滤膜上粉尘中细粉尘比例大，但仍反映出煤比岩石 N 值大，煤的 λ 值比岩石的 λ 值小，煤尘中细粉尘和呼吸性粉尘含量比岩性粉尘含量低。

表 3-7　中梁山煤矿南矿煤(岩)层产尘能力分析结果表

煤层	种类	厚度/m	水分/%	顺槽	中巷	进风巷	平均值	呼吸性粉尘 (<7 μm)/%
				\multicolumn{4}{c}{$P/(10^{-3}g \cdot J^{-1})$}			
K1	顶板页岩			14.1	3.1	13.1	10.1	16.4
	烟煤	2.1～3.6	0.58	45.3	41.9	31.9	39.7	9.6
	底板页岩			13.5	5.2	12.3	10.3	16.8
K2	顶板页岩			5.3	2.5	8.9	5.6	20.0
	烟煤	0.8～0.93	1.44	16.5	25.3	29.8	23.9	11.6
	底板页岩			5.7	7.8	9.1	7.5	16.1
K4	顶板页岩			10.0	9.2	5.9	8.4	17.0
	烟煤	1.0～1.2	0.70	31.7	32.6	37.5	33.9	13.9
	底板页岩			8.1	8.4	7.8	8.1	22.4
K9	顶板页岩			9.4	7.1	4.9	7.1	19.7
	烟煤	0.9～1.2	1.10	10.6	25.7	53.7	30.0	7.0
	底板页岩			8.2	6.4		7.3	20.4
K10	顶板页岩			10.5	9.8	9.8	10.0	20.4
	烟煤	1.5～2.0	1.76	17.3	24.0	12.2	17.8	7.3
	底板页岩			11.0	6.8	9.5	9.1	18.0

表 3-8　南桐鱼田堡矿煤(岩)层产尘能力分析结果表

煤层	种类	水分/%	产尘能力平均值 $P/(10^{-3}g \cdot J^{-1})$	呼吸性粉尘(<7μm)/%
K4	顶板页岩		6.4	5.9	19.4
	底板页岩		5.3		
	上层瘦煤	1.35～1.48	20.7	26.2	10.7
	下层瘦煤		31.7		
K5	顶板页岩		7.0	7.5	26.9
	底板页岩		8.0		
	上层瘦煤		18.9	20.6	10.0
	下层瘦煤		22.2		
K6	顶板页岩		5.6	5.6	23.4
	底板页岩		5.6		
	上层瘦煤	0.32～0.68	27.0	31.7	13.0
	下层瘦煤		36.3		

　　综上所述,煤(岩)产尘性能指标有产尘能力 P、破碎性指标 N、破碎程度指标 λ、呼吸性粉尘在粉尘中含量。

这些指标反映煤(岩)在相同破碎条件下的产尘能力、所产生粉尘的分散特性、呼吸性粉尘含量。它们能全面表征不同煤和岩石的产尘特性,对煤矿粉尘作业场所的粉尘分级管理、粉尘防治、预防尘肺病有极其重要的意义。

3.5　测试

用"煤(岩)层产尘性能指标的研究"课题中研制的 MC-1 型产尘试验装量进行性能试验,试验中对试样粒径和质量、落锤质量、落锤破碎次数、测量总误差等进行考察。试验证明该装置运行可靠,达到了设计要求。

煤(岩)产尘能力试验用全国部分煤矿的煤(岩)试样进行,煤(岩)层产尘能力试验用中梁山南矿和南桐鱼田堡煤矿正在开采的几层煤和顶、底板岩石试样进行。目的是通过试验证明不同煤(岩)及不同煤(岩)层的产尘能力显著不同,可作为不同煤(岩)及不同煤(岩)层产尘能力测量手段。

1. 试样和试验方法

全部试样粒径 12～15 mm,质量 40 g,落锤质量 3.73 kg,每次落锤具有能量 17.9 J,试样被落锤破碎 10 次,每次落锤破碎两次 75 μm 筛筛分一次,筛分时间和振幅相同,最后称量一次筛余量求得 10 次落锤破碎的产尘量及产尘能力。

2. 煤(岩)及煤(岩)层产尘试验情况

1) 煤(岩)产尘能力试验

(1) 试验用试样采自 9 个煤矿。

(2) 试验证明:各种煤(岩)本身性质不同,它们的产尘能力及各项产尘性能指标不同。煤的产尘能力普遍高于同地点顶、底板岩石的产尘能力;在落锤破碎产生的粒径小于 75 μm 的粉尘中,顶、底板岩石产生的呼吸性粉尘(粒径<7 μm)含量均高于同地点煤产生的呼吸性粉尘含量。全部测量分析结果列于表 3-5 中,表中 G 为每次落锤破碎的产尘量; P 为煤(岩)的产尘能力; N 为煤(岩)的破碎性指标; λ 为煤(岩)的破碎程度指标;<7 μm 的粉尘含量为落锤破碎产生的过 75 μm 筛的粉尘中呼吸性粉尘含量(质量分数); d_{50} 为粉尘中位径。

2) 煤(岩)层产尘能力试验

试样采自中梁山南矿正在开采的 K1、K2、K4、K9、K10 煤层,煤层每层有三个采样点,每点取顶、底板页岩样及中间煤样。南桐鱼田堡煤矿正在开采 K4、K5、K6 煤层,K5 煤层生成条件差为局部开采,同一煤层中间还有一层薄层矸石,取样为顶、底页岩样和矸石层上下层煤样。

试验证明:不同矿或同一矿不同煤层的煤(岩)性质不同,产尘能力不同;各煤层的产尘能力是同层顶、底板岩层产尘能力的 2～5 倍,而页岩产生的呼吸性粉尘含量是同层煤产生的呼吸性粉尘含量的 1.5～3 倍;除南桐鱼田堡煤矿 K5 层为局部开采没有含水量资料外,其余各层煤含水量越低,产尘能力越大。全部测量数据列于表 3-5、表 3-7、表 3-8 中。

3) 结论

（1）MC-1 型产尘试验装置结构简单、操作方便。经八个月数千次产尘试验，运行可靠，未产生误动作。

（2）用 MC-1 型产尘试验装置对同一煤样进行统计试验证明：误差（包括破碎、筛分、称量）为±7.0％。

（3）用 MC-1 型产尘试验装置测量煤（岩）产尘能力，试样粒径 12～15 mm，质量 40 g，落锤破碎次数 10 次，每次落锤能量 18 J。

（4）试验证明：同一试样的产尘能力值重复性好（其值在误差范围内波动）；不同试样的产尘能力不同，其差值远大于±7.0％测量误差；煤的产尘能力普遍高于同地点顶、底板岩石的产尘能力，中梁山南矿和南桐鱼田堡煤矿正在开采的煤层的产尘能力为同层顶、底板页岩产尘能力的 2～5 倍，而且煤层的含水量越低产尘能力越高。

（5）产尘性能指标：产尘能力 P、煤（岩）破碎性指标 N、煤（岩）破碎程度指标 λ、呼吸性粉尘含量（质量分数）。这些指标均表明各种煤（岩）性质不同，产尘性能不同。以中梁山南矿、南桐鱼田堡煤矿正在开采的煤层和顶、底板页岩为例：不同煤层的煤产尘能力不同，煤层含水量越高，产尘能力越低。而煤的产尘能力为同层顶、底板页岩产尘能力的 2～5 倍，相反，顶、底板页岩产生的呼吸性粉尘含量又是煤的 1.5～3 倍。这些指标与煤矿井下粉尘作业场所粉尘状况及现场测尘分析完全相同，可用这些指标全面表征煤矿井下粉尘状况。这些指标对煤矿经济、合理选用防（除）尘措施及指导尘肺病预防有极大意义。例如煤的 P、G、N 值大，粒度分布范围窄；λ 值小，粗粉尘占的比例大而细粉尘和呼吸性粉尘占的比例小，故采煤工作面及转载点可选用造价及运行费用较低的主要处理粗粉尘的防（除）尘措施。岩巷掘进时，岩石的产尘性能指标刚好与煤相反：P 值小、N 值小、λ 值大即产尘虽小但粒度分布范围宽，细粉尘和呼吸性粉尘占的比例大，故岩石工作面选用防（除）尘措施就需选用能处理不同粒径的防（除）尘措施串联使用，主要处理呼吸性粉尘，这种防（除）尘措施造价及运行费用较高。尘肺发病过程是先吸入才致病变，预防尘肺病重点不仅应测量粉尘中游离二氧化硅，还应测粉尘中呼吸性粉尘含量，试验证明岩石破碎产生的呼吸性粉尘量大，与从事现场岩巷掘进工作的工人尘肺发病率高的现状完全符合。

第4章 煤矿粉尘喷雾治理技术

喷雾洒水是我国及世界各国煤矿井下广泛使用的降尘措施。高压喷雾、预荷电高效喷雾、声波雾化喷雾是目前应用相对比较多的喷雾降尘技术,特点优势各异的喷雾适用于不同条件的粉尘治理。

4.1 高压喷雾降尘技术

高压喷雾降尘技术是目前煤矿井下应用最为广泛的喷雾降尘措施,高压喷雾的降尘过程在很大程度上表现为液态雾粒与固态粉尘粒的惯性凝结,其实质是水雾碰上悬浮粉尘,使粉尘湿润自重增加而沉降,显然水雾和悬浮粉尘相碰的机会越多,降尘效果越好。

4.1.1 高压喷雾的降尘机理

高压喷雾对于粉尘的捕集和截获以惯性碰撞为主。高压系统将水流压入喷嘴,喷嘴将水流雾化成极细的水雾颗粒并以较高的速度喷射出来,水雾颗粒以较高的速度运动,当遇到悬浮在空气中的粉尘时与其发生碰撞并黏附在粉尘表面,继续运动与更多的尘粒碰撞粘结成更大的颗粒,增大粉尘自重从而加速粉尘在空气中的沉降。

由于从高压喷嘴中喷出的水流速度高,在很短的距离就分散成雾粒流,并伴随雾流产生一股气流,使得雾流的运动不仅是水压的作用,还有气流的作用,从而使雾流的涡流强度大大增加,雾粒在喷雾射流全长上的运动速度超过其沉降速度,雾流无明显的衰减区而且射程远。在这样的雾流状态下尘粒穿过雾区的路程长,并且能在涡流强度大的零粒区充分地与水雾碰撞,被湿润进而增重沉降,因而高压喷雾的降尘效果好。

4.1.2 高压雾化喷嘴及性能参数

高压雾化喷嘴为直接作用式普通喷嘴,喷口设计成具有圆锥形过流断面的形式,从而保证了喷嘴具有最大的流速、过水量和速度压头。为了能在大的压力范围和一般生产条件所允许的耗水量的情况下进行喷雾,喷嘴出口直径设计成 φ0.8 和 φ1.0 两种规格,同时喷嘴的出口数设计有6、5、4、3孔等四个规格。结构形式见图 4-1。按照图 4-2 建立高压喷雾系统,系统主要由高压喷雾泵、水箱、过滤器、高压软管和硬管、三脚架、高压雾化喷嘴等构成。通过

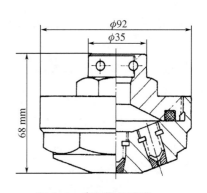

图 4-1 高压雾化喷嘴

高压喷雾系统对不同规格型号喷嘴的流量、有效射程、雾粒分散度等参数进行测试,得到喷嘴性能参数见表4-1。

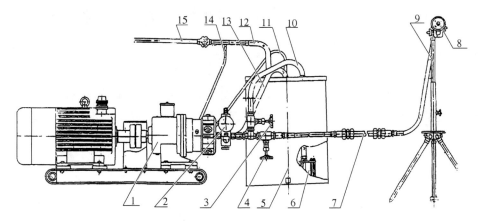

1—水泵;2—压力表;3—回水截止阀;4—进水截止阀;5—水箱;6—过滤器;7—供水管;8—高压喷嘴;
9—三脚架;10—回水管;11—冷却回水管;12—导水管;13—进水管;14—冷却进水管;15—防尘供水管

图4-2　高压喷雾巷道模拟试验图

表4-1　高压喷嘴性能参数表

系列名称	喷嘴型号	连接尺寸	出口直径ϕ/mm	条件雾化角度	流量/(L·min⁻¹)						有效射程/m	最大射程/m	雾粒分散度/%			
					压力/(kgf·cm⁻²)(1 kgf·cm⁻²=98 066.5 Pa)						压力125 kgf/cm², 雾粒直径/μm					
					50	75	100	125	150	P-Q 函数	125	125	≤28	29~84	85~140	>140
G	GA904	KJ7-13	6~0.8	60°	16.31	18.91	21.69	23.56	25.77	$Q=3.17P^{0.48}$	8.9	30.0	82.39	9.61	3.24	4.76
	GB904	KJ7-13	5~0.8	60°	14.31	16.69	18.88	20.43	22.18	$Q=3.01P^{0.40}$	9.0	30.0	81.45	11.31	2.93	4.13
	GB914	KJ7-13	5~1.0	60°	19.72	22.67	26.51	28.95	32.02	$Q=3.43P^{0.44}$	9.2	30.0	79.04	8.98	4.39	7.58
	GC804	KJ7-13	4~0.8	60°	12.19	14.32	15.93	17.16	18.46	$Q=2.83P^{0.37}$	8.8	26.0	83.62	7.36	3.81	5.21
	GC904	KJ7-13	4~1.0	60°	16.80	19.45	22.37	24.32	26.65	$Q=3.21P^{0.42}$	9.0	27.0	80.11	8.29	5.26	6.34
	GD804	KJ7-13	3~0.8	60°	9.92	11.75	12.80	13.71	14.57	$Q=2.61P^{0.34}$	8.7	23.0	84.56	9.35	1.42	4.67
	GD814	KJ7-13	3~1.0	60°	13.66	15.96	17.97	19.43	21.03	$Q=2.96P^{0.39}$	9.0	24.0	79.89	8.43	5.83	5.85

4.1.3　高压喷嘴的雾流形式

高压喷嘴的雾流形式可分为三段,离喷嘴最近的一段为紧密水流圆锥段,长度达2.5~3.0 m,中间段为涡流圆柱段,呈实心雾流状,长度为3.5~5.0 m,最后一段的形式要视环境而定,当地面无风流干扰时,为圆柱形,长度可达17~22 m,但当它面向独头巷道工作面时,呈圆锥形,长度达1.2~2.7 m。各段的长度并不是一成不变的,水压越大,则紧密水流圆锥段的长度越小,而涡流圆柱段的长度及其涡流强度越大。雾流形式如图4-3所示。

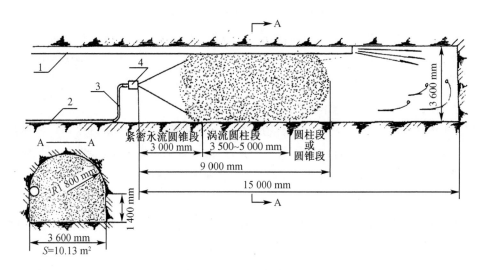

1—风筒；2—无缝输水钢管；3—高压软管；4—高压喷嘴

图 4-3 高压喷嘴的雾流形式模拟试验图

4.1.4 高压喷雾系统现场试验案例

1. 试验概况

在打通二矿进行了井下工业性试验，试验地点设在打通二矿北区 1804 东工作面运输巷掘进工作面，煤层倾角 6°～8°，煤层平均厚度为 2.4 m，煤的硬度 $f=0.8$ 左右，巷道沿煤层倾角仰斜掘进，巷道断面为梯形，上宽 2.85 m，下宽 3.85 m，高 2.45 m，毛断面面积 8.2 m^2，巷道采用金属支架支护、掘进方式为炮掘。

2. 高压喷雾工艺

1）高压喷雾系统的安装位置

将高压喷雾泵置于距掘进工作面 150～500 m 的巷道一侧。沿巷道底邦距底板 300 mm 处铺设 $\phi 30 \times 3$ mm 的无缝输水钢管至离掘进工作面 15～20 m 安装高压喷嘴。喷雾前，将高压喷嘴通过三脚架固定于巷道断面的中部位置，喷口指向掘进工作面。随着巷道的不断延伸，定期接长输水管。

2）高压喷雾施工组织

当掘进工作面的炮眼钻完，放炮员向炮眼装填炸药雷管前，钻眼工人都得撤离工作面转移到放炮安全距离处，此时让一名工人固定三脚架和高压喷嘴，让另一名工人到高压喷雾泵站待命。放炮员向炮眼装填完炸药后，便启动悬挂于巷道一侧的信号按钮通知待命人员开泵以进行高压喷雾，放炮员撤离到安全放炮地点（该巷放炮安全距离为 150 m，走完这一路程大约需 2 min）时，随即放炮。开泵人员听到炮响便计时，5 min 后关泵，结束高压喷雾。

3）喷嘴固定方式的改进

由于固定喷嘴的三脚架是通过其锄形压板嵌入垫钢轨的枕木之下而固定，如果枕木下有较多的浮煤，三脚架就会受到高压喷雾时产生的反作用力的推动，发生 3°～5°的后仰，使喷嘴的水平喷射变成仰斜3°～5°的喷射,影响降尘效果,因而在试验中期便对喷嘴的固定方式进行了改进,方法是将三脚架的活动头取下,焊接在一个夹板上,通过压紧螺钉将其固定在12号矿用工字钢组成的梯形棚子的横梁上,从而迅速、方便、准确地解决了喷嘴的固定问题。

4) 使用两个高压雾化喷嘴同时进行高压喷雾试验

为了使喷雾后的剩余含尘量达标,采用了两个高压雾化喷嘴同时进行高压喷雾试验。前一个喷嘴为3孔或4孔喷嘴,距掘进头15 m安放,后一个喷嘴为五孔喷嘴,距掘进头20 m安放,操作方法与用一个喷嘴时相同。试验结果见表4-2和表4-3。

5) 测尘

测尘仪器:ACG-1型光电煤尘测定仪。测尘地点:喷嘴后方5 m处。从放炮到测尘的时间:2 min、5 min和7 min。测尘结果见表4-2、表4-3。

表4-2 一个喷嘴放炮后5 min时的高压喷雾降尘效果表

高压喷嘴规格	喷嘴到迎头距离(小于)/m	未喷雾时放炮后5 min的粉尘浓度/(mg·m^{-3})	水压100 kgf·cm^{-2}		水压125 kgf·cm^{-2}		水压150 kgf·cm^{-2}	
			粉尘浓度/(mg·m^{-3})	降尘率/%	粉尘浓度/(mg·m^{-3})	降尘率/%	粉尘浓度/(mg·m^{-3})	降尘率/%
6孔	20	433.8	47.1	89.1	23.0	94.7	15.0	96.5
5孔	20	433.8	30.7	92.9	15.0	96.5	16.7	96.2
4孔	20	433.8	33.3	92.3	31.6	92.7	31.6	92.7
3孔	20	433.8	42.5	90.2	23.3	94.6	36.6	91.6

表4-3 两个喷嘴的高压喷雾降尘效果表

从放炮到测尘的时间/min	高压喷嘴规格	喷嘴到迎头距离(小于)/m	未喷雾时放炮后的粉尘浓度/(mg·m^{-3})	水压在100～125 kgf·cm^{-2}	
				粉尘浓度/(mg·m^{-3})	降尘率/%
2	3孔、4孔或5孔	20	752.5	66.3	91.2
5	3孔、4孔或5孔	20	433.8	10.0	97.7
7	4孔或5孔	20	225.0	2.5	98.9

3. 高压喷雾的降尘消烟效果分析

1) 降尘效果分析

从表4-2、4-3中可知,进行高压喷雾时,其降尘效果与水压、空气中的含水量、喷嘴的使用个数有着紧密的关系:一般来说,水压越高降尘效果越好;喷雾时间越长,空气中的含水量越高,降尘便越多;单个喷嘴喷雾降尘效果逊于两个喷嘴的喷雾降尘效果。从表4-2中也不难看出,在使用单个喷嘴的情况下,孔数不同的任何一个喷嘴在100～150 kgf/cm²

(1 kgf/cm² ＝98 066.5 Pa)水压下,于放炮后 5 min 时,降尘率都大于 90％,达到了设计要求,其中以 5 孔高压喷嘴在 125 kgf/cm² 水压下和 6 孔高压喷嘴在 150 kgf/cm² 水压下进行喷雾的效果最优,降尘率高达 96.5％,剩余含尘量为 15.0 mg/m³。从表 4-3 可知,当采用两个喷嘴进行喷雾时,以 3 孔或 4 孔喷嘴与 5 孔喷嘴在 100～125 kgf/cm² 水压下,于放炮后 5 min 时,就可使剩余煤尘含量为 10 mg/m³,降尘率高达 97.7％,与苏联同类指标不相上下,见表 4-4 所示。

表 4-4　中、苏煤巷炮掘工作面高压喷雾指标比较表

从放炮到测尘的时间/min	空气的平均含尘量/(mg·m⁻³)		降尘效果/%
	没有降尘措施	高压喷雾	
苏联克鲁普斯卡娅矿 6122 工作面运输机平巷			
3	143～155	8.0～16.0	92.1
5	114～139	8.0～15.0	96.1
10	25～124	0.8～6.0	97.6
松藻矿务局打通二矿北区 1804 东工作面运输机平巷			
2	752.5	66.3	91.2
5	433.8	10.0	97.7
7	225.0	2.5	98.9

2) 高压喷雾消烟效果分析

放炮后 5 min,用气体采样泵和球胆采集炮烟,通过气相色谱仪进行气体分析,得到喷雾后的炮烟较未喷过雾的炮烟:

(1) 水分相对含量增加 49.35％;

(2) 氮气相对含量增加 2.78％;

(3) 氧气相对含量减少 11.5％;

(4) 二氧化碳相对含量减少 11.11％;

(5) 瓦斯相对含量减少 25％。

由于气体组分上的百分比变化,使空气清新不呛人,工作面作业人员情不自禁地说:"高压喷雾硬是好,煤尘炮烟跑不了。"高压喷雾在试验期间受到了工作面工人的大力支持和欢迎。

4.1.5　高压喷雾喷嘴系列化

喷雾降尘措施作为煤矿粉尘防治最基础的措施,在我国煤矿应用十分广泛,目前我国煤矿使用的喷嘴品种繁多,各种喷嘴使用效果参差不齐。为规范喷雾降尘用喷嘴的应用,提高喷嘴的制造质量,降低成本,实现专业化生产,便于使用单位选型维护以及备品配件的供应,编制喷嘴系列。

1. 喷嘴系列化的编制原则

根据雾流形式的特征进行系列分类;各系列中按喷嘴的结构形式划分层次;各层次中按

条件雾化角的大小从小到大排列;在各个条件雾化角内,按流量等级递增方式编排,但为了减少喷嘴的规格数,拟在 3 kgf/cm² 水压下,相邻两个喷嘴的流量值之差必须大于0.5 L/min 的喷嘴方能编入系列中。凡是性能参数好的喷嘴,无论是现场的还是兄弟单位研制的都将按课期计划的要求统一编入系列,并在备注栏注明。如煤科院上海所原研制的 PZA/PZB 系列喷嘴,统编为 Z 系列喷嘴,而 PZC 系列组则统编为 S 系列 E 结构形式的喷嘴。

2. 系列喷嘴及其雾流形状

系列喷嘴及其雾流形状如表4-5所示。

表4-5 系列喷嘴及其雾流形状

喷嘴系列	喷嘴形式	雾流形状
Y系列:压气雾化喷嘴		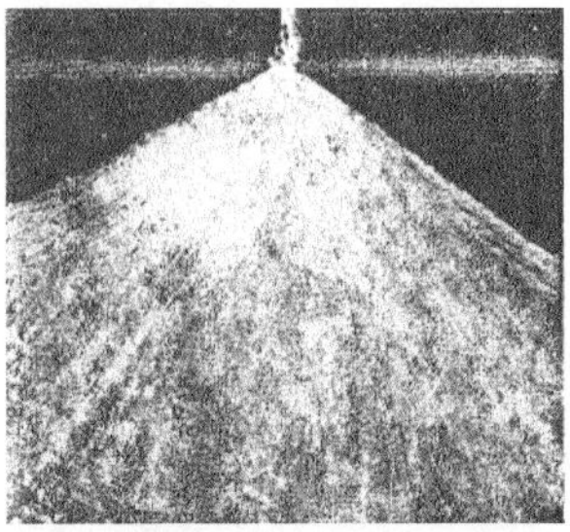
K系列:锥形空心雾化喷嘴		
Q系列:切向锥形空心雾化喷嘴		
S系列:锥形实心雾化喷嘴		

喷嘴系列	喷嘴形式	雾流形状
Z系列:引射锥形实心雾化喷嘴		
B系列:扇形雾化喷嘴		
D系列:多孔雾化喷嘴		
G系列:高压雾化喷嘴		

3. 型号组成说明

喷嘴型号组成说明见图 4-4。

4. 系列型谱、规格及其喷嘴的性能参数

系列型谱、规格及喷嘴的性能参数见表 4-6。

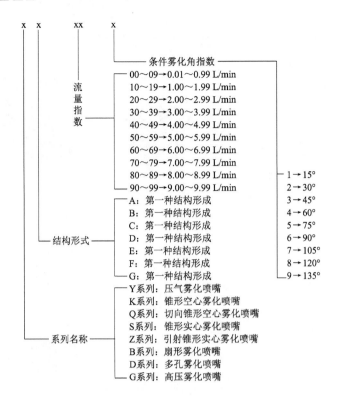

图 4-4　喷嘴型号组成说明

表 4-6　系列型谱、规格及喷嘴性能参数

系列名称	喷嘴型号	连接尺寸	出口直径 φ/mm	条件雾化角度	流量/(L·min⁻¹)								有效射程/m 水压:2 kgf/cm² 气压:3 kgf/cm²		备注
					水试验压力气/(kgf·cm⁻²)								轴向	横向	
					0.5	1	2	3	2	3	5	7			
Y系列	YA303	ZG1/4	4.0	45°	1.25	1.77	2.50	3.06	50	54	58	64	5.0	—	
	YA603	ZG1/4	5.0	45°	2.80	3.96	5.60	6.86	59	64	74	84	6.0	—	
	YB303	ZG1/4	4.0	45°	1.50	2.12	3.00	3.67	48	50	56	62	5.5	—	
	YB703	ZG1/4	5.0	45°	3.25	4.60	6.50	7.96	50	56	64	72	6.2	—	
	YC207	ZG1/4	6—2.0	105°	0.88	1.24	1.75	2.14	94	96	102	112	2.3	1.8	
	YC608	ZG1/4	6—2.6	120°	2.65	3.75	5.30	6.49	103	105	112	120	3.2	2.2	
	YC808	ZG1/4	6—3.2	120°	4.50	6.36	9.00	11.02	134	136	142	150	3.8	2.6	
	YD308	ZG1/4	8—2.0	120°	1.60	2.26	3.20	3.92	144	146	152	160	2.4	2.0	
	YD808	ZG1/4	8—2.6	120°	4.75	9.72	9.50	11.64	154	156	162	168	3.0	2.2	
	YD819	ZG1/4	8—3.2	130°	6.05	8.56	12.10	14.82	158	160	168	176	3.0	2.4	
	YE809	ZG1/4	10—2.0	170°	4.80	6.79	9.60	11.76	158	160	168	176	4.7	3.0	
	YF809	ZG1/4	15—2.0	180°	4.28	6.05	8.55	10.47	152	154	160	168	3.7	3.2	
	YG	22	10—2.5		水压:3~30 kgf/cm²　气压:3~7 kgf/cm²								6~9	3~4	已鉴定 YP-1 型压气喷雾器
					流量:16~25 L/min　耗气:600~1 000 L/min										

续表

系列名称	喷嘴型号	连接尺寸	出口直径φ/mm	条件雾化角度	流量/(L·min⁻¹)								有效射程/m	备注
					水试验压力气/(kgf·cm⁻²)									
					1	2	3	5	7	10	15	20	7	
K系列	KA203	ZG1/2	1.8	45°	1.20	1.70	2.10	2.70	3.20	3.80	4.70	5.40	2.5	
	KA303	ZG1/2	2.0	45°	1.80	2.50	3.10	4.00	4.70	5.70	6.90	8.00	2.7	
	KA104	ZG1/2	1.8	60°	0.90	1.20	1.50	1.90	2.30	2.70	3.40	3.80	1.8	
	KA204	ZG1/2	2.0	60°	1.40	1.90	2.40	3.10	3.70	4.40	5.40	6.20	2.4	
	KA304	ZG1/2	2.2	60°	1.90	2.70	3.30	4.30	5.00	6.00	7.40	8.50	2.7	
	KA404	ZG1/2	2.5	60°	2.50	3.50	4.30	5.60	6.60	7.80	9.60	11.10	2.5	
	KA205	ZG1/2	2.5	75°	1.60	2.20	2.70	3.50	4.10	4.90	6.00	7.00	2.0	
	KA305	ZG1/2	2.5	75°	2.00	2.80	3.50	4.50	5.30	6.40	7.80	9.00	2.3	
	KB104	ZG1/2	1.5	60°	0.69	0.97	1.19	1.54	1.82	2.18	2.67	3.08	2.2	
	KB204	ZG1/2	2.0	60°	1.21	1.71	2.09	2.70	3.20	3.82	4.68	5.41	3.1	
	KB404	ZG1/2	2.7	60°	2.42	3.42	4.19	5.41	6.40	7.65	9.37	10.82	3.3	
	KB414	ZG1/2	2.7	60°	2.88	4.07	4.98	6.43	7.61	9.10	11.15	12.87	2.9	
	KB105	ZG1/2	2.0	75°	0.98	1.38	1.69	2.19	2.59	3.09	3.79	4.38	2.1	
	KB205	ZG1/2	2.5	75°	1.50	2.12	2.59	3.35	3.96	4.74	5.80	6.70	3.0	
	KB305	ZG1/2	3.0	75°	2.02	2.85	3.49	4.51	5.34	6.38	7.82	9.03	3.1	
	KB405	ZG1/2	3.0	75°	2.82	3.98	4.88	6.30	7.46	8.91	10.92	12.61	2.8	
	KB206	ZG1/2	2.5	90°	1.38	1.95	2.39	3.08	3.65	4.36	5.34	6.17	3.1	
	KB306	ZG1/2	2.7	90°	1.84	2.60	3.18	4.11	4.86	5.81	7.12	8.22	3.4	
	KB316	ZG1/2	3.0	90°	2.30	3.25	3.98	5.14	6.08	7.27	8.90	10.28	3.3	
	KC103	ZG3/8	2.0	45°	1.10	1.56	1.90	2.46	2.91	3.48	4.26	4.92	2.0	
	KC203	ZG3/8	2.0	45°	1.30	1.84	2.25	2.91	3.44	4.11	5.03	5.81	1.9	
	KC213	ZG3/8	2.0	45°	1.62	2.29	2.80	3.62	4.29	5.12	6.27	7.24	2.0	
	KC104	ZG3/8	1.6	60°	0.66	0.93	1.15	1.48	1.75	2.09	2.56	2.95	2.1	
	KC304	ZG3/8	2.4	60°	2.05	2.90	3.55	4.58	5.42	6.48	7.94	9.17	3.3	
	KC404	ZG3/8	3.0	60°	2.71	3.83	4.70	6.06	7.17	8.97	10.50	12.12	3.2	
	KC105	ZG3/8	1.6	75°	0.58	0.82	1.00	1.30	1.53	1.83	2.25	2.59	2.4	
	KC305	ZG3/8	2.4	75°	1.79	2.53	3.10	4.00	4.73	5.66	6.93	8.01	3.5	
	KC405	ZG3/8	3.0	75°	2.57	3.89	4.45	5.75	6.80	8.13	9.95	11.49	3.9	
	KC106	ZG3/8	3.0	90°	0.87	1.24	1.50	1.94	2.30	2.75	3.37	3.89	1.6	
	KC206	ZG3/8	3.0	90°	1.21	1.71	2.10	2.71	3.20	3.83	4.69	5.41	1.5	
	KC306	ZG3/8	3.0	90°	1.82	2.57	3.15	4.07	4.81	5.75	7.05	8.14	2.1	

续表

系列名称	喷嘴型号	连接尺寸	出口直径 ϕ/mm	条件雾化角度	流量/(L·min⁻¹)								有效射程/m	备注
					压力/(kgf·cm⁻²)									
					1	2	3	5	7	10	15	20	7	
Q系列	QA104	ZG3/4	1.5	60°	0.58	0.82	1.00	1.29	1.53	1.83	2.24	2.58	2.3	
	QA114	ZG3/4	1.5	60°	0.92	1.31	1.60	2.07	2.44	2.92	3.58	4.13	3.0	
	QA204	ZG3/4	1.8	60°	1.21	1.71	2.10	2.71	3.21	3.83	4.70	5.42	3.4	
	QA214	ZG1/2	1.8	60°	1.65	2.33	2.85	3.68	4.35	5.20	6.37	7.36	3.4	
	QA105	ZG3/4	1.5	75°	0.58	0.82	1.00	1.29	1.53	1.83	2.24	2.58	2.3	
	QA115	ZG3/4	1.8	75°	0.92	1.31	1.60	2.07	2.44	2.92	3.58	4.16	2.9	
	QA205	ZG3/4	2.2	75°	1.15	1.63	2.00	2.58	3.05	3.65	4.46	5.16	2.6	
	QA305	ZG1/2	2.7	75°	1.74	2.45	3.00	3.87	4.58	5.48	6.71	7.75	3.1	
	QA315	ZG1/2	2.7	75°	2.19	3.10	3.80	4.91	5.80	6.94	8.50	9.81	3.0	
	QA106	ZG3/4	1.5	90°	0.58	0.82	1.00	1.29	1.53	1.83	2.24	2.58	2.3	
	QA116	ZG3/4	1.8	90°	0.81	1.14	1.40	1.81	2.14	2.56	3.13	3.61	2.3	
	QA126	ZG3/4	2.2	90°	1.10	1.55	1.90	2.45	2.90	3.47	4.25	4.90	2.5	
	QA206	ZG3/4	2.7	90°	1.44	2.04	2.50	3.23	3.82	4.56	5.59	6.45	2.7	
	QA306	ZG3/4	3.2	90°	1.74	2.46	3.01	3.89	4.60	5.50	6.73	7.78	3.0	
	QA107	ZG3/4	2.7	105°	0.87	1.23	1.51	1.94	2.30	2.75	3.37	3.89	2.4	
	QA207	ZG3/4	3.2	105°	1.23	1.74	2.13	2.75	3.25	3.88	4.76	5.49	2.6	
	QA217	ZG3/4	3.2	105°	1.56	2.20	2.70	3.49	4.12	4.93	6.04	6.97	2.6	
S系列	SA102	ZG1/2	1.2	30°	0.64	0.91	1.10	1.43	1.69	2.02	2.48	2.86	2.4	
	SA202	ZG1/2	1.6	30°	1.15	1.63	2.00	2.57	3.04	3.64	4.45	5.14	4.0	
	SA302	ZG1/2	2.0	30°	1.85	2.61	3.20	4.14	4.89	5.85	7.17	8.27	3.7	
	SA203	ZG1/2	1.6	45°	1.15	1.63	2.00	2.57	3.04	3.64	4.45	5.14	2.1	
	SA303	ZG1/2	2.0	45°	1.91	2.70	3.30	4.27	5.05	6.04	7.40	8.54	3.4	
	SA403	ZG1/2	2.4	45°	2.83	4.00	4.90	6.33	7.49	8.95	10.96	12.66	3.7	
	SA304	ZG1/2	2.0	60°	1.96	2.77	3.40	4.38	5.18	6.20	7.59	8.77	3.8	
	SA404	ZG1/2	2.4	60°	2.66	3.76	4.60	5.95	7.04	8.41	10.32	11.89	3.3	
	SA704	ZG1/2	3.0	60°	4.33	6.12	7.50	9.68	11.46	13.69	16.77	19.36	4.8	
	SA405	ZG1/2	2.4	75°	2.60	3.68	4.50	5.68	6.89	8.22	10.07	11.63	2.9	
	SA605	ZG1/2	3.0	75°	3.58	5.06	6.20	8.01	9.47	11.32	13.86	16.01	2.9	
	SA705	ZG1/2	3.0	75°	5.08	7.18	8.80	11.36	13.44	16.06	19.67	22.72	3.8	
	SA506	ZG1/2	3.0	90°	3.12	4.41	5.40	6.98	8.25	9.87	12.08	13.95	2.3	
	SA706	ZG1/2	3.0	90°	4.50	6.36	7.80	10.06	11.91	14.23	17.43	20.12	2.4	

系列名称	喷嘴型号	连接尺寸	出口直径 ϕ/mm	条件雾化角度	流量/(L·min⁻¹)								有效射程/m	备注
					压力/(kgf·cm⁻²)									
					1	2	3	5	7	10	15	20	7	
S 系列	SA202	ZG1/2	1.6	30°	1.15	1.63	2.00	2.57	3.04	3.64	4.45	5.14	3.5	
	SA302	ZG1/2	2.0	30°	1.79	2.53	3.10	4.00	4.74	5.66	6.93	8.00	4.2	
	SB502	ZG1/2	2.5	30°	2.94	4.16	5.10	6.57	7.79	9.30	11.39	13.15	5.6	
	SB203	ZG1/2	1.6	45°	1.15	1.63	2.00	2.57	3.04	3.64	4.45	5.14	3.5	
	SB303	ZG1/2	2.0	45°	1.73	2.45	3.00	3.87	4.58	5.47	6.70	7.74	3.2	
	SB403	ZG1/2	2.5	45°	2.71	3.83	4.70	6.06	7.17	8.97	10.50	12.12	3.8	
	SB404	ZG1/2	2.5	60°	2.77	3.92	4.80	6.19	7.33	8.76	10.73	12.39	3.3	
	SB104	ZG1/2	1.6	60°	1.13	1.60	1.95	2.53	2.99	3.57	4.38	5.05	2.3	
	SB204	ZG1/2	2.0	60°	1.70	2.40	2.95	3.80	4.50	5.38	6.58	7.60	2.8	
	SB205	ZG1/2	2.0	75°	1.56	2.21	2.70	3.49	4.13	4.93	6.04	6.98	2.3	
	SB305	ZG1/2	2.0	75°	1.79	2.53	3.10	4.00	4.73	5.66	6.93	8.01	2.4	
	SB405	ZG1/2	2.5	75°	2.42	3.42	4.20	5.40	6.40	7.65	9.37	10.82	2.7	
	SB306	ZG1/2	2.5	90°	1.96	2.77	3.40	4.38	5.18	6.20	7.59	8.77	2.6	
	SC102	ZG1/2	1.2	30°	0.92	1.30	1.60	2.06	2.43	2.91	3.56	4.11	2.2	
	SC202	ZG1/2	1.6	30°	1.67	2.37	2.90	3.74	4.43	5.29	6.48	7.49	2.5	
	SC502	ZG1/2	2.2	30°	3.18	4.50	5.50	7.11	8.41	10.06	12.32	14.22	2.1	
	SC203	ZG1/2	1.6	45°	1.67	2.37	2.90	3.74	4.43	5.29	6.48	7.49	2.0	
	SC503	ZG1/2	2.2	45°	2.94	4.16	5.10	6.57	7.79	9.30	11.39	13.15	2.1	
	SC204	ZG1/2	1.6	60°	1.67	2.37	2.90	3.74	4.43	5.29	6.48	7.49	3.3	
	SC405	ZG1/2	2.2	75°	2.42	3.42	4.20	5.41	6.40	7.65	9.37	10.82	2.5	
	SC505	ZG1/2	2.2	75°	3.18	4.50	5.50	7.11	8.41	10.06	12.32	14.22	3.1	
	SC408	ZG1/2	2.2	120°	2.71	3.83	4.70	6.06	7.17	8.97	10.50	12.12	2.1	
	SC508	ZG1/2	2.2	120°	3.00	4.24	5.20	6.71	7.94	9.49	11.62	13.42	1.9	
	SD102	ZG1/2	1.5	30°	0.92	1.30	1.59	2.05	2.43	2.70	3.56	4.11	3.7	
	SD202	ZG1/2	2.0	30°	1.61	2.27	2.78	3.60	4.25	5.09	6.23	7.20	3.9	
	SD302	ZG1/2	2.0	30°	1.90	2.68	3.29	4.24	5.02	6.00	7.35	8.49	4.3	
	SD312	ZG1/2	2.0	30°	2.25	3.18	3.89	5.03	5.95	7.11	8.71	10.06	4.0	
	SD103	ZG1/2	1.5	45°	1.04	1.47	1.80	2.32	2.75	3.28	4.02	4.65	3.2	
	SD203	ZG1/2	2.0	45°	1.55	2.19	2.68	3.46	4.10	4.90	6.00	6.93	3.4	
	SD303	ZG1/2	2.0	45°	2.19	3.09	3.79	4.89	5.79	6.92	8.48	9.79	3.7	
	SD503	ZG1/2	2.5	45°	3.11	4.39	5.38	6.95	8.22	9.83	12.04	13.90	4.1	
	SD304	ZG1/2	2.0	60°	1.84	2.60	3.19	4.11	4.86	5.81	7.12	8.22	4.1	
	SD314	ZG1/2	2.5	60°	2.25	3.18	3.89	5.03	5.95	7.11	8.71	10.06	4.2	
	SD504	ZG1/2	2.5	60°	2.94	4.15	5.09	6.57	7.77	9.29	11.38	13.14	3.9	

系列名称	喷嘴型号	连接尺寸	出口直径 φ/mm	条件雾化角度	流量/(L·min⁻¹) 压力/(kgf·cm⁻²)								有效射程/m	备注
					1	2	3	5	7	10	15	20	7	
S系列	SD604	ZG1/2	2.7	60°	3.64	5.14	6.30	8.13	9.63	11.51	14.09	16.27	4.2	
	SD305	ZG1/2	2.5	75°	2.19	3.09	3.79	4.89	5.79	6.92	8.48	9.79	3.2	
	SD405	ZG1/2	2.5	75°	2.88	4.07	4.98	6.43	7.16	9.10	11.15	12.87	4.2	
	SD605	ZG1/2	2.7	75°	2.52	4.97	6.09	7.87	9.13	11.13	13.63	15.74	4.1	
	SD705	ZG1/2	3.0	75°	4.10	5.79	7.10	9.16	10.84	12.96	15.87	18.33	4.2	
	SD506	ZG1/2	2.7	90°	2.94	4.15	5.09	6.57	7.77	9.29	11.38	13.14	4.3	
	SD606	ZG1/2	3.0	90°	3.81	5.38	6.59	8.15	10.08	12.04	14.75	17.03	3.7	
	SD706	ZG1/2	3.0	90°	4.27	6.03	7.39	9.54	11.29	13.50	16.53	19.09	3.4	
	SD716	ZG1/2	3.0	90°	4.62	6.53	8.00	10.33	12.22	14.61	17.89	20.66	4.2	
	SE304	M14×1.5 / M16×1.5 / G1/4 / G3/8	2.0	55°				4.40	5.00	6.00	7.40	8.70	1.0	
	SE404	M14×1.5 / M16×1.5 / G1/4 / G3/8	2.5	55°				6.40	7.40	8.90	11.20	12.30	1.0	
Z系列	ZA103	M14×1.5 / M16×1.5 / G1/4 / G3/8	1.2	45°				1.50	1.70	2.00	2.40	2.80	1.0	煤科院上海所原已鉴定的PZA系列喷嘴
	ZA113	M14×1.5 / M16×1.5 / G1/4 / G3/8	1.5	45°				2.30	2.60	3.10	3.80	4.20	1.0	
	ZA304	M14×1.5 / M16×1.5 / G1/4 / G3/8	2.0	55°				4.40	5.00	6.00	7.40	8.70	1.0	
	ZA404	M14×1.5 / M16×1.5 / G1/4 / G3/8	2.5	55°				6.40	7.40	8.90	11.20	12.30	1.0	

续表

系列名称	喷嘴型号	连接尺寸	出口直径φ/mm	条件雾化角度	流量/(L·min⁻¹)								有效射程/m	备注
					压力/(kgf·cm⁻²)									
					1	2	3	5	7	10	15	20	7	
Z系列	ZB405	M14×1.5	2.5	70°				6.6	7.4	8.8	10.3	12.0	1.0	煤科院上海所原已鉴定的PZB系列喷嘴
		G1/4												
	ZB705	M14×1.5	3.2	70°				9.9	11.5	13.7	16.2	19.0	1.6	
		G1/4												
	ZB805	M14×1.5	4.0	70°				14.5	16.6	19.9	24.5	28.8	1.6	
		G1/4												
B系列	BA102	M14×1.5	1.1	30°	0.69	0.98	1.20	1.55	1.83	2.19	2.68	3.10	3.0	
	BA112	M14×1.5	1.5	30°	1.04	1.47	1.80	2.32	2.75	3.29	4.02	4.65	3.5	
	BA202	M14×1.5	1.9	30°	1.59	2.25	2.75	3.55	4.20	5.02	6.15	7.10	3.0	
	BA602	M14×1.5	2.7	30°	3.58	5.06	6.20	8.00	9.47	11.32	13.86	16.01	4.8	
	BA103	M14×1.5	1.4	45°	0.87	1.22	1.50	1.94	2.29	2.74	3.35	3.87	2.6	
	BA203	M14×1.5	1.8	45°	1.44	2.04	2.50	3.23	3.82	4.56	5.59	6.45	2.5	
	BA303	M14×1.5	2.1	45°	2.02	2.86	3.50	4.52	5.35	6.39	7.83	9.04	3.4	
	BA403	M14×1.5	2.5	45°	2.83	4.00	4.90	6.33	7.48	8.95	10.96	12.65	2.3	
	BA104	M14×1.5	1.5	60°	1.04	1.47	1.80	2.32	2.75	3.29	4.02	4.65	2.5	
	BA204	M14×1.5	1.9	60°	1.67	2.37	2.90	3.74	4.43	5.29	6.48	7.49	3.4	
	BA304	M14×1.5	2.1	60°	2.08	2.94	3.60	4.65	5.50	6.58	8.06	9.30	3.0	
	BA704	M14×1.5	3.3	60°	5.31	7.51	9.20	11.87	14.05	16.79	20.57	23.74	3.7	
	BA105	M14×1.5	1.5	75°	0.98	1.39	1.70	2.19	2.59	3.10	3.80	4.38	2.2	
	BA205	M14×1.5	1.8	75°	1.53	2.16	2.65	3.42	4.05	4.84	5.93	6.84	3.4	
	BA405	M14×1.5	2.3	75°	2.40	3.39	4.15	5.36	6.35	7.59	9.29	10.73	3.5	
	BA705	M14×1.5	3.2	75°	5.08	7.18	8.80	11.36	13.44	16.06	19.67	22.72	3.6	
	BA106	M14×1.5	1.3	90°	0.75	1.06	1.30	1.68	1.98	2.37	2.90	3.35	2.1	
	BA306	M14×1.5	1.9	90°	1.73	2.45	3.00	3.87	4.58	5.48	6.70	7.74	3.1	
	BA406	M14×1.5	2.3	90°	2.37	3.35	4.10	530	6.27	7.49	9.18	10.59	3.6	
	BA606	M14×1.5	2.8	90°	3.81	5.39	6.60	8.52	10.08	12.05	14.76	17.04	4.6	
	BA108	M14×1.5	1.4	120°	0.92	1.30	1.60	2.06	2.43	2.91	3.56	4.11	2.4	
	BA308	M14×1.5	2.2	120°	2.20	3.10	3.80	4.90	5.79	6.93	8.48	9.79	3.0	
	BA408	M14×1.5	2.5	120°	2.83	4.00	4.90	6.32	7.49	8.95	10.96	12.66	3.0	
	BA708	M14×1.5	3.3	120°	5.37	7.59	9.30	12.00	14.20	16.98	20.80	24.02	3.6	
D系列	DA804	ZG3/4	7—φ2.0	60°	8.31	11.75	14.40	18.58	21.98	26.27	32.18	37.16	5.5	
	DB807	ZG3/4	7—φ2.0	105°	8.94	12.64	15.50	19.99	23.65	28.27	34.62	39.98	4.1	
	DC809	ZG3/4	7—φ2.0	130°	7.85	11.10	13.60	17.55	20.76	24.82	30.40	35.10	3.9	

续表

系列名称	喷嘴型号	连接尺寸	出口直径 ϕ/mm	条件雾化角度	流量/(L·min⁻¹)			有效射程/m	备注
					压力/(kgf·cm⁻²)				
					100	125	150	125	
G系列	GA904	KJ7-13	6—ϕ0.8	60°	21.69	23.56	25.77	8.9	
	GB904	KJ7-13	5—ϕ0.8	60°	18.88	20.43	22.18	9.0	
	GB914	KJ7-13	5—ϕ1.0	60°	26.51	28.95	32.02	9.2	
	GC804	KJ7-13	4—ϕ0.8	60°	15.93	17.16	18.46	8.8	
	GC904	KJ7-13	4—ϕ1.0	60°	22.37	24.32	26.62	9.0	
	GD804	KJ7-13	3—ϕ0.8	60°	12.80	13.71	14.57	8.7	
	GD814	KJ7-13	3—ϕ1.0	60°	17.97	19.43	21.03	9.0	

5. 系列喷嘴的使用

将煤炭从回采工作面采出并运输到地面煤仓,其间产尘的点多、面广、线长,而产尘和降尘的多少要受许多因素的制约:煤层的厚薄、落煤的方式、采掘运装机器的种类、巷道断面的大小、风流的快慢、防尘水压的高低、喷雾系统的方式等等,都直接影响产尘量和降尘率。

各煤矿可根据产尘点处的水压(能提供的水压越高,越有利于喷雾降尘)、流量、风速、产尘特征、尘源状态、产尘环境、对耗水或耗气量的要求等等,针对性地在系列喷嘴中选择所需喷嘴,组成所需的喷雾系统进行喷雾降尘。不管组成何种工艺方式的喷雾系统,总的原则是低耗水、高降尘,防止煤岩过湿。由于各系列喷嘴有不同的雾流形式,因此各系列喷嘴也有其使用的特点。如压气雾化喷嘴,由于雾流中既含雾粒又含压风,因此它不仅可以降尘,还能供气冲淡瓦斯,所以将它应用于高瓦斯产尘环境中喷雾降尘,就能扬其所长;又如,扇形雾化喷嘴一般用于采煤机产尘源的降尘;锥形实心雾化喷嘴既可用于采煤机、掘进机的降尘,又常用于爆破工程上的降尘和组成风流净化水幕等等;锥形空心雾化喷嘴由于离喷嘴很近的地方才有很高的雾粒密度,一般用于风速较低,要求耗水量较小,粉尘垂直上升扩散的场合;多孔雾化喷嘴由于耗水量大、覆盖区宽、射程远,一般用于采煤机外喷雾、翻罐笼、风流净化水幕等等;高压雾化喷嘴,由于从喷嘴中喷出的水流速度快,使得雾粒在射流全长上的运动速度超过其沉降速度,射流无明显的衰减区,射程远,因此凡具有高压喷雾泵的大尘源场所均可使用。

4.2 预荷电高效喷雾降尘技术

预荷电高效喷雾降尘技术是抑制呼吸性粉尘的有效途径之一。该技术的实质是让水高速通过以电介材料为喷口材料的电介喷嘴,水在与喷嘴摩擦、粉碎的过程中带上电荷,利用雾粒和尘粒的静电相互作用提高降尘效率。研究表明,与采用一般喷雾降尘技术后的粉尘含量相比,采用该技术可使煤矿井下各产尘环境的呼吸性粉尘含量下降1/3～1/2。

4.2.1　电介质喷嘴的结构及工作原理

通过大量试验可知,图 4-5 和图 4-6 两种结构的电介质喷嘴可以获得较好的雾化效果、较均匀的水量分布以及较小的耗水量。

图 4-5 所示的电介质喷嘴由外壳、导水芯和保护外壳组成。导水芯的作用是使压力水旋转而使水雾化成微细水雾粒。保护外壳是专门用于和供水水管连接,因为电介质材料的抗拉强度较低,当水压超过 0.7 MPa 时就会出现螺纹强度不够而脱离供水水管的情况。加了保护外壳后,电介质喷嘴可以承受 4.0 MPa 以上的水压。

图 4-6 所示的电介质喷嘴由导水芯、壳体、喷口和盖组成。导水芯的作用也是使压力水旋转而使水雾化成微细水雾粒。喷口用电介质材料制造,用于水雾粒的荷电。盖是为提高喷嘴承受水压的能力而设计的,用金属材料制造。

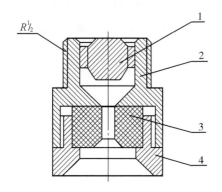

1—导水芯;2—外壳;3—电介质材料;4—保护外壳

图 4-5　第 1 种电介质喷嘴结构示意图

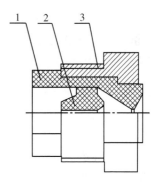

1—电介质材料;2—导水芯;3—外壳

图 4-6　第 2 种电介质喷嘴结构示意图

4.2.2　电介质喷嘴的技术参数

1. 喷嘴的水雾荷质比

水雾荷质比是指单位水量的荷电量。它是影响喷雾降尘效果,特别是影响呼吸性粉尘降尘效果的关键参数,其值越高,对呼吸性粉尘的降尘效率越高,试验结果表明(见图 4-7),荷电水雾对呼吸性粉尘的降尘效率随着水雾荷质比的提高而线性上升。

在非外加电源荷电法中,水雾荷质比的大小在很大程度上受喷嘴所用的电介质材料的影响。电介质材料的电阻率越高,在水雾和喷口(由电介质材料制作)间因接触、分离

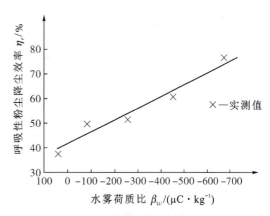

图 4-7　荷电水雾对呼吸性粉尘的降尘效果与水雾荷质比的关系

(试验条件:水压 0.5 MPa、粉尘荷电电压 3 kV、风速 0.25 m/s)

和摩擦所产生的电荷的泄漏量越小,水雾在离开喷嘴后带的电量就越多,水雾荷质比就越高。表4-7是分别采用电介质材料和铜作为喷嘴的喷口材料时实测得到的水雾荷质比。

表4-7　喷口采用不同材料的水雾荷质比

喷嘴型号	水压 P_{ew}/MPa						
	0.3	0.5	0.7	1.0	1.2	1.5	2.0
	水雾荷质比 β_w /($\mu C \cdot kg^{-1}$)						
DP4 型电介质喷嘴	+5.89	−30.31	−10.55	−26.12	−63.40	−68.97	−40.39
DP4 型铜制喷嘴	−11.18	−13.19	+20.35	−1.30	+3.92	+16.68	−25.14
DP3 型电介质喷嘴			−11.11				
DP3 型铜制喷嘴			+1.07				

表4-7表明,在水压为 0.3～1.5 MPa 时,水压越高,电介质喷嘴的水雾荷质比负得越多,当水压大于或等于 0.5 MPa 时均为负值;而铜制喷嘴的水雾荷质比和水压的关系不成规律,时正时负。通过计算可知,DP4 型铜制喷嘴的水雾荷质比在 −1.41 $\mu C/kg$(取各水压力下的水雾荷质比的平均值得到,下同)左右波动。而 DP4 型电介质喷嘴在 0.3～2.0 MPa 水压范围内,其水雾荷质比除在 0.3 MPa 的水压下为正外,在其余压力下均为负值,水雾荷质比在 −33.41 $\mu C/kg$ 左右波动,后者约是前者的 23.7 倍。对 DP3 型电介质喷嘴和同型号的铜制喷嘴也实测了 0.7 MPa 水压下的水雾荷质比,前者的水雾荷质比比较高。

2. 荷电喷嘴的水流量

水流量 Q_w 的实测结果及相应的流量压力函数 $Q_w = f(P_{ew})$ 如表4-8所示。从表4-8可以看出,电介质喷嘴的水流量形成了系列,在 0.7 MPa 水压时为 3.97～10.25 L/min,为现场选择不同喷嘴提供了参考。

表4-8　电介质喷嘴水流量

喷嘴型号	水压力 P_{ew}/MPa							Q_w、P_{ew} 函数		相关系数 r
	0.3	0.4	0.5	0.7	1.0	1.2	1.5	Q_w	P_{ew}	
	水流量 Q_w/(L · min^{-1})									
DP1	7.12	8.05	8.76	10.25	11.54	12.44	13.19	11.500 6	0.389 02	0.998 17
DP2	5.49	6.19	6.85	7.85	9.07	9.92	10.97	9.164 8	0.426 87	0.999 75
DP3	4.37	4.79	5.35	6.09	7.17	7.71	8.05	7.141 5	0.426 87	0.999 28
DP4	3.33	3.84	4.27	4.99	5.85	6.40	7.03	5.860 4	0.463 59	0.999 84
DP5	2.62	2.98	3.37	3.97	4.74	5.10	5.68	4.693 1	0.484 65	0.999 68

3. 雾粒群的面积平均直径 D_{32} 及其分布

雾粒群的面积平均直径 D_{32} 是按照保持原来水雾粒群的总表面积及总体积不变的原则计算得到的平均直径。即假设用直径都是 D_{32} 的均匀雾粒群来替代原来直径大小不一样的雾粒群。它要满足两个条件:一是雾粒的总体积相等;二是雾粒群的总表面积相等,但雾粒总数不变。由 D_{32} 的定义可推导得到式(4-1)。

$$D_{32} = \frac{\int_0^{D_{\max}} D^3 \,\mathrm{d}N}{\int_0^{D_{\max}} D^2 \,\mathrm{d}N} \tag{4-1}$$

式中,D ——雾粒直径,μm;

　　$\mathrm{d}N$ ——雾粒数增量;

　　$D_{\max}$ ——雾粒群中的最大雾粒直径,μm;

　　D_{32} ——雾粒群的面积平均直径,μm。

按 MT240-97 的试验方法测试并计算出雾粒粒径分布,并利用雾粒粒径分布服从罗辛—拉姆勒分布(即 R-R 分布)的特性,在知道雾粒数目分布的情况下,可以推导得到 D_{32} 的计算式(4-2)。

$$D_{32} = \frac{3X\Gamma\left(\dfrac{3}{K}\right)}{2\Gamma\left(\dfrac{2}{K}\right)} \tag{4-2}$$

式中,X ——雾粒的特性直径,从小到大的累积数目占总雾粒数目 63.2% 时的雾粒直径,μm;

　　K ——雾粒粒径分布指数,表示雾粒直径集中或分散的程度,K 越大,雾粒直径越集中,雾粒大小越均匀。

X、K 的值由 R-R 分布函数用回归分析法求出。R-R 分布函数为式(4-3)。

$$Q = 1 - \exp\left[-\left(\frac{D}{X}\right)^K\right] \tag{4-3}$$

式中,Q ——直径小于 D 的雾粒数目占总雾粒数的百分比。

各种电介质喷嘴的面积平均直径计算结果如表 4-9 所示。

表 4-9　水雾粒群的面积平均直径

电介质喷嘴型号	DP1	DP2	DP3	DP4							DP5
水压 P_{ew}/MPa		0.7		0.3	0.5	0.7	1.0	1.2	1.5	2.0	0.7
面积平均直径 D_{32}/μm	54.8	79.5	73.3	84.9	72.5	68.6	64.7	62.3	61.6	61.6	65.3

4. 雾粒密度

雾粒密度虽然不能直接测出来,但可以间接计算出来。水雾粒群的面积平均直径是在总雾粒数目不变的前提下求出的,因此,雾粒密度可由式(4-4)求出。雾粒密度的计算结果见表 4-10。

$$\rho = \frac{Q_w/(60 \times 1\,000)}{\pi/6\, D_{32}^3\, \pi\left[\tan\left(\frac{\theta}{2}\right) \times 0.5\right]^2} = \frac{Q_w}{2\,500\, \pi^2\, D_{32}^3\, \tan^2\theta/2} \tag{4-4}$$

式中，ρ —— 雾粒密度，指离喷嘴 500 mm 处单位时间内单位面上通过的雾粒数量，颗/(s·m²)；

Q_w —— 水流量，L/min；

D_{32} —— 水雾粒群的面积平均直径，μm；

θ —— 条件雾化角度，°。

表 4-10　雾粒密度

电介质喷嘴型号	水压 P_{ew}/MPa	雾粒密度 ρ/(颗·s^{-1}·m^{-2})
DP1	0.7	40.830×10^8
DP2	0.7	9.926×10^8
DP3	0.7	21.460×10^8
DP4	0.3	2.586×10^8
	0.5	4.244×10^8
	0.7	5.880×10^8
	1.0	8.309×10^8
	1.2	9.915×10^8
	1.5	12.310×10^8
	2.0	16.270×10^8
DP5	0.7	2.645×10^8

4.2.3　电介质喷嘴的喷雾降尘效果

电介质喷嘴的实验室性能试验结果如表 4-11 所示。从表 4-11 可以看出，当水压不小于 0.7 MPa 时，电介质喷嘴对呼吸性粉尘的喷雾降尘效率均大于 60%，比传统喷雾用喷嘴的降尘效率(仅 20%～30%)提高 30%甚至 40%以上。

表 4-11　总粉尘降尘效率及呼吸尘降尘效率

电介质喷嘴型号	水压 P_{ew}/MPa	总粉尘降尘效率 η/%	呼吸性粉尘降尘效率 η_r/%
DP1	0.7	74.8	65.2
	2.0	86.9	81.4
DP2	0.7	63.7	60.1
	2.0	72.8	67.3
DP3	0.7	76.8	69.4
	2.0	79.8	69.2

电介质喷嘴型号	水压 P_{ew}/MPa	总粉尘降尘效率 η/%	呼吸性粉尘降尘效率 η_r/%
DP4	0.3	53.4	47.3
	0.5	60.6	57.7
	0.7	66.0	64.3
	1.0	73.2	72.9
	1.2	81.6	80.0
	1.5	83.5	83.5
	2.0	84.9	81.7
DP5	0.7	73.5	71.6
	2.0	84.4	82.1

DP4 型电介质喷嘴的实验室试验结果表明,总粉尘降尘效率随着水压的提高而单调上升。这是因随着水压的升高,一方面水雾的雾化程度提高,雾粒密度增大,水雾对粉尘的捕集能力显著提高;另一方面则是由于水雾荷质比的提高增加了雾粒对尘粒的静电引力。这两个降尘机理综合作用的结果提高了水雾对总粉尘的降尘效率。

DP4 型电介质喷嘴的试验结果还表明,呼吸性粉尘降尘效率随着水压的升高并不是单调上升,在水压为 0.3～1.5 MPa 范围内,呼吸性粉尘降尘效率随着水压的升高而上升,当水压达到 2.0 MPa 时,呼吸性粉尘降尘效率略有下降,这是因为在水压为 2.0 MPa 时,水雾荷质比随着水压的提高而有所下降(见表 4-7)。这说明水雾荷质比的大小对呼吸性粉尘降尘效率的高低有重要影响,而水压对总粉尘降尘效率的高低起着较重要的作用。从提高对呼吸性粉尘降尘效率的角度考虑,水压值不应超过 2.0 MPa,而以 1.0～1.5 MPa 范围内的水压为宜。

4.2.4　电介质喷嘴喷雾降尘现场试验案例

1. 试验概况

在石炭井矿务局二矿暗主斜井 1300 水平皮带机头(以下简称"皮带机头")和 1100 水平中采轨道石门放煤口(以下简称"放煤口")分别进行了试验。

暗主斜井 1300 水平皮带机头所在巷道采用锚喷支护,巷道断面积 11.0 m²,风速 0.4 m/s,巷道内设有防尘供水管,水压约为 1.0～1.5 MPa,该皮带机头在煤流下落到下一条皮带时,由于下面的巷道风压高于该巷道风压,使下面巷道的风通过放煤口吹向该巷道,引起大量粉尘向上面巷道蔓延,直接影响到处于上面巷道回风侧的皮带机提升绞车司机室工作人员的身体健康。虽然矿上已使用了一种传统喷雾用喷嘴进行降尘,但因喷嘴质量较差和安装方法不合理,使用效果不太理想。

1100 水平中采轨道石门放煤口位于中采轨道石门与 1100 大巷的交接处靠中采轨道石门侧,中采轨道石门是为各采区供风的主要进风巷道之一,巷道内风速为 1 m/s。巷道采用锚喷支护,巷道断面为半圆拱,面积 7.5 m²。全矿各工作面的煤集中到井下主煤仓后,经放煤口到达暗主斜井1300水平皮带运出。放煤口所处的中采轨道石门内设有防尘水管,水压达3.5 MPa左右。由于放煤口放煤量大(达25 t/min),产生的煤尘浓度高,特别是当主煤仓无煤(空仓)时,产生的煤尘浓度高达1 000 mg/m³以上,严重污染了矿井的进风。

2. 预荷电喷雾工艺

针对皮带机头和放煤口的具体条件,研究出适合这两个产尘环境的预荷电高效喷雾降尘装置(以下简称"降尘装置",见图4-8和图4-9)。

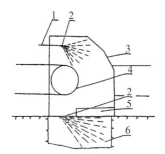

1—水管;2—电介质喷嘴;3—隔风降尘罩;
4—皮带机头;5—观察孔;6—溜煤眼

图4-8　暗主斜井1300水平皮带机头预荷电高效喷雾降尘装置示意图

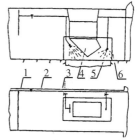

1—荷电水幕;2—水管;3—阀门;
4—放煤口;5—电介质喷嘴;6—挡风降尘罩

图4-9　1100水平中采轨道石门放煤口预荷电高效喷雾降尘装置示意图

在皮带机头,为减小环境风速对降尘效果的影响,采用隔风降尘罩,在煤流观察孔处,为达到既不影响工作人员观察煤流情况,又能有效控制煤尘飞扬、扩散的目的,用了一个电介质喷嘴,使其向下喷雾来克服由下面巷道吹向上面巷道的风流并捕集所产生的粉尘;在机头处,使用了三个电介质喷嘴在隔风降尘罩内皮带上形成水幕进行煤炭的预湿润并捕集粉尘,由于该喷嘴也克服了下面巷道吹向上面巷道的一部分风流,也对扬尘起到了一定控制作用,同时,在隔风降尘罩内的密集水雾极大地提高了对粉尘的捕集效率。

在放煤口,为了减小环境风速对降尘效果的影响,采用了防尘挡风墙。该挡风墙设置在放煤口的上风方向,避免风流直接作用于放煤时的煤流上,从而减小扬尘。同时,该挡风墙由于降低了放煤口的风速,使水雾粒和尘粒的碰撞概率增大,从而大大提高了降尘效率,对于受风流影响很大的呼吸尘和微细水雾粒,设置挡风墙显得特别重要。

设置挡风墙后,针对放煤时因冲击而产生的粉尘,在放煤口的上、下风流方向处各设置1个和3个喷嘴,达到湿润煤炭和抑制煤尘飞扬的双重目的。因要求煤炭不能过湿,因此选用耗水量较小而降尘效果较好的DP4型电介质喷嘴。在放煤口下风流巷道中安装一道电介质喷嘴水幕用于降尘,该水幕离放煤口约10 m。水幕布置如图4-10所示。

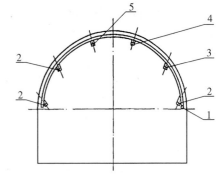

1—水管;2—DP4电介质喷嘴;3—DP3电介质喷嘴;
4—DP2电介质喷嘴;5—DP1电介质喷嘴

图4-10　1100中采轨道石门水幕示意图

在水幕上使用何种喷嘴,主要视巷道断面上风速分布和水雾控制区域的情况而定。在巷道两邦,风速较小,单个喷嘴的水雾所要控制的范围仅为巷道宽度的一半,因此采用条件雾化角较大、雾化效果好、水流量较小的 DP4 型电介质喷嘴(雾流形状为空心圆锥形);在巷道顶部半圆段,单个喷嘴的水雾有效射程必须不小于巷道全高,因此必须选用有效射程较大、条件雾化角较小、雾化效果较好的 DP1 和 DP2 型电介质喷嘴;在巷道上未对称布置喷嘴,是因为巷道右侧的风流速度比左侧大一些,故在右侧巷道壁与拱相接处采用水流量较大的 DP3 型喷嘴。试验表明,由这几种喷嘴按上述组合而成的水幕在 1 m/s 的风速下,仍能有效地封住整个巷道断面,为进一步提高呼吸性粉尘的降尘效率创造了有利条件。

3. 预荷电高效喷雾降尘装置降尘效果考察

将图 4-8 和图 4-9 所示的两种降尘装置分别安装在暗主斜井 1300 水平皮带机头和 1100 水平中采轨道石门放煤口处,考察降尘效果。根据实验室试验结果确定的最佳水压为 1.0～1.5 MPa,因此我们的试验是在 1.0～1.5 MPa 的水压条件下进行的。

试验采用粉尘采样器在皮带机头和放煤口处对使用降尘装置前后的粉尘进行采样,测定粉尘度,计算总粉尘降尘效率。然后,将各次采集的粉尘样在实验室中进行粒度分析,求出呼吸性粉尘含量,从而求出呼吸性粉尘浓度。对降尘装置使用前后的呼吸性粉尘浓度进行对比后就可计算出呼吸性粉尘的降尘效率。

按式(4-5)分别计算皮带机头和放煤口处的总粉尘降尘效率。

$$\eta = (c_0 - c_1)/c_0 \times 100\% \qquad (4-5)$$

式中,η——总粉尘降尘效率,%;

　　c_0——未使用降尘装置前平均总粉尘浓度,mg/m³;

　　c_1——使用降尘装置后平均总粉尘浓度,mg/m³。

粉尘的筛上质量百分数实测结果如表 4-12 所示。根据粉尘的筛上质量百分数服从 R-R 分布的特性,可以求出各测定结果的呼吸性粉尘质量百分数(见表 4-12),以该质量百分数乘相应的总粉尘度即得到呼吸性粉尘浓度值。然后按式(4-6)计算呼吸性粉尘降尘效率 η_r。

$$\eta_r = (c_{0r} - c_{1r})/c_{0r} \times 100\% \qquad (4-6)$$

式中,η_r——呼吸性粉尘降尘效率,%;

　　c_{0r}——未使用降尘装置时平均呼吸性粉尘浓度,mg/m³;

　　c_{1r}——使用降尘装置(或传统喷雾)后平均呼吸性粉尘浓度,mg/m³。

皮带机头和放煤口的总粉尘及呼吸性粉尘降尘效率如表 4-13 所示。

表 4-12　粉尘粒度分布、呼吸性粉尘质量百分数

序号	采样地点	采样条件	尘粒空气动力学直径/μm											呼吸性粉尘的质量百分含量/%
			>100	>80	>60	>50	>40	>30	>20	>10	>8	>6	>5	
			占粉尘质量百分含量/%											
1	皮带机头	不降尘	1.2	1.2	5.7	6.2	23.8	27.3	46.8	59.7	61.1	64.2	68.0	35.18
2		使用降尘装置	2.6	17.7	27.2	28.6	30.1	35.0	38.6	49.9	57.5	63.0	66.1	39.58
3		使用传统喷雾				4.1	10.6	14.2	32.2	51.0	55.0	60.9	65.5	41.68
4	放煤口	放煤口回风侧5m处	不降尘(空仓)	11.4	23.3	34.7	46.6	49.5	60.0	71.3	80.3	83.0	87.0	87.2	14.81
5			不降尘(满仓)		8.8	8.8	14.2	23.5	32.4	47.9	66.3	69.6	72.1	73.9	29.58
6			使用降尘装置(空仓)	19.7	19.7	19.7	26.5	42.5	50.8	65.8	78.3	80.0	82.8	84.8	18.48
7			使用降尘装置(满仓)	15.1	21.8	41.2	42.4	44.0	49.0	55.8	65.7	69.9	75.1	77.0	27.19
8			使用传统喷雾(满仓)						5.8	20.9	39.1	44.1	52.0	55.0	52.57
9		水幕回风侧5m处	不降尘(空仓)	11.4	23.3	34.7	46.6	49.5	60.0	71.3	80.3	83.0	87.0	87.2	14.81
10			不降尘(满仓)		8.8	8.8	14.2	23.5	32.4	47.9	66.3	69.6	72.1	73.9	29.58
11			使用降尘装置(空仓)	11.8	29.4	29.4	35.8	36.3	36.3	41.2	62.8	68.2	73.8	76.6	30.30
12			使用降尘装置(满仓)		9.4	9.4	10.5	11.4	24.3	38.7	43.7	51.1	53.3		53.86
13			使用传统喷雾(空仓)	18.1	22.7	28.8	33.1	39.0	46.4	55.7	71.5	71.6	77.8	79.8	24.85

表 4-13　降尘装置的降尘效率

使用地点	采样地点工作状况	使用降尘装置前后	总粉尘浓度/(mg·m⁻³)	呼吸性粉尘浓度/(mg·m⁻³)	总粉尘降尘效率/%	呼吸性粉尘降尘效率/%
皮带机头	回风侧5m处	前	93.46	32.89	85.17	83.31
		后	13.86	5.49		
放煤口	放煤口回风侧5m处,空仓	前	1 358.57	201.20	90.86	88.61
		后	124.20	22.92		
	放煤口回风侧5m处,满仓	前	28.87	8.54	73.26	75.41
		后	7.72	2.10		
	水幕回风侧5m处,空仓	前	1 358.57	201.20	99.13	98.53
		后	11.86	2.95		
	水幕回风侧5m处,满仓	前	28.87	8.54	85.80	85.48
		后	4.10	1.24		

在皮带机头和放煤口还进行了使用降尘装置和使用传统喷雾的降尘效率对比试验,试验结果如表 4-14 所示。

表 4-14 使用降尘装置和使用传统喷雾的降尘效果比较

使用地点	采样地点	降尘措施	总粉尘浓度/(mg·m⁻³)	呼吸性粉尘浓度/(mg·m⁻³)	使用降尘装置与使用传统喷雾降尘技术相比	
					总粉尘浓度下降百分比/%	呼吸性粉尘浓度下降百分比/%
皮带机头	机头回风侧 5 m 处	传统喷雾	26.84	11.19	48.36	50.94
		降尘装置	13.86	5.49		
放煤口	水雾回风侧 5 m 处	传统喷雾	7.45	4.01	44.97	69.08
		降尘装置	4.10	1.24		

4. 降尘装置降尘效果结果分析

从表 4-13 可以看出,在皮带机头和放煤口处,预荷电高效喷雾降尘装置对总粉尘的降尘效率和呼吸性粉尘的降尘效率都较高。在正常工作状况(指主煤仓为满仓时的状况)下,总粉尘的降尘效率分别达到了 85.17%、73.26% 和 85.80%;对呼吸性粉尘的降尘效率则分别达到了 83.31%、75.41% 和 85.48%。而在非正常工作状况(指主煤仓为空仓时的状况)下,对总粉尘降尘效率和呼吸性粉尘的降尘效率分别高达 90.86%、99.13% 和 88.61%、98.53%。对呼吸性粉尘的降尘效率均超过 75%,高于 60% 的设计指标。而且,在正常工作状况下,两个产尘环境的总粉尘浓度由 13.86 mg/m³ 降到了 4.10 mg/m³,呼吸性粉尘浓度由 5.49 mg/m³ 降到了 1.24 mg/m³。即使在非正常工作状况下,放煤口水幕回风侧的总粉尘浓度和呼吸性粉尘浓度也分别降到 11.86 mg/m³ 和 2.95 mg/m³。这对于传统喷雾来说是很难达到的。因此,采用降尘装置能有效低产尘环境呼吸性粉尘浓度。

从表 4-14 可知,在皮带机头和放煤口使用降尘装置比使用传统喷雾能获得更高的降尘效率。与使用传统喷雾降尘技术相比,总粉尘浓度下降了 44.97%~48.36%,呼吸性粉尘浓度下降了 50.94%~69.08%,达到了计划任务书所规定的指标(该指标为使呼吸尘浓度下降 25% 左右)。

降尘装置比传统喷雾降尘技术之所以具有更高的总粉尘降尘效率,特别是具有更高的呼吸性粉尘降尘效率,其原因在于降尘装置中的电介质喷嘴比传统喷雾所使用的普通喷嘴能使水雾带上更多的电荷,由于粉尘带有静电(实践表明,该静电的符号有正有负,但正电较多),这样就在带负电的水雾粒与带正电的尘粒之间产生了静电引力。

$$F = K \frac{q_w q_a}{r^2} \tag{4-7}$$

式中,F ——静电引力,N;

K ——比例常数,8.988 0×10⁹ N·m²·C⁻²;

q_w ——水雾粒荷电量,C;

q_a ——尘粒荷电量,C;

r ——水雾粒与尘粒的中心距离,m。

式(4-7)表明,水雾粒与尘粒间的静电引力与水雾粒和尘粒所带电量的乘积成正比,与二者的中心距离成反比。即水雾粒和尘粒所带电量越高、中心距越小,二者之间的静电引力越大,水雾粒对尘粒的捕捉能力越强,降尘效果越好。电介质喷嘴能获得较高的水雾荷质比,因而比传统喷雾的降尘效果好;水雾粒与尘粒之间的中心距主要取决于雾粒密度大小,雾粒密度越大,该中心距越小,提高水压就能获得较高的雾粒密度,因此,提高水压和水雾荷质比就能提高喷雾降尘效果。这也就是降尘装置和传统喷雾都能降低呼吸性粉尘浓度,而前者的呼吸性粉尘降尘效率更高的原因。

4.3 声波雾化降尘技术

声波雾化利用声波的作用产生直径小、耗水量低、雾粒密度大的雾粒,增大尘粒和雾粒的碰撞概率,对提高呼吸性粉尘的降尘效率是有利的,并可以减少煤炭的水分。其次,声波雾化喷嘴产生的声波能促进尘粒与尘粒特别是微细尘粒之间的凝并,并使凝并概率增大。

4.3.1 声波雾化喷嘴的结构及工作原理

目前常用的声波雾化喷嘴有压电晶体式和机械式两种。压电晶体式声波发生器可以产生很高频率的超声波,这种频率的声波在声波雾化中起着重要作用,能够将水雾化为微米级的粒子,因而对提高呼吸性粉尘降尘效率是有利的。但由于这种声波发生器是由电驱动的,存在爆炸隐患制约了它在煤矿井下的应用,目前这个问题尚未得到解决,还不能成熟应用于煤矿井下。机械式声波发生器产生的声波频率较低(一般在可听声范围内),对水流的雾化效果不如压电晶体式好。但因其结构简单、使用可靠、不需用电驱动而不存在爆炸隐患,而且这种频率的声波能够满足声凝聚的要求,达到较高的呼吸性粉尘降尘效率。因此,此处主要针对哈脱曼式声波发生器作为喷嘴的声波发生器进行介绍。

声波雾化喷嘴之所以能提高呼吸性粉尘的降尘效率,是因为它具有普通压气雾化喷嘴的特点,即雾化效果好、耗水量低、雾粒密度大等。同时,它还能由声波发生器产生高频高能声波使已经雾化的雾粒二次雾化,使尘粒之间、雾粒与尘粒之间的凝聚效率提高。因此,声波雾化喷嘴除应具有普通雾化喷嘴的结构外,还应具有声波发生器以及使二者有机结合的联结体。能达到上述要求的声波雾化喷嘴如图4-11所示。

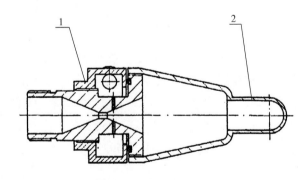

1—喷嘴体;2—声波发生器

图4-11 声波雾化喷嘴结构示意图

1. 声波发生器

从图4-11可以看出,声波发生器的存在会影响声波雾化喷嘴的技术参数和性能参数。声波发生器的结构如图4-12所示。在设计声波发生器时,要考虑的因素有:

(1)能产生最高频率 f 和声强 I 的声波,以提高微细尘粒之间、雾粒和尘粒之间的凝聚

效率,提高雾粒的二次雾化效果;

（2）能使水流充分雾化,增大雾流密度;

（3）能形成足以覆盖整个尘源的条件雾化角;

（4）有较长的有效射程;

（5）获得较均匀的水量分布。

2. 声波发生器的尺寸与声学特性关系

从图 4-12 可以看出,利用超声速压缩空气冲击该发生器的内腔就能产生高频高能声波。这种声波的频率与气流中的声速 v、腔深 H、腔径 D、气体压力 P_{ea} 及喷嘴体与声波发生器的距离 L 有关,即 $f=f(v、H、D、P_{ea}、L)$,其中 P_{ea} 和 L 对 f 的影响较小,可以忽略,得到 $f=f(v、H、D)$ 的近似表达式:

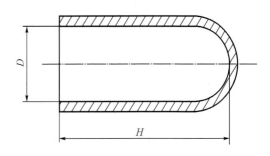

图 4-12　声波发生器结构示意图

$$f = \frac{v}{4(H+0.3D)} \tag{4-8}$$

式中, v ——气体中的声速, $v=331+0.6t$,m/s;

　　　t ——大气温度,℃;

　　　H ——腔深,m;

　　　D ——腔径,m。

从式(4-8)可以看出,要提高 f,只有通过减小声波发生器的尺寸来实现。为此,设计出了 $D=4$ mm、8 mm、10 mm、15 mm、18 mm、20 mm、22 mm、25 mm 8 种不同尺寸的声波发生器,H 做成无级调节形式。

3. 声波发生器的尺寸与声波雾化喷嘴的技术参数关系

较小的 H、D 能获得较高的声频 f,却不一定能使声波雾化喷嘴获得较好的技术参数,为了使 f 较高又使声波雾化喷嘴的技术参数较好,对不同 H、D 的声波发生器进行了实验室试验。试验分两步进行,第一步是定性试验,通过观察形成的雾流是否均匀、雾化效果是否好,淘汰一些明显不好的声波发声器;第二步是定量试验,通过试验数据淘汰一些较差的声波发生器,选择一种使声波雾化喷嘴具有最佳技术参数的声波发生器。

1) 定性试验的方法

在 L 一定的条件下,逐步调节各种 D 的声波发生器的 H,雾化程度的好坏采用手试法判断,水量分布和条件雾化角采用十字计量仪测定,有效射程用皮尺测量。试验结果表明,当 $D \leqslant 18$ mm 时,无法得到一个能获得较好的雾化效果、较均匀的水量分布、较大的条件雾化角的 H 值。因此,淘汰了 $D \leqslant 18$ mm 的各种声波发生器。确定 $D=20$ mm、22 mm、25 mm 三种腔径的声波发生器进行定量试验。

2) 定量试验的方法

利用定性试验所获得的 H、D 的最佳值逐步调节 L,使得各个 D、L、H 的技术参数达到最佳,再分别测定各个 D、H、L 的 f_m(最大声压级下的频率)、条件雾化角度 φ、有效射程 l,以及在 0.6 m/s 风速下的雾粒面积平均直径 D_{32} 及雾粒尺寸分布指数 N。测定结果如表 4-15 所示。

表 4-15　各种声波发生器尺寸的测试结果

D/mm	H/mm	L/mm	气压/MPa	水压/MPa	f_m/Hz	条件雾化角度 ψ/°	有效射程/m	雾化结果	
								D_{32}/μm	N
20	35	50			2 000~2 500	43	1.395	59.2	2.09
22	33	37	0.30	0.10	2 000~2 500	38	1.200	61.3	1.93
25					2 000~2 500	40	1.260	64.0	1.86

由表 4-15 可以看出,使声波雾化喷嘴具有最佳技术参数的声波发生器的尺寸为 $D=20$ mm、$H=35$ mm。同时可以看出,声波发生器与喷嘴体的最佳距离 L 为 50 mm。$D=20$ mm、$H=35$ mm、$L=50$ mm 的声波发生器的声频 f 为 2 128 Hz,在 2 000~2 500 Hz 范围内。试验结果和理论计算结果相吻合。

4. 喷嘴体的设计

空气雾化喷嘴按空气和水的混合方式可分为内混合式和外混合式两种。内混合式的雾化效果较好,但喷雾不易控制,水压和气压如果相差较大,会出现水或气体向气体压缩机或水泵内倒流,引起故障,使喷雾不能正常进行。同时,空气和水充分混合后,由试验得知,声波发生器产生的声波频率很低,声压级也较低,声波雾化喷嘴的条件雾化角度更小。外混合式相对来说雾化效果较差,但水路和气路相互独立,相互影响很小,不会出现水或气体向气体压缩机或水泵内倒流的现象。而且,冲击声波发生器的介质是气体,产生的声波频率高频部分占比较大,声压级也高,有利于微细尘粒之间、微细尘粒与水雾粒之间的声凝聚,即有利于提高呼吸性粉尘的降尘效率。综上所述,喷嘴体采用外混合式是比较合适的。

喷嘴体采用图 4-13 所示的结构,压缩空气的喷口布置在喷嘴体的轴线上,在该喷口四周均布喷水口,为保证喷雾横截面上的水量分布均匀,喷水口的个数应考虑多一些。通过对 3 孔和 6 孔的喷嘴体进行试验,表明采用 6 孔的喷嘴体时,声波雾化喷嘴的水量分布均匀,能够满足要求,孔数过多会增加制造的困难。因此,喷水口定为 6 个。

喷水口和气体出口的直径也是影响声波雾化喷嘴各技术参数和性能参数的关键尺寸。喷水口直径 d_w 太大,要获得较微细的雾粒就需要较

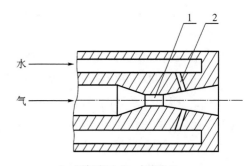

1—压气出口;2—水流出口

图 4-13　喷嘴体结构示意

大的气体流量 Q_a,这是不经济的。因此,通过试验确定出了一个较为合理的 d_w。

气体出口的直径 d_w 是喷雾降尘的关键参数。d_w 太小,对声波发生器的气体供给量 Q_a 小,不能产生足够的声波强度,不能有效雾化降尘所需的水量;d_w 太大,Q_a 大,会给井下的生产带来影响,是不经济的。在对各种不同气体出口直径的喷嘴体进行试验后,综合考虑以上

各种因素,确定出了最合理的 d_w。

4.3.2　声波雾化喷嘴的技术参数的确定

1. 声波雾化喷嘴主要技术参数的设计值

1) 使用压气工作压力:0.3～0.6 MPa;

2) 使用气体流量:$\leqslant 1.0$ m³ · min⁻¹;

3) 最佳使用水流量:$\leqslant 2$ L · min⁻¹;

4) 雾粒面积平均直径:< 60 μm;

5) 呼吸性粉尘降尘率:$\geqslant 70\%$。

2. 声波雾化喷嘴主要技术参数试验结果

1) 气体流量

气体流量 Q_a 的实测结果如表 4-16 所示。

表 4-16　喷嘴气体流量 Q_a

P_{ea}/MPa	0.05	0.10	0.15	0.20	0.25	0.30	0.35	0.40
Q_a/(m³ · h⁻¹)	12.71	19.53	25.10	30.00	34.44	38.56	42.43	46.08

Q_a 与气体压力 P_{ea} 存在如下关系:

$$Q_a = 1.354\,8 P_{ea}^{0.619\,4} \tag{4-9}$$

当 $P_{ea} < 0.61$ MPa 时,$Q_a < 1$ m³/min,即在 0.3～0.6 MPa 的使用气体压力下,Q_a 是满足设计要求的。

2) 雾粒面积平均直径 D_{32} 及其分布

雾粒面积平均直径 D_{32} 是按照保持原来水雾的总表面积不变的原则计算的平均直径,即假设用直径都是 D_{32} 的均匀雾粒群来替代原来尺寸大小不一的雾粒群,它满足两个条件:一是雾粒群的总质量相等;二是雾粒的总表面积相等,但液滴总数不相等。由 D_{32} 的定义可推导得出:

$$S = 6V/D_{32} \tag{4-10}$$

式中,V ——雾粒群的体积,μm³;

　　S ——雾粒的总表面积,μm²。

由式(4-10)可以看出,在雾粒群总体积不变的条件下,D_{32} 越小,雾粒的总表面积越大。因此,D_{32} 的大小反映了单位水量的雾化效果。

N 是 R-R 分布的一个尺寸分布指数。R-R 分布可由式(4-11)表达:

$$Q = 1 - \exp[-(D_{32}/x)^N] \tag{4-11}$$

式中,Q ——累积分布,指尺寸小于 D_{32} 的雾粒体积占总雾粒体积的百分数;

　　x ——特征尺寸,为 $Q = 0.632$ 时对应的雾粒尺寸;

N——雾粒尺寸分布指数,表明雾粒尺寸集中或分散的程度,即均匀程度。

从式(4-11)可以看出,雾粒尺寸分布指数 N 的大小表明了雾粒群中雾粒尺寸分布的集中或分散的程度,N 越大,雾粒尺寸越集中,反之则越分散。从喷雾降尘来看,雾粒尺寸越均匀越有利于降尘。

雾粒的尺寸及其分布是影响喷雾降尘效果的主要技术参数。雾粒面积平均直径 D_{32} 越大,对降尘效果的提高越不利。N 太小,也不利于提高降尘效果。D_{32} 越小,N 越大,越能获得好的降尘效果,特别是呼吸性粉尘降尘效率。气液比(指体积比 Q_a/Q_w)和环境风流速度 v 是影响 D_{32} 和 N 的主要因素。

3. 声波雾化喷嘴 D_{32} 和 N 的影响因素分析

1) 气液比对 D_{32} 和 N 的影响分析

试验结果如表4-17所示。从表4-17可以看出,雾粒尺寸分布指数 N 随 Q_a/Q_w 的增大而提高,特别是当 Q_a/Q_w 值达到390.55时,N 高达4.05,雾粒尺寸分布很均匀。

随后的降尘效率试验将会证明,当 $Q_w = 1.97$ L/min 时能获得最高的降尘效果,因此取 $Q_w = 1.97$ L/min。当 $Q_a \geqslant 647.26$ L/min 或 $P_{ea} \geqslant 0.30$ MPa 时,$D_{32} \leqslant 30$ μm。因此,在使用工作气压下能够保证雾粒群面积平均直径 $D_{32} \leqslant 30$ μm。

表 4-17 **D_{32} 和 N 与 Q_a/Q_w 的关系**

P_{ew}/MPa	P_{ea}/MPa	Q_a/Q_w	N	$D_{32}/\mu\text{m}$
0.10	0.40	323.76	1.91	30.8
0.07	0.35	359.54	1.95	25.4
0.05	0.30	390.05	2.09	21.9
0.07	0.40	390.55	4.05	21.8
0.03	0.30	510.23	4.08	13.4

Q_a/Q_w 和 D_{32} 存在如下关系:

$$D_{32} = 1.260\,8 \times 10^6 (Q_a/Q_w)^{-1.837\,2} \tag{4-12}$$

因此,在环境风速 $v = 0.20$ m/s 的条件下,声波雾化喷嘴能产生尺寸细而均匀的雾粒,为获得较高的呼吸性粉尘降尘效率创造了条件。

2) 环境风速 v 对 D_{32} 和 N 的影响分析

各种环境风速 v 下的 D_{32} 和 N 实测值如表4-18所示。

表 4-18 **不同 v 下的 D_{32} 和 N**

$v/(\text{m} \cdot \text{s}^{-1})$	$Q_w/(\text{L} \cdot \text{min}^{-1})$	$Q_a/(\text{L} \cdot \text{min}^{-1})$	Q_a/Q_w	$D_{32}/\mu\text{m}$	N
0.10				17.9	2.22
0.20	1.97	642.54	326.16	41.2	1.88
0.60				59.2	2.09

从表 4-18 可以看出,D_{32} 的实测值随着环境风速 v 的提高而变大,环境风速由 0.10 m/s 变到 0.20 m/s 时,D_{32} 上升较快,而 v 由 0.20 m/s 上升到 0.60 m/s 时,D_{32} 上升较慢。要降低 D_{32} 的值,环境风速 v 应小于 0.20 m/s。但是,井下巷道中的最小风流速度一般为 0.25 m/s,达不到减小 D_{32} 的要求。因此,从保护雾粒的角度考虑,在转载点或破碎机处要安设隔音降尘罩。

雾粒尺寸分布指数 N 也是随环境风速 v 的大小而变化的,从表 4-18 可以看出。在环境风速 $v = 0.10$ m/s 时,N 最大为 2.22,而在环境风速 $v = 0.20$ m/s 时,N 较小,在 $v = 0.60$ m/s 时,N 又上升到 2.09,这说明 N 并不随 v 的增大而单调上升或下降,而要出现一个最小值点。N 和环境风速 v 的关系如下:

$$N = 2.717 - 5.755v + 7.85v^2 \tag{4-13}$$

当 $v = 0.37$ m/s 时,达到最小,$N_{min} = 1.67$。在 $v < 0.37$ m/s 时,N 是随 v 的增大而单调下降的,降低 v 可以增大 N,即提高雾粒尺寸分布的均匀性。

造成雾粒面积平均直径 D_{32} 和雾粒尺寸分布指数 N 随环境风速 v 的变化而变化的原因,首先是风流的搬运作用,大小不同的水雾粒由于惯性不同。大粒子受环境风流速度 v 的影响小。小粒子受环境风速 v 的影响大,易被风流带走。在环境风速 v 很小时,小雾粒比大雾粒的速度慢,雾粒场中小雾粒占的比例大,得到的 D_{32} 值小。反之,当环境风速 v 较大时,小雾粒达到甚至超过大雾粒的运动速度,使雾粒场中某点处的细雾粒流出量大于喷嘴向该点补充的细雾粒数,D_{32} 就会变大。N 值随环境风速 v 的变化可以这样理解:当环境风速 v 较小时,雾粒场中充满了微细雾粒,N 值较大;当环境风速 v 达到 0.60 m/s 时,粗雾粒占主导地位,N 值也较大;当环境风速 v 介于 0.10～0.60 m/s 时,粗雾粒相互掺杂,雾粒尺寸分布广,N 较小。其次,环境风速 v 的上升也增大了微细雾粒的蒸发速度,从而降低了微细雾粒数量,增大 D_{32},减小 N。

综上所述,减小环境风速 v 是减小雾粒面积平均直径 D_{32}、提高雾粒尺寸分布指数 N 的有效途径。

4.3.3　声波雾化喷嘴的实验室降尘效果考查及最佳水流量 Q_w 的确定

声波雾化降尘技术的最终目标是使呼吸性粉尘的降尘效率达到 70% 左右。要实现这个目标,必须对该技术的关键元件——声波雾化喷嘴进行重点研究。因此,在实验室对其进行了呼吸性粉尘降尘效率的试验。

1. 最佳水流量 Q_w 的确定

为了确定最佳水流量 Q_w,研究了 Q_w 与 η_r 的关系。在气体流量 $Q_a = 768.07$ L/min($P_{ea} = 0.4$ MPa)的条件下,测试结果如表 4-19 所示。从表 4-19 可以看出,在使用工作气压 $P_{ea} = 0.4$ MPa($Q_a = 768.07$ L/min)下,声波雾化喷嘴对呼吸性粉尘的降尘率都超过了 70%,同时还看出,η_r 和 Q_w 不呈线性关系,如图 4-14 所示。

表 4-19　总粉尘及呼吸性粉尘的降尘效率 η 及 η_r

序号	$Q_w/(\text{L}\cdot\text{min}^{-1})$	$\eta/\%$	$\eta_r/\%$
1	1.47	89.3	73.6
2	1.65	90.8	79.6
3	1.97	91.7	83.9
4	2.11	91.5	83.2
5	2.37	90.4	78.0

用三次曲线可以表示为:

$$\eta_r = 0.000\,26Q_w^3 - 39.079\,Q_w^2 + 154.91\,Q_w - 69.655$$

$$(4-14)$$

从式(4-14)及表 4-19 可知,当 Q_w = 1.97 L/min 时, η_r 达到最大值 83.9%,这说明 Q_w = 1.97 L/min(P_{ew} = 0.07 MPa)为喷嘴最佳水流量(水压)。

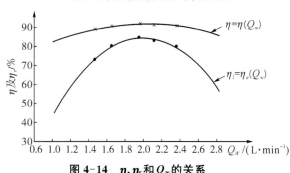

图 4-14　η、η_r 和 Q_w 的关系

2. 呼吸性粉尘降尘率 η_r

在试验中,通过改变气体流量 Q_a(或 P_{ea})的大小得到 η_r 和 Q_a(P_{ea})的关系如表 4-20 所示。根据表 4-20 得到 η、η_r 和 Q_a 的关系曲线如图 4-15 所示。从表 4-20 及图 4-15 可以看出,在 $P_{ea} \geqslant 0.30$ MPa 下, η_r 均大于 70%。因此,在使用气体压力下,呼吸性粉尘降尘效率能够达到 70% 的要求。同时还可看出,呼吸性粉尘的降尘效率 η_r 随 P_{ea}(或 Q_a)的增大单调上升。

表 4-20　不同 Q_a 下的 η、η_r

序号	$Q_w/(\text{L}\cdot\text{min}^{-1})$	P_{ea}/MPa	$Q_a/(\text{L}\cdot\text{min}^{-1})$	$\eta/\%$	$\eta_r/\%$
1		0.20	499.97	77.5	56.6
2	1.97	0.30	642.72	88.3	74.6
3		0.40	768.07	91.7	84.1
4		0.44	814.78	95.3	88.6

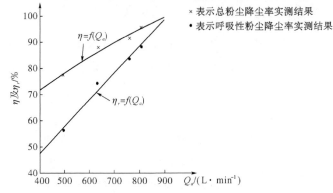

图 4-15　η、η_r 和 Q_a 的关系

4.3.4　声波雾化降尘技术的研究

声波雾化喷嘴的开发解决了声波雾化降尘技术的技术关键,为该项技术在井下的使用创造了必要条件。从实验室试验得知,声波雾化喷嘴产生的声波的频率在可听范围内,声压级高,在井下使用时会给工作环境带来噪声,该噪声问题如果不能得到很好解决,声波雾化降尘技术就不可能在井下使用。研究隔声措施是必不可少的。从雾粒测试中还发现,环境风速 v 的上升引起了雾粒平均直径 D_{32} 的急剧增大,会降低该技术对呼吸性粉尘的降尘效率。因此,要采取措施保护雾粒。粉尘尤其是微细粉尘受环境风流的影响也是降低呼吸性粉尘降尘效率的重要原因,如何使粉尘不受环境风流的影响,避免粉尘向巷道扩散也是保障防尘效果的关键。

1. 保护雾粒及阻止粉尘向外扩散技术的研究

煤流在转载点高速下落及在破碎机高速振动的过程中,既要产生较高浓度的粉尘,又要产生强大的诱导风流,该诱导风流使粉尘及雾粒快速向巷道扩散、蒸发,造成水雾捕集尘粒的困难。采用将尘源和巷道隔离的声波雾化降尘装置就可以起到保护雾粒及阻止粉尘向外扩散的作用。

由于每个转载点或破碎机的情况不全相同,声波雾化降尘装置(以下简称"降尘装置")的结构及尺寸也是不同的,该降尘装置的设计要视具体的转载点或破碎机而进行。图 4-16 和图 4-17 所示的两种降尘装置分别是针对工业性试验点——石炭井矿务局白芨沟煤矿 4221 工作面四横川的溜子头转载点(以下简称"四横川转载点")和 4321 运输巷破碎机上的条件研制的。

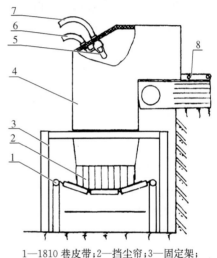

1—1810 巷皮带;2—挡尘帘;3—固定架;
4—隔声降尘罩;5—声波雾化喷嘴;6—水管;
7—压风管;8—四横川溜子头

图 4-16　四横川转载点声波雾化降尘装置

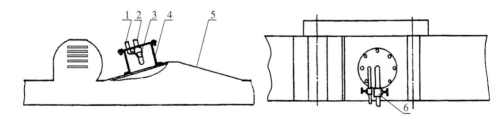

1—供水管;2—压风管;3—声波雾化喷嘴;4—隔声降尘罩;5—破碎机;6—阀门

图 4-17　4321 运输巷破碎机声波雾化降尘装置

对转载点和破碎机处的降尘装置的要求略有不同,在转载点处,由于要转运支架等较大的材料,所以在降尘装置上要设一道活动门,在运支架时将门打开,运煤喷雾时将门关闭。

破碎机上的降尘装置不需设活动门,除这点不同外,对转载点和破碎机上的降尘装置的要求相同。降尘装置既能有效保护雾粒,阻止粉尘向巷道扩散,又能起到有效隔声的作用。

转载点的降尘装置主要由罩体、声波雾化喷嘴、活动门及挡尘帘四部分组成。

(1)喷嘴与煤流下落点距离的确定

喷嘴与煤流下落点的距离应满足两个条件:一是小于喷嘴的有效射程,使粉尘在扬起以前被较高速度和密度的水雾粒拦截下来;二是喷嘴的雾流应能覆盖整个尘源,即喷嘴与煤流下落点的距离不能过小。经过试验,在考虑喷嘴的有效射程和条件雾化角度后,确定喷嘴与煤流下落点的距离为 0.5 m。

(2)挡尘帘的设置

由于要进煤和出煤,进煤口和出煤口不能密闭,但在煤流下落时,受强大气流的冲击,产生的粉尘从进煤口和出煤口向巷道飞扬,降低了降尘效率。为了最大限度地阻止粉尘或雾粒从这两个口向巷道扩散,在不影响煤炭进出的前提下,在进煤口和出煤口设置了几道由胶皮制作的挡尘帘,该挡尘帘具有很好的弹性,借助自重能始终附在煤流表面。试验表明,该挡尘帘的设置能有效阻止粉尘由进煤口和出煤口向巷道内扩散。

(3)活动门

活动门布置在与上部运输机煤流方向相垂直的降尘罩背面,使得材料能借助上部运输机的运动惯性直接落入下部运输机所处的巷道内。该门平时关闭,故对降尘没有影响。

2. 隔声技术的研究

1)隔声措施

由喷嘴的声波发生器所产生的声波的频率都在可听声范围内,线性声压级高达108.375~113.625 dB,这样高的声压级在煤矿井下是不允许的,必须采取措施降低噪声。通过试验得到声压级高于 85 dB 的频率成分为 1 000~6 300 Hz,这是要采取隔声的部分。根据消声原理可知,这个频率范围的噪声只能采取阻性消声原理进行消声。

如果单从保护雾粒、阻止粉尘向外扩散考虑,降尘装置的隔声降尘罩单用 1~3 mm 的钢板就足够了。由于井下的环境比较恶劣,隔声降尘罩的钢板必须有较高的强度才行,所以用 3 mm 厚的钢板制作隔声降尘罩。要将高达 113.625 dB 的噪声降至 85 dB,隔声降尘罩的隔声量要大于 28.625 dB,用单一钢板结构的隔声降尘罩是不可能实现的,必须在隔声降尘罩内采取适当的吸声措施。下面的声学理论对此做了解释。

隔声罩的隔声量 $R_实$ 按下式计算:

$$R_实 = R + 10 \lg a_v \qquad (4-15)$$

式中,a_v——隔声罩内表面的平均吸声系数;

R——隔声构件的隔声量,dB。

用 3 mm 厚的钢板作隔声罩时,$R = 32$ dB。如果罩内无吸声措施,则 $a_v = 0.01$,$R_实 = 12$ dB;如果罩内采用 $a_v \geqslant 0.5$ 的吸声材料时,则 $R_实 \geqslant 29$ dB。由此可见,在罩内不采取吸声措施时,隔声量 $R_实$ 只有 12 dB,不能将噪声降至 85 dB,而罩内采取吸声措施时,隔声量 $R_实$

则在 29 dB 以上,可以将噪声降至 85 dB。

2) 阻性消声原理

阻性消声器是利用阻性吸声材料进行消声的。多孔性吸声材料的构造特征是在材料中具有许多贯通的微小间隙,因而具有适当的通气性能。当声波进入空隙很大的吸声材料中,大部分在纤维间的空隙内传播,小部分会沿纤维传播。如果忽略纤维传播的部分,从定性方面考虑吸声作用,则主要有两种声波衰减机理。一种是声波在纤维间的空隙内传播时引起空隙间的空气来回运动,但由于纤维不动,在纤维表面按边界层理论可知其空气速度为 0,而在纤维表面一定距离内,空气速度有快有慢,存在速度梯度。由于空气的黏滞性会产生相应的黏滞阻力(即剪切应力),使振动动能(声能)不断地转化为热能,从而使声波衰减。另一种机理是空气绝热压缩时温度升高,反之,绝热膨胀时温度降低,由于热传导作用,空气与纤维间不断发生热交换,使声能转化为热能。声波在通道中传播时不断被吸收,因此随传播距离衰减,这就是阻性消声的基本原理。

3) 罩壁结构及尺寸的确定

由单层钢板组成的隔声降尘罩内壁要采取吸声措施,才能使声波雾化喷嘴在巷道中产生的噪声降至 85 dB。罩壁结构及尺寸如图 4-18 所示。

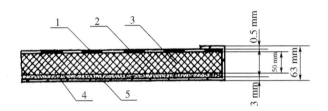

1—钢丝网;2—玻璃织布;3—防潮超细玻璃棉;4—泡膜;5—钢板

图 4-18　罩壁结构示意图

(1) 阻尼层的设置

据资料介绍 3 mm 厚的单层钢板的隔声量 R 的试验测定值为 32 dB,根据该值,以薄钢板作为罩壁是能够满足隔声要求的。但由于斜入射波与板的横向弯曲相吻合时,会增大板的振幅而使隔声性能下降,隔声量 $R_实$ 只有 12 dB,故要考虑共振与吻合效应的问题。在罩壁设置阻尼层就可解决这个问题。

可供选择的阻尼层有几种,一般是在钢板上粘贴薄橡胶或涂阻尼浆,或由某种高分子做基料与其他配料组成阻尼层。鉴于喷雾降尘具有较大水流的状况,我们采用泡膜直接粘贴在罩的内表面作为阻尼层,根据不小于罩壁厚度 3~4 倍的要求,泡膜厚度定为 10 mm。

(2) 吸声材料及其护面结构

吸声材料能够把入射在其上的声能转化为热能然后被吸收掉。多孔性吸声材料具有良好的中高频吸声性能,是阻性消声设计中一种极为重要而普遍采用的材料。为最大限度地提高隔声降尘罩的隔声效果,应选用吸声系数大的吸声材料。可供选择的吸声材料主要有玻璃棉、矿渣棉、超细玻璃棉、防潮超细玻璃棉等,鉴于使用场合的湿度较大,故采用既能防潮又有较高吸声系数的防潮超细玻璃棉,其吸声系数 a 如表 4-21 所示。从表 4-21 可以看出,在声波频率为 1 000 Hz 以上时,防潮超细玻璃棉的吸声系数 a 是比较高的,远大于 0.50,因而其隔声量 $R_\text{实}$ 是大于 29 dB 的,能满足有效隔声要求。

表 4-21　防潮超细玻璃棉的吸声系数 a

频率/Hz	125	250	500	1 000	2 000	4 000
a	0.06	0.19	0.71	0.98	0.91	0.90

由于防潮超细玻璃棉疏松多孔,加上隔声降尘罩内湿度很大,使得防潮超细玻璃棉在使用中容易损失、掉落,因此采用玻璃织布包裹其外层,并在玻璃织布和穿孔金属板间加一层钢丝网,形成吸声材料的护面结构。

（3）减震及罩壳上孔洞的处理措施

由于喷嘴的振动会经机座、地面传出再辐射到空间,使隔声没有达到效果,为了避免这种情况,在隔声降尘罩与连接座之间衬垫橡胶等柔性材料,并填以毛毡。在孔与穿孔部件之间用毛毡填满。

4.3.5　声波雾化降尘现场试验案例

1. 试验概况

在石炭井矿务局白芨沟矿井下的 4221 工作面四横川转载点处和 4321 运输巷破碎机上进行了为期三个月的工业性试验,对声波雾化降尘装置的降尘效果,特别是呼吸性粉尘的降尘效果进行了考察。

4221 高档普采工作面运煤巷系工作面的进风巷,巷道断面积 9.6 m²,用异形金属棚子支护,在 1810 集中巷内敷设有压风管路和防尘水管路,压风压力 0.4～0.6 MPa,防尘水静压 0.2 MPa 左右。未使用降尘装置前在四横川转载点处的粉尘浓度较大,并随巷道风流弥漫于整个进风巷道,进入工作面。

4321 综采工作面运输巷系工作面进风巷,巷道断面积 9.6 m²,用异形金属棚子支护,巷道内敷设有防尘水管和压风管,压风压力 0.4～0.6 MPa,防尘水静压 0.2 MPa 左右。未使用降尘装置前在破碎机进、出煤口安设有两道水幕,在工作面的下口安设有一道水幕,但降尘效果不佳。在破碎机工作过程中产生大量的粉尘,随风流进入工作面。由于该矿煤质硬度大,所产生的粉尘中呼吸性粉尘所占质量百分数高,采用一般喷雾降尘技术不能有效降低呼吸性粉尘。

2. 声波雾化降尘装置降尘效果考察

将图 4-16 和图 4-17 所示的两种降尘装置分别安装在四横川转载点和 4321 运输巷破碎机上进行降尘效果考察。试验是在水压 0.07 MPa、气压 0.40 MPa 的条件下进行的。采用粉尘采样器在四横川转载点和 4321 运输巷破碎机处对使用降尘装置前后的粉尘进行采样,测定粉尘浓度,计算总粉尘降尘效率。然后,将各次采集的粉尘样品在实验室进行粒度分析,求出呼吸性粉尘含量,通过降尘装置使用前后的呼吸性粉尘浓度就可计算出呼吸性粉尘的降尘效率。

粉尘浓度实测结果按下式分别计算转载点和破碎机处的总粉尘降尘效率:

$$\eta = (c_0 - c_1)/c_0 \times 100\% \qquad (4\text{-}16)$$

式中, η ——总粉尘降尘效率,%;

c_0 ——未使用降尘装置前,转载点或破碎机处的平均总粉尘浓度,mg/m^3;

c_1 ——使用降尘装置后,转载点或破碎机处的平均总粉尘浓度,mg/m^3。

粉尘的筛上质量百分数实测结果如表 4-22 所示。转载点和破碎机处的总粉尘及呼吸性粉尘降尘效率如表 4-23 所示。

表 4-22　呼吸性粉尘所占质量百分数

采样地点	使用声波雾化降尘技术前后	测次	尘粒直径/μm								呼吸性粉尘占总粉尘量百分比/%
			>60	>50	>40	>30	>20	>10	>8	>6	
			所占质量百分比/%								
皮带转载点处	使用前	1	0	5.8	7.0	7.0	22.0	29.4	33.4	41.0	62.7
		2	0	0.0	8.8	12.0	15.7	24.5	29.3	39.0	67.0
	使用后	1	0	4.5	4.5	10.0	31.7	42.7	52.8	59.0	44.4
		2	0	7.9	13.6	13.0	22.1	44.2	51.0	58.0	47.0
破碎机处	使用前	1	0	0.0	0.0	9.0	27.7	44.6	45.7	55.0	48.2
		2	0	4.5	17.8	17.0	30.7	44.3	48.0	56.0	46.8
		3	0	0.0	0.0	11.0	25.3	46.1	51.3	57.0	45.6
	使用后	1	0	0.0	0.0	5.1	25.8	43.5	57.1	64.0	40.0
		2	0	0.0	10.9	10.0	39.8	49.6	54.1	63.0	40.4

表 4-23　使用声波雾化降尘技术后转载点和破碎机处的降尘效率

使用地点	使用声波雾化降尘技术前后	总粉尘浓度/$(mg \cdot m^{-3})$	总粉尘降尘效率/%	呼吸性粉尘占总粉尘的质量百分数/%	呼吸性粉尘浓度/$(mg \cdot m^{-3})$	呼吸性粉尘降尘效率/%
4221 四横川与 1810 集中巷转载点处	使用前	39.81	90.81	64.85	25.82	93.53
	使用后	3.66		45.70	1.67	
4321 运煤和破碎机处	使用前	122.25	85.01	46.87	57.30	87.14
	使用后	18.33		40.20	7.37	

根据粉尘的筛上质量百分数服从 $R\text{-}R$ 分布的特性,可以求出各次测定结果的呼吸性粉尘的质量百分数(如表 4-22),对各次测定值取算术平均值可得转载点和破碎机处的呼吸性粉尘的质量百分数 W。用各个 W 去乘相对应的总粉尘浓度,即求得转载点或破碎机处喷雾前后的呼吸性粉尘浓度 c_{0r} 和 c_{1r},按下式求出呼吸性粉尘降尘率 η_r。

$$\eta_r = \frac{c_{0r} - c_{1r}}{c_{0r}} \times 100\% \qquad (4\text{-}17)$$

3. 声波雾化降尘效果分析

从表 4-23 可以看出,在转载点和破碎机处,声波雾化降尘技术对总粉尘和呼吸性粉尘的降尘效率都较高,特别是对呼吸性粉尘的降尘效率分别达到了 93.53% 和 87.14%,这是普通喷雾降尘技术达不到的。因此,采用声波雾化降尘技术能有效降低呼吸性粉尘的浓度。

我们知道,普通喷雾降尘技术的降尘效率随着尘粒尺寸的变粗而上升,对微细粉尘尤其是呼吸性粉尘的降尘效果很差,一般只能达到 30% 左右。从表 4-22 和表 4-23 可以看出,使用声波雾化降尘技术后,在转载点和破碎机处,不仅呼吸性粉尘浓度大幅度下降,而且在总粉尘中呼吸性粉尘所占的质量百分数也有较大幅度下降,尤其是在转载点处,呼吸性粉尘的质量百分数下降了 19% 左右,出现了呼吸性粉尘降尘效率高于总粉尘降尘效率的情况,这是本技术与普通喷雾降尘技术相比的最大优越之处。之所以会出现这种情况,我们认为主要是声波雾化喷嘴产生的声波引起微细尘粒之间、尘粒和雾粒之间的声凝聚所致。

尘粒之间、尘粒和雾粒之间的声凝聚机理表明,大气中的微细粒子(包括尘粒和雾粒)的数目 n 随时间 t 的变化关系如下:

$$n = n_0 e^{-k_a \cdot t} \tag{4-18}$$

式中,t ——声波作用时间,s;

$\quad n_0$ ——在时间 $t=0$ 时,大气中的微细粒子数;

$\quad k_a$ ——正向动力凝聚系数。

从式(4-18)可以看出,k_a 越大,n 随 t 的增大而下降得越大,即提高 k_a 可以提高微细粉尘粒子的降尘效率。有关资料表明,k_a 和声波的声强及粒子参与气体煤质振动的系数差 Δa 具有以下关系:

$$k_a \propto \sqrt{I} \Delta a \tag{4-19}$$

而 Δa 和声波频率 f 有关,当 f 达到 f_m 时 Δa 取得最大值,f_m 由下式确定:

$$f_m = \frac{9\mu}{4\pi R r \sqrt{\rho_R \rho_r}} \tag{4-20}$$

式中,ρ_R ——大粒子的密度,kg/m³;

$\quad \rho_r$ ——小粒子的密度,kg/m³;

$\quad \mu$ ——气体的动力黏滞系数,kg/m³;

$\quad R$ ——大粒子半径,m;

$\quad r$ ——小粒子半径,m。

由式(4-20)可以求得,当 $r < \sqrt{\rho_R/\rho_r} R$ 时,f_m 随 r 增大而下降,即要提高对微细尘粒的降尘效率,f_m 必须较大,这样就能够使微细尘粒的 Δa 达到最大,从而提高 k_a,尘粒数目 n 随声波作用时间 t 的增大而下降更快,微细尘粒的下沉速度提高。

对于 $R < 3.535\ \mu m$(即尘粒直径 $< 7.07\ \mu m$)及 $r < 0.5\ \mu m$ 的尘粒,将 $\mu = 1.39 \times 10^{-6}\ kg/m³$,$\rho_R = \rho_r = 1\ 100 \sim 1\ 400\ kg/m³$ 代入式(4-20)可以求得,$f_m > 512\ Hz$,即只要 f_m

大于 512 Hz 就可使呼吸性粉尘之间产生强烈的声凝聚。对于水雾和尘粒之间的声凝聚,由于雾粒半径 R 一般大于呼吸性粉尘半径 r,且 $\rho_R = 10^3$ kg/m³,ρ_r 的值相近,故所需的 f_m 不会超过 512 Hz。

声波发生器所产生的频率分布范围很广,500 Hz 以上均具有较高声压级,最高声压级下的频率达到 2 000~2 500 Hz,满足 $f > 512$ Hz 的要求,而且声压级比较高。由声学理论知,声强 I 随声压级的增大而提高,所以,声波雾化喷嘴能有效地降低呼吸性粉尘的浓度。同时还可看出在低频下的声压级是比较小的,大粒子的声凝聚差,这是该技术的总粉尘降尘效率不如呼吸性粉尘的降尘效率显著的关键所在。这可以从转载点的呼吸性粉尘降尘效率高于破碎机处的呼吸性粉尘降尘效果得到证实,因为转载点的呼吸性粉尘的质量百分数较高。

由于声波发生器具有一定的频率 f,水压或气压的提高不能改变 f,从式(4-19)可知,声波发生器在一定的条件下,只有提高声强 I,才能提高声凝聚效果,声强 I 的提高可以通过提高气压 P_{ea} 来实现的,即提高气压 P_{ea} 能显著提高声凝聚效果,进而提高粉尘特别是呼吸性粉尘的降尘效果。

4. 实验室试验降尘效果与工业性试验结果比较

在相同的气体压力 $P_{ea} = 0.40$ MPa、水压 $P_{ew} = 0.07$ MPa 下,实验室试验降尘效果和工业性试验降尘效果归纳为表 4-24。

表 4-24　降尘效果比较 单位:%

使用场合	总粉尘效率 η	呼吸性粉尘效率 η_r
实验室	91.70	84.10
转载点	90.81	93.53
破碎机	85.01	87.14

从表 4-24 可以看出,声波雾化喷嘴在实验室的呼吸性粉尘降尘效率比工业性试验的降尘效率低。主要是环境条件不一样,在实验室的试验是在环境风速 $v = 0.20$ m/s 的条件下进行的,而在井下采用声波雾化降尘装置,使尘源和巷道隔离,避免了巷道风流对尘源的影响,即环境风速近似为零,保护了雾粒,主要是微细雾粒,阻止了粉尘向外扩散,因而获得了比实验室还高的呼吸性粉尘降尘效率。风速 v 对微细雾粒及微细尘粒的影响还可从实验室的呼吸性粉尘降尘效率低于总粉尘效率这个事实得到进一步证实。其次,在实验室的总粉尘降尘效率高于呼吸性粉尘降尘效率,这与实验室试验用煤尘的分散度有关,实验室试验用的呼吸性粉尘所占质量百分数比工业性试验点的低一半左右,前者声凝聚的作用不如后者。

从表 4-24 可以得出结论,声波雾化降尘技术无论在实验室试验还是在井下的使用中,呼吸性粉尘降尘效率均达到了非常好的效果。

5. 隔声效果考察

声波雾化降尘装置用于煤矿井下转载点或破碎机处进行高效降尘,必须具备两个条件,既要有效降低呼吸性粉尘浓度,又要使声波雾化喷嘴工作时产生的噪声降到允许值以下。如果降尘装置隔声效果不好,就会造成噪声污染,影响工人的身体健康。

隔声降尘罩安装在 4221 四横川转载点后,用声级计 ND10 在该装置周围进行了噪声的测试,其测点布置如图 4-19 所示。噪声实测结果如表 4-25 所示。

从表 4-25 可以看出,使用声波雾化降尘技术前后,测点处的噪声分别为 82 dB 和 86 dB。因为声波雾化喷嘴不是连续工作的,噪声值不大于 90 dB 就可满足使用要求,所以隔声效果是能够满足使用要求的。

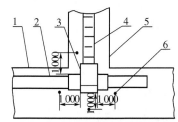

1—1810 集中巷;2—皮带;3—声波雾化降尘装置;4—溜子;5—四横川;6—测点

图 4-19　噪声测点布置图

表 4-25　噪声实测结果　　　　　　　　　单位:dB

转载点工作情况	声压级
不使用声波雾化降尘技术	82
使用声波雾化降尘技术	86

第 5 章　机掘工作面粉尘治理技术

本章介绍了重庆煤科院研制的矿用袋式除尘器及湿式除尘器,机掘工作面粉尘治理成套技术和工艺。

5.1　安全高滤速过滤材料及袋式除尘器完善提高的研究

利用抽尘净化是解决煤矿机掘工作面粉尘污染问题最为有效的技术途径之一,而抽尘净化又是依靠除尘器来完成的。在众多矿用除尘器中,袋式除尘器的除尘效率最高(特别是对呼吸性粉尘的除尘效率很高),已成为世界上最有发展前途的除尘器之一。如德国等世界发达采煤国家广泛采用袋式除尘器作为煤矿井下各尘源点的粉尘治理设备,取得了十分显著的效果。"八五"期间重庆煤科院成功研制了 GBC 矿用干式布袋除尘器,除尘效率达到 99.3%(对呼吸性粉尘的除尘效率达到 92%),但由于该除尘器的体积较大,在我国煤矿机掘工作面的推广使用受到很大的限制。而且,该除尘器所用滤料使用的是地面工业除尘的滤料,其安全性能不能完全满足煤矿井下的要求。因此,如何缩小该除尘器的外形尺寸和改进技术性能,成为解决煤矿机掘工作面粉尘问题的关键技术。

为此,"九五"期间国家将"安全高滤速过滤材料及袋式除尘器完善提高的研究"项目列为国家重点科技攻关项目,由重庆煤科院承担全部研究任务。从 1996 年至 1999 年,历时 4 年时间研究团队完成了全部的研究工作,其技术参数达到了相关应用的要求。

5.1.1　主要技术经济指标

1. 研究安全高滤速袋式除尘过滤材料

1) 抗静电、阻燃性能达到《煤矿井下用聚合物制品阻燃抗静电性通用试验方法和判定规则》(MT 113—1995)的要求;

2) 过滤风速:3.5～4.0 m/min;

3) 动态集尘效率:过滤风速为 3.5 m/min 时,总粉尘的集尘效率不低于 95%;呼吸性粉尘的集尘效率不低于 85%。

2. 采用新研制的滤料改进除尘器

除尘箱体积比"八五"期间所研制的 GBC 式布袋除尘器缩小 35%左右,即除尘器箱体的外形尺寸由 4 400 mm×1 180 mm×1 270 mm 缩小到 3 900 mm×990 mm×1 080 mm,该除尘器在煤矿机掘工作面配套使用后,使掘进机司机处的总粉尘浓度降低 90%,呼吸性粉尘浓度降低 70%。

1）处理风量：230～250 m/min；

2）工作阻力：4 500 Pa（指通风除尘系统的总阻力，袋式除尘器的工作阻力为2 000～2 500 Pa）；

3）除尘效率：对总粉尘为99.5%，对呼吸性粉尘为85%。

5.1.2 安全高滤速过滤材料的研究

滤料是直接影响矿用袋式除尘器除尘效率、体积大小、清灰效果及在井下安全运行的关键材料。本研究所要开发的安全高滤速过滤材料是完善和提高袋式除尘器技术性能的技术关键。

1. 过滤材料的除尘机理

首先对滤料除尘机理进行分析了解，有利于改进和提高滤料的技术性能，如过滤速度、阻力损失、除尘效率、清灰效果等等，以达到预期目的。有研究表明，滤料对含尘气体进行净化是基于过滤机理，该过滤过程分为两步：一是滤料本身对尘粒的捕集；二是在滤料上形成的粉尘层对尘粒的捕集。从某种意义上说，后一种捕集机理比前一种有着更重要的作用。粉尘之所以能从气体中分离出来，主要是在风速携带尘粒通过滤料时依靠惯性、截留、扩散及静电捕尘机理的综合作用。

为了分析过滤机理，假定粉尘的每一次碰撞都导致粉尘从气体中分离出来。因此，孤立纤维的捕尘效率可以定义为在该滤料所包含的范围内，所有与其相碰撞的尘粒与总粉尘的百分比，这时捕尘效率可表示为：

$$\eta = \frac{y_b}{r_a} \tag{5-1}$$

式中，y_b——极限面所包围的气流沿垂直于气流方向的断面高度的一半，m；

r_a——纤维滤料的半径，m。

1）惯性捕尘机理

惯性碰撞效应是各种捕尘机理中最普遍和最重要的（特别是对于直径大于 $1~\mu m$ 的粉尘）。对于惯性捕尘，起决定作用的是尘粒的质量。当斯托克斯数 $STK < 20$ 时，其惯性碰撞效率的理论计算式为：

$$\eta_i = \frac{100STK}{STK + 1.5} \tag{5-2}$$

式中，STK——斯托克斯数，按下式计算：

$$STK = \frac{C \cdot \rho_p \cdot d_p^2 \cdot v}{9\mu \cdot d_c} \tag{5-3}$$

式中，C——Cunningham 修正系数；

ρ_p——尘粒密度，kg/m³；

d_p——尘粒直径，m；

v ——气流速度,m/s;

μ ——气体动力黏度,N·m^{-1}·s^{-2};

d_c ——纤维直径,m。

试验结果表明:惯性碰撞效率随着斯托克斯数的提高而上升,即随着尘粒直径、运动速度的提高和纤维直径的减小而上升。故粒径较粗和运动速度较快的尘粒的惯性碰撞效率较高。

2)截留捕尘机理

对截留起作用的是尘粒的大小,而不是惯性,且截留捕尘效率与速度无关。因此,假定 $STK=0$,令截留参数 R 为:

$$R = \frac{d_p}{d_c} \tag{5-4}$$

则理论推导得出的截留捕尘效率为:

$$\eta_r = \frac{(1+R)\ln(1+R) - \dfrac{R(2+R)}{2(1+R)}}{Le} \tag{5-5}$$

$$Le = 2.002 - \ln Re \tag{5-6}$$

$$Re = \frac{\rho_r d_p v}{\mu} \tag{5-7}$$

式中,Re ——雷诺数。

在式(5-5)中对 R 求导可以证明 $\eta_r > 0$,即 ρ_r 随着 R 的增加而提高,而式(5-4)表明 R 与 d_p 成正比,因此,截留捕尘效率也随着尘粒直径的增大而上升。

3)扩散捕尘机理

当尘粒直径小于 1 μm 特别是小于 0.1 μm 时,这些尘粒在随气流运动时就不再沿着气体流线绕流滤料纤维,而是在气流前进过程中做不规则的"之"字形运动。由于气体分子之间的热运动而产生的不规则运动,使气体分子轰击粉尘进而使尘粒做布朗扩散,最终使一些尘粒通过布朗扩散沉降到纤维表面上,最终把这些尘粒从气流中捕集分离出来。Langmuir 从理论上导出了布朗扩散效率 η_d 为:

$$\eta_d = [2(1+x)\ln(1+x) - x - x/(1+x)]/(2Le) \tag{5-8}$$

$$x = 1.308 \left(\frac{Le}{Pe}\right)^{1/3} \tag{5-9}$$

Pe-peclet 数,按下式计算:

$$Pe = \frac{Rev}{D} \tag{5-10}$$

式中,D ——扩散系数。

根据式(5-6)(5-7)(5-8)(5-9)(5-10),在式(5-8)中对 d_p 求导,得到式:

$$\frac{\mathrm{d}\eta_d}{\mathrm{d}d_p} = \frac{\frac{1.308}{3}\left[2\ln(1+x)-1-\frac{1}{(1-x)^2}\right]\left(\frac{2.002-\ln Re}{Rev}\right)^{-2/3} \cdot \frac{(\ln Re - 3.002)v^2 D}{Rev^3}}{4Le^2}$$

$$+ \frac{2\frac{v}{Rev}(1+x)\ln(1+x)-x-\frac{x}{1+x}}{2Le^2} \tag{5-11}$$

经验证,在 $d_p \leqslant 0.1~\mu m$ 时,$\frac{\mathrm{d}\eta_d}{\mathrm{d}d_p} < 0$,表明当 $d_p \leqslant 0.1~\mu m$ 时,η_d 随着尘粒直径的减小而上升。因此,扩散捕尘机理主要适用于微细尘粒,对于直径大于 $0.1~\mu m$,特别是大于 $1~\mu m$ 的尘粒,扩散捕尘效率很低。

4) 各种机理的联合作用

从以上分析可知,惯性、截留捕尘机理对较粗的粒子(直径大于 $1~\mu m$ 的总粉尘粒)有较大的捕集作用,且随着尘粒直径的增大,捕尘效率越高,而扩散捕尘机理则主要对直径 $1~\mu m$ 以下(特别是 $0.1~\mu m$ 以下)的尘粒起作用,且随着尘粒直径的减小,扩散捕尘效率提高。惯性、截留及扩散捕尘机理的综合捕尘效率 η_{ird} 为:

$$\eta_{ird} = 1 - (1-\eta_i)(1-\eta_r)(1-\eta_d) \tag{5-12}$$

式中, η_i ——惯性碰撞效率,%;

η_r ——截留捕尘效率,%;

η_d ——扩散捕尘效率,%。

依靠上述三个捕尘机理除尘时,纤维滤料对不同粒径的粉尘均有较高的捕集效率。因此,纤维滤料对总粉尘和呼吸性粉尘都有很高的捕集效率。

5) 粉尘层对尘粒的捕集机理

以三维结构的针刺毡滤料为例,微孔分布均匀,经过热定型和烧毛处理之后,最外表的纤维左右聚焦,纵横交错,对首批靠近的粉尘有着强烈的阻留作用,能够以很快的速度形成尘粒桥,出现均匀的粉尘层。该粉尘层再进一步截留后一批尘粒。因此,处理后的表面一方面能遏制粉尘粒子的深度渗透,避免降低捕尘效率;另一方面又促使其迅速形成保护性的原始尘层,在很短的时间内达到要维持的效率。

因此,惯性、截留、扩散等捕尘机理和粉尘层捕集机理的综合作用使滤料具有很高的捕尘效率,这就是袋式除尘器具有很高的总粉尘除尘效率和呼吸性粉尘除尘效率的原因所在。

2. 滤料纤维材质的选择

滤料所用的原材料主要是各类纤维,纤维的材质、物理性能、化学性能以及机械性能等是影响滤料性能的重要因素。在选择纤维材料时,在使滤料达到安全高滤速要求的同时,还要考虑到材料来源广泛、价格便宜等因素。为此应首先排除选用天然纤维。化学纤维中的合成纤维广泛用于各类过滤材料。根据纤维的特性,经分析比较发现,芳香族聚酰胺纤维具有耐热性好、高温下几何尺寸稳定、难以燃烧、加工性能好等优点,适合作高温条件下使用的滤料。显然,若是选用此纤维,解决滤料的阻燃性能相对容易一些,但此纤维价格较贵。相对而言,选用聚酯(涤纶)纤维价格便宜很多,纤维的强度也高,但纤维本身具有可燃性,不利于滤料的阻燃性能。另外,考虑到所要研究的滤料也不是在高温条件使用,因此,综合分析比较的结果,本研究拟定优先选用聚酯纤维作为原材料,在抗静电、阻燃处理之后,若滤料的安全性能达不到要求,再选用聚酰胺纤维进行试制(实际上选用聚酯纤维为原材料已获成功)。

3. 滤料结构的确定

当纤维材质选定之后,滤料采用什么样的结构直接影响到滤料的过滤性能(过滤风速、除尘效率、阻力等),选择合适的滤料结构十分重要。由于加工方法的不同,纤维材料可以制作成织布、毡类(压缩毡、针刺毡)等不同性能特点的滤料结构。

1) 织布

织布为二维滤料,它是将纤维合股加捻后经、纬交织拉毛制成,可分为平纹、斜纹、缎纹三类。织布可以通过"起绒机"扯裂表面纤维而造成线毛,成为线布,未经起绒的织布就是素布。研究资料表明,不同的织布其粉尘透过率和捕尘效率是不同的。

由于经、纬线经过加捻,所以线本身和交织点的密度比较大,因此,在过滤初期,粉尘容易从经、纬间的间隙通过,过滤效率和阻力都显得低。又由于织布滤料的孔隙率低(30%~40%),随着过滤时间的增加,粉尘容易将孔隙阻塞,给清灰造成困难,所以阻力迅速上升,除尘效率低。这种性能显然不能满足高滤速、高集尘效率的技术要求。

2) 毡类

毡类滤料亦称三维滤料,其中针刺毡是在一幅平纹的基布上,铺上一层短纤维,用带刺的针垂直在布面上下移动,用针将纤扎到基布中去,反复针刺后成型,经处理后形成两面带绒的毡布。

针刺毡类滤料的组织内部孔隙小而多,并且分布均匀,总的孔隙率达到70%~80%,几乎对所有的粉尘都能进行过滤。不仅如此,毡类滤料的孔隙在整个滤料厚度上均匀分布,而且表面松散,在毡内永远保持有定量的粉尘,过滤可以深入滤料内部进行,因此,有高的除尘效率。从显微镜的分析可以看到,毡类滤料的纤维是相互交缠的致密体,它本身就起过滤作用,粉尘滞留其内,在断面上形成容尘梯度,与滤料交叉结合为一个整体而实现过滤作用,而粉尘层在过滤中并不起主要作用,可以采用强力的清灰方式提高过滤风速和除尘效率。织物滤料在过滤粉尘过程中,起主要作用的是附着在滤料表面的粉尘层,而滤料对粉尘的穿透率高,无法实现高清灰强度,从而限制了滤料的过滤风速,除尘效率也降低。

试验表明,毡类滤料的细孔频度显著高于织布滤料的细孔频度,所以毡类滤料具有较高的捕尘效率;而随着过滤时间的增加,毡类滤料具有较低的阻力。因此,为了在高过滤风速条件下获得高的除尘效率以及减小袋式除尘器的工作阻力等,在滤料结构上,采用三维针刺毡是最佳选择。

4. 滤料阻燃和抗静电性能的研究

该滤料必须同时具有阻燃、抗静电的特殊性能,才能在煤矿井下使用,这与地面其他工业部门所使用的除尘滤料有显著的区别。要求滤料具有阻燃、抗静电性能,就是要求其技术指标应达到《煤矿井下聚合物制品阻燃抗静电性通用试验方法和判定规则》(MT 113—1995)的规定,以防止因意外情况引发滤袋燃烧而引发瓦斯、煤尘爆炸等恶性事故。

为保证滤料的阻燃性能,可采用阻燃剂用浸轧、涂层、喷洒等工艺对滤料进行处理。考虑到本研究阻燃要求高,试验过程中通过优选阻燃剂和改变阻燃剂的配比进行浸轧处理,经反复试验最终研制出具有阻燃性能的滤料,国家煤矿防尘通风安全产品质量监督检验中心根据 MT 113—1995 标准对滤料进行检测,酒精喷灯对 6 条试样有焰燃烧时间与无焰燃烧的时间平均值为 0 s(标准值为≤3 s 和≤10 s)。因此,所研究的滤料符合规定的阻燃要求。

为了使含尘空气中高速运动的尘粒与空气摩擦产生的电荷和在除尘器过滤过程中尘粒与滤料摩擦产生的电荷不积聚在滤料上,杜绝因电荷积聚产生静电火花而引起恶性事故,必须解决滤料抗静电问题。研究表明,解决抗静电的技术途径有以下几种方法。一是使用改性涤纶,通过一定的化学处理,改变涤纶的导电性,使之产生离子将积聚的静电荷泄漏,使纤维及织物具有耐久的抗静电性;二是用抗静电剂浸渍法、表面直接涂层法;三是涤纶纤维中掺入导电纤维法等等。抗静电剂浸渍法虽成本低、工艺简单,但其制品的导电率低,而抗性差、导电性要随时间衰减对抗静电性能要求高的滤料显然不适合。用表面直接涂层法,其制品不具有整体导电性,且涂层架桥易断裂从而大大削弱它的导电性能,也不可取。采用掺入导电纤维的方法是将导电纤维按一定比例混合在所选用的聚酯纤维中形成制品,可使滤料的导电率提高数个数量级,整体导电性好且稳定持久。本研究对涤纶纤维进行改性处理,并用碳素导电纤维加上不锈钢纤维按不同比例反复试制,使所研究的滤料抗静电性能达到技术要求。经国家检验中心检验,该滤料的表面电阻是 $1 \times 10^8 \ \Omega$(标准值为≤$3 \times 10^8 \ \Omega$)。

按上述技术途径,通过 6 批次的反复试制,研究出了阻燃及抗静电性同时达到《煤矿井下聚合物制品阻燃抗静电性通用试验方法和判定规则》(MT 113—1995)规定的 KZFG 型矿用滤料。

5. 滤料过滤风速与集尘效率、清灰效果的研究

在高滤速条件下,要保证滤料的集尘效率不下降,也是研究该滤料技术性能的重要方面。影响纤维滤料集尘效率的因素有很多,诸如尘粒直径、滤料纤维粗细、过滤速度和纤维填充率等等。从滤料阻尘机理的研究中得知滤料捕尘作用的机理是扩散作用、截留作用、惯性作用等综合作用的结果,粒径比较小的微粒由于扩散作用先在纤维上沉积,粒径由小到大,扩散效率逐渐减弱,而比较大的微粒则在截留和惯性的作用下沉积,所以当粒径由小到大时,拦截和惯性效率逐渐增加。可见总效率与惯性效率、截留效率和扩散效率不无关系。一般情况下,通过滤料的过滤风速越高,粉尘的穿透能力越强,则集尘效率越低。有研究表明,合成纤维滤速增加 10 倍,穿透率增加 50~100 倍。为了保证在较高的过滤风速条件下(3.5~4.0 m/min)获得高的集尘效率,应减小纤维的丝径和提高滤料纤维的填充率。当然,纤维细了,过滤的阻力也相应增加;滤料纤维的填充率提高之后,纤维层密实了,滤布重量增加了,随之总的捕尘效率提高了。但此时阻力的增加要比效率的提高快得多,所以不能只通过提高纤维填充率来提高捕尘效率。因此,在本研究中采用超细纤维增大纤维的表面积,适

当提高纤维填充率,以增加滤布重量的途径,提高滤料的强度和阻尘率,满足高滤速、高集尘效率的要求。

滤料清灰效果的好坏将直接影响滤料的阻尘率、工作阻力及滤料的使用寿命。为了尽可能不使粉尘侵入针刺毡内部,力求在滤料的表面捕集粉尘,而在滤料表面形成的粉尘堆积层具有良好的使用寿命和剥落性(提高滤料的清灰效果),对针刺毡滤料表面进行轧光处理,并使用有机硅油进行疏水处理,从而提高滤料的清灰效果及使用寿命。

为检验本项目所研制的针刺毡滤料在高滤速条件下的除尘效率,在实验室按 GB/T 12138—1989 标准进行了测试,其测试结果如下:该滤料作成滤袋在 4 m/min 滤速条件下试验,其滤袋的阻力为 980～1 100 Pa,经集尘试验,当阻力达到 2 000 Pa 时,采用清灰压力 0.3～0.8 MPa 对滤袋进行脉冲清灰,反复多次试验,测得滤袋的动态集尘效率为 99.8%,且阻力变化趋于平稳,表明滤料具有较高的集尘效率和较好的可清灰性。

6. 滤料的试制

通过上述选择纤维材质,确定滤料结构及阻燃、抗静电性、过滤风速、集尘效率、清灰效果等试验与研究步骤,制订出如图 5-1 所示的生产工艺流程进行本项目滤料的试制。

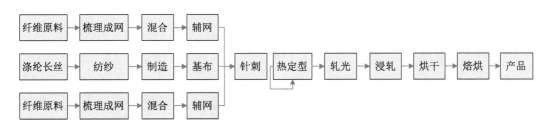

图 5-1　滤料生产工艺流程示意图

经过多次反复试制,XZFG 型矿用滤料的各项技术指标如下:

(1) 抗静电、阻燃性能达到 MT113—1995 标准规定的要求,即:

① 滤料表面电阻:$1×10^8 Ω$。

② 酒精灯对 6 条试样有焰燃烧时间与无焰燃烧时间平均值:0 s。

(2) 过滤风速:3.5～4.0 m/min。

(3) 动态集尘效率:过滤风速为 3.5～4.0 m/min 时,总粉尘和呼吸性粉尘的集尘效率分别达到 99.8% 和 99.5%。

因此,滤料的各个技术指标均达到攻关合同所提出的要求。

5.1.3　袋式除尘器技术性能改进与提高的研究

本研究在"八五"期间 GBC 矿用干式布袋除尘器的基础上着重从除尘器的安全性能、体积、清灰效果和使用寿命等方面对技术性能进行改进、完善和提高。要求除尘器不仅具有良好的安全性能、清灰效果和较高的使用寿命,而且要最大限度地缩小体积,以便在中国煤矿推广应用。

1. 主要技术参数的确定

1) 除尘器处理风量

处理风量需综合考虑机掘工作面降尘的需要和通风的要求。从降尘的角度看,所用除尘器不仅要对机掘面有高的除尘效率,而且对工作面要有高的收尘效率,因此,选择合适的处理风量就十分重要。该处理风量太大,经济上不合理,太小又不能将工作面的粉尘收入除尘器中处理。可根据吸尘口对尘源的吸捕作用和作业空间空气流动的状况来确定处理风量。吸尘口对尘源的吸捕速度与吸尘口在掘进头的位置有关。研究表明,当作业空间有空气流动时,吸捕速度一般取 $0.25 \sim 1$ m/s,考虑到独头巷道的风流状况和要采取附壁风筒建立空气屏幕,阻止粉尘向掘进头后方扩散的措施更有利于吸尘。故吸捕速度取 $v_x = 0.7$ m/s,为了获得好的吸尘效果,吸尘口拟采用条罩的形式,吸走最远尘源点的粉尘所需风量 Q_1(单位:m^3/s)按下式计算:

$$Q_1 = 2.8 v_x \cdot L \cdot X \tag{5-13}$$

式中, v_x ——离尘源最远处的吸捕速度,取 $v_x = 0.7$ m/s;

$\quad$ L ——吸尘口罩口长度,$L = 0.65$ m;

$\quad$ X ——吸尘罩距尘源最大的距离,$X = 3$ m。

故 $Q_1 = 2.8 \times 0.7 \times 0.65 \times 3 \approx 3.8$($m^3/s$)。

若按通风要求确定处理风量,根据《煤矿安全规程》之规定,$Q = 2.8 \times 0.7 \times 0.65 \times 3 \approx 3.8$($m^3/s$)。大断面面积为 14 m^2 时,则工作面需要送入风量至少应为 3.5 m^3/s。本研究的煤巷或半煤岩巷掘进工作面内最小风速为 0.25 m/s,若使用巷道长压短抽的通风除尘系统,为了避免工作面出现循环风,抽出风量应小于供风量的 20%~30%,即抽出风量(除尘器的处理风量) Q_2 至少应为 2.8 m^3/s。根据以上的计算分析,在满足降尘需要和通风要求的条件下,除尘器最小处理风量应定为 3.8 m^3/s(228 m^3/min),最后设计定为 230~250 m^3/min。

2) 除尘器的工作阻力

在确定除尘器的工作阻力时,参考了"八五"期间研制的 GBC 矿用干式布袋除尘器。GBC 除尘器的工作阻力为 2 000 Pa,考虑到本研究的除尘器除尘箱体的体积小,滤料过滤风速高,因此局部阻力可能要增加,故除尘器的工作阻力设计为 2 000~2 500 Pa。

3) 除尘效率

综合考虑国家劳动卫生标准的需要和经济上合理、技术上可行等因素,确定最佳的除尘效率。机掘面的粉尘浓度一般高达 1 000 mg/m^3,按规定作业场所粉尘浓度不超过 10 mg/m^3 的卫生标准要求,除尘器的排放口浓度不得大于 10 mg/m^3,则除尘器的除尘效率至少要不低于 99%,按袋式除尘器有关行业标准规定其总粉尘的除尘效率也必须达 99%以上。综合本课题合同的主要指标要求,即对总粉尘的除尘效率达 99.5%,对呼吸性粉尘的除尘效率达 85%的要求,确定该除尘器的除尘效率为 99.5%,其中对呼吸性粉尘的除尘效率要达到 85%以上。

2. 除尘器的结构设计及工作原理

袋式除尘器由除尘元件(滤袋)、清灰系统、排灰系统及箱体接头辅件等构成。从机掘工作面生产技术条件出发,务必要求除尘器要体积小、处理风量大、除尘效率高、使用寿命长、性能稳定、维护方便等等。在进行结构设计时,首先要考虑能最大限度地缩小体积。其技术途径为:提高滤袋的过滤风速;在袋形上采用扁布袋和旁插式密集布置的结构;用刮板输送机排灰。要使除尘效率高,除了必须优选高除尘效率的滤袋材料之外,在除尘器的进口设计了预选箱,将含尘气流中的较粗粉尘分离并沉降下来,再由滤袋对微细粉尘进行过滤处理,这样既有利于提高除尘效率,又可减轻布袋的过滤负荷,延长滤袋的使用寿命。在除尘器处于工作状态下,除尘器的清灰和排灰也能自动进行,从而使除尘器性能稳定,使用方便。

含尘气体由进气口进入,经预选箱、尘气室,然后均匀地通过滤袋外部过滤之后,汇入净气室,从排气管排出。阻留在滤袋表面的粉尘经过脉冲喷吹清灰后沉降,由下部的刮板输送机输送到机尾的螺旋输送器集中收集装袋处理,至此除尘器完成全过程的除尘工作。

3. 缩小除尘器体积的研究

就除尘器的结构和技术性能而言,本研究所设计的除尘器与"八五"期间所研究的 GBC 矿用干式布袋除尘器基本相同,但是在相同处理风量(230～250 m³/min)条件下,要求其外形尺寸(指除尘器除尘箱体的体积)要比 GBC 除尘器缩小 35%。为此,采取以下措施:

1)提高滤袋过滤风速

处理风量与过滤面积、过滤风速之间的关系为:

$$Q = v \cdot S \tag{5-14}$$

式中,Q——除尘器处理风量,m³/min;

　　　v——过滤风速,m/min;

　　　S——过滤面积,m²。

式(5-13)表明,在处理风量不变的情况下,提高过滤风速可减少除尘器所需的过滤面积 S。因此,待研究的袋式除尘器的滤袋采用本项目所研究开发的 KZRG 型高滤速过滤材料,将过滤风速由 GBC 除尘器采用的 3.0 m/min 提高到 3.5～4.0 m/min。当采用3.0 m/min过滤风速时,按处理风量230～250 m³/min 计算,所需滤袋的过滤面积约 80 m²;若采用 4.0 m/min 的过滤风速,则所需过滤面积约为 60 m²,相比之下减少 20 m²。这样,滤袋所占有除尘器箱体的空间将相应缩小。因此,要缩小除尘器的外形尺寸,提高过滤风速是最有效的技术途径。

2)采用扁布袋密集布置的结构

袋式除尘器多用的滤袋类型有圆形布袋和扁形布袋两类,其中后者容易实现密集布置,减少空间占有尺寸。其中大型袋式除尘器往往采用圆形布袋居多。一些小型、移动的场所对除尘器的外形尺寸要求不严格,如地面工业部门用扁形布袋较为合理。GBC 除尘器是采用扁布袋密集布置的结动的袋式除尘器。本研究通过精心设计,袋间距虽然看起来减少不多,但对所采用 72 个滤袋而言可缩小空间长度约 350 mm。这样可在有限的空间范围内最大限度地增加过滤面积,同时减小除尘器的外形尺寸。

通过采取上述措施,将原 GBC 袋式除尘器除尘箱体的体积由 4 400 mm×1 180 mm×

1 270 mm(长×宽×高)缩小至现有的 3 600 mm×990 mm×1 080 mm,其除尘箱体的体积在原有基础上实际缩小 41%,而该除尘器除尘箱体合同规定为 3 900 mm×990 mm×1 080 mm,体积缩小 35%。因此,达到合同中规定的指标。

4. 提高袋式除尘器清灰效果和使用寿命的研究

随着除尘器工作时间的不断增加,滤料上捕集的粉尘将愈积愈多,粉尘层对气流的阻力就会上升,风速就会降低,随之通过的气体流量则减少,将导致因处理风量不足而影响降尘效果。同时,一层层的尘粒在滤料表面积累起来,对滤料表面产生较大的压力,容易造成滤料损坏、粉尘泄漏而影响除尘效率,也严重影响滤料的使用寿命。因此,提高对滤料的清灰效果对袋式除尘器获得高的除尘效率和延长滤袋的使用寿命均有极其重要的意义。

从以上的分析可知,清灰效果与滤料的使用寿命二者是相辅相成的,清灰效果越好,布袋的使用寿命越长。本研究采用两种技术途径来提高袋式除尘器的清灰效果和使用寿命。一是在布袋的选用上采用本研究的 KZFG 矿用滤料。为了增加粉尘剥离效果,增强滤料的可清灰性,采取了滤料表面轧光和涂有机硅油进行疏水处理的后处理工艺。滤料的基布采用的是涤纶长丝织造,提高了滤料的机械强度,有利于提高滤袋的使用寿命。二是除尘器的清灰采用具有强力清灰效果的脉冲喷吹方式。清灰系统由滤气分水减压阀、气动脉冲控制仪、气动阀、脉冲阀、气包、喷吹管等构成,其工作原理如下所述。

将 72 个滤袋分为 18 组,每 4 个滤袋为一组,共用一个气动阀、脉冲阀和喷吹管,由气动脉冲控制仪控制,顺次进行自动清灰。当压气经滤气分水减压阀除去压气中的油、水,减压至 0.4 MPa 后分为两路,一路供给清灰气包,另一路供给气动脉冲控制仪。脉冲控制仪工作,按顺序输出 0.135~0.250 MPa 的控制信号到气动阀,气动阀工作将脉冲阀打开,气包内的压气通过脉冲阀和喷吹管上的喷吹孔喷出。喷出的气流与诱导气流一起射向滤袋内部,使滤袋急剧膨胀和收缩,加之引起袋间间隔弹簧的振动,将附着在滤袋外侧表面的粉尘抖落下来,达到滤袋清灰的目的。其中喷吹气量和诱导气量的大小是影响清灰效果的重要原因之一。在气体工作压力不变的条件下,喷吹气量大,所诱导的气量也大,瞬间作用到滤袋内的喷吹气量就大,则抖动强度大,粉尘的剥离效果就好,反之亦然。此项设计是将气包的容量由原 GBC 除尘器的 50 L 增加到 105 L,实践证明能保证喷吹出足够的气量和工作的连续性。

此外,在滤袋框架的设计上也进行了改进。原框架是采用钢丝编成网状作为骨架支持滤袋,现设计的框架是采用圆柱弹簧为骨架。

经改进后,框架弹簧不仅起到对滤袋的支持作用,而且在喷吹气流的作用下还会引起弹簧的振动,对滤袋有振打作用,有利于提高清灰效果。

5. 袋式除尘器安全性能的研究

采用本研究的 KZFG 型具有阻燃、抗静电性能的矿用滤料作为袋式除尘器除尘元件,以避免含尘空气中的高速运动尘粒与空气摩擦带电、尘粒与滤料摩擦带电,产生静电积聚而引起电火花引燃瓦斯,造成恶性事故,提高除尘器使用中的安全性。

为了提高除尘器在运行中的安全性,在配套风机筒体的结构设计上,考虑抽出的污风(含有爆炸危险的气体 CH_4)不经过电机外壳表面,以防止在意外情况下电气火花引起瓦斯、煤尘爆炸,设计了新风流道的结构,使电机置于风机的内筒体内与主风流(污风)隔开,由在内箱体上径向分布的翼形通道与外筒体连接固定,并与大气相通,由电机尾部的扇叶片引入外部的新鲜风流冷却电机。为了防止意外情况下高速旋转的叶轮与外筒体内壁相撞击产生机械摩擦火花而引起瓦斯爆炸,在与叶轮旋转位置相对应的外箱体的内壁设计了镶嵌铜环的结构,其铜环的材质与叶片的封顶材质相匹配,经过大量试验证明,在此种状态下不产生机械摩擦火花,解决了电气火花及机械摩擦火花的问题,因而保证了除尘器在运行中的安全性。

6. 袋式除尘器的性能试验

改进后的袋式除尘器在重庆市四维环保机械厂试制完成后,为了检验其主要技术参数是否达到设计要求,委托国家煤矿防尘通风产品质量监督检验测试中心进行测试。

按《矿用除尘器》(MT 59—1995)规定的方法进行检验,检验结果如下:处理风量 224 m^3/min、工作阻力 2 083 Pa、总粉尘的除尘效率 99.3%、呼吸性粉尘的除尘效率 95.5%,主要技术参数达到设计要求,并符合 MT 159—1995 标准的规定。

5.2　湿式除尘器

目前我国煤矿大多数矿井掘进巷道断面积为 10～22 m^2,根据巷道供风量状况先后研制出矿用湿式旋流除尘器系列、矿用高效湿式过滤除尘器系列除尘设备。湿式除尘器处理风量为 180～550 m^3/min。

湿式除尘器除尘效率低于袋式除尘器,总粉尘的除尘效率可达 99%、呼吸性粉尘的除尘效率达 90% 以上。但是,相对袋式除尘器而言,湿式除尘器体积小、维护简单,成为煤矿井下主要的除尘装备。

5.2.1　矿用湿式旋流除尘器

本节针对 KCS-250 型矿用湿式旋流除尘器研制进行论述。

1. 配套风机研制

1)风机叶轮设计

(1)风机性能要求

① 通风机工作方式:单机轴流抽压式;

② 风量:$Q=250$ m^3/min;

③ 风机静压:$P_s=2$ 100 Pa;

④ 风机静压效率:$\eta \geqslant 0.65$;

⑤ 配套电机功率:$N=18.5$ kW;

⑥ 叶轮直径:$D_2=600$ mm;

⑦ 叶轮转速：$n=2\,940$ r/min；

⑧ 采用 RAF-6E 机翼型叶片。

（2）设计点参数

① 风量：$Q=250$ m³/min≈4.17 m³/s；

② 全压：$P=2\,250$ Pa=229.4 mmH₂O；

③ 全压效率：$\eta=0.75$；

④ 叶轮直径：$D_2=600$ mm；

⑤ 叶轮转速：$n=2\,940$ r/min；

⑥ 电机应能方便地安装在隔流腔内。

（3）计算

① 比转速：

$$n_s = n \times Q^{0.5}/P^{0.75} = 2\,940 \times 4.17^{0.5}/2\,250^{0.75} \approx 18.38$$

查离心式与轴流式通风机。最佳轮毂比：$v=0.68$；系数：$k_u=1.6$。

② 最佳叶轮直径：

$$D_2 = (242k_u \times P^{0.5})/(\pi \times n)（此处 P 取 229.4\ \text{mmH}_2\text{O}）$$
$$= (242 \times 1.6 \times 229.4^{0.5})/(3.14 \times 2\,940)$$
$$\approx 0.635\ (\text{m})$$

取 $D_2=0.6$ m，$D_h=0.39$ m。轮毂比：$v=D_h/D_2=0.65$。

③ 流量系数：

$$Q' = 24.3\,Q/(n \times D_2^3) = 24.3 \times 4.17/(2\,940 \times 0.6^3) \approx 0.16$$

④ 压力系数：

$$H = P/[\rho \times (\pi \times D_2 \times n/60)^2]$$
$$= 2\,250/[1.2 \times (\pi \times 0.6 \times 2\,940/60)^2] \approx 0.22$$

⑤ 叶轮平均有效直径 D_m：

$$D_m = [(D_2^2 + D_h^2)/2]^{0.5} = [(0.6^2 + 0.39^2)/2]^{0.5}$$
$$\approx 0.506\ (\text{m})$$

⑥ 叶轮平均有效直径处的圆周速度 u_m：

$$u_m = \pi \times D_m \times n/60 = \pi \times 0.506 \times 2\,940/60$$
$$\approx 77.89\ (\text{m/s})$$

⑦ 叶轮平均有效直径处进出口气流绝速度的圆周分量差 ΔC_{un}：

$$\Delta C_{un} = P/(\rho \times u_m \times \eta) = 2\,250/(1.2 \times 77.89 \times 0.75)$$
$$\approx 32.10\ (\text{m/s})$$

⑧ 气流轴向速度 v_a：

$$v_a = Q/[(\pi/4) \times (D_2^2 - D_h^2)] = 4.17/[(\pi/4) \times (0.6^2 - 0.39^2)]$$
$$\approx 25.54\ (\text{m/s})$$

⑨ 采用 RAF-6E 机翼叶片。K+CA 气动布局，机体、电动机分置，电动机前端盖凸缘

安装结构(安装形式:B5),叶轮直联在电动机轴头上。

⑩ 采用孤立翼法,按等环流进行计算。

⑪ 叶片各截面的扭曲中心点为该截面 0.3 倍弦长与机翼型叶片上弧面的交点;叶片各截面扭曲中心点的连线应是一条直线。

⑫ 叶片各截面的上弧面型线用平面样板检查;平面样板与叶片上弧面之间的最大间隙应小于 0.1 mm。

⑬ 配套电动机为 YBF2-160L2-2 型通风机用隔爆型三相异步电动机(安装形式:B5)。额定功率:18.5 kW;额定电压:660/1 140 V;额定转速:2 940 r/min,额定效率:0.89。

⑭ 计算截面分配为:

$$
\begin{array}{ccccc}
0.39 & 0.44 & 0.49 & 0.54 & 0.59 \\
& & 0.506 & & 0.6 \\
\hline
\text{I} & \text{II} & \text{III} & \text{IV} & \text{V}
\end{array}
$$

各截面的曲面点如表 5-1 所示,叶轮和叶片模型见图 5-2 和图 5-3。

表 5-1　各截面的曲面点

		1	2	3	4	5	6	7	8	9	10	11	12	13	14	15	16	17	R1	R2
I-I	X	0.00	1.98	3.95	7.90	11.85	15.80	23.70	31.60	47.40	63.20	79.00	94.80	110.60	126.40	142.20	150.10	158.00	1.20	1.82
	Y	1.78	5.04	6.98	9.64	11.44	12.78	14.66	15.64	16.27	16.15	15.48	14.19	12.17	9.34	5.99	4.08	1.20		
II-II	X	0.00	1.94	3.88	7.75	11.63	15.50	23.25	31.00	46.50	62.00	77.50	93.00	108.50	124.00	139.50	147.25	155.00	1.18	1.78
	Y	1.82	4.94	6.85	9.46	11.22	12.54	14.38	15.35	15.97	15.84	15.19	13.92	11.94	9.16	5.87	4.00	1.18		
III-III	X	0.00	1.89	3.78	7.55	11.33	15.10	22.65	30.20	45.30	60.40	75.50	90.60	105.70	120.80	135.90	143.45	151.00	1.15	1.74
	Y	1.74	4.82	6.67	9.21	10.93	12.22	14.01	14.95	15.55	15.43	14.80	13.56	11.63	8.92	5.72	3.90	1.15		
IV-IV	X	0.00	1.83	3.65	7.30	10.95	14.60	21.90	29.20	43.80	58.40	73.00	87.60	102.20	116.80	131.40	138.70	146.00	1.11	1.68
	Y	1.68	4.66	6.45	8.91	10.57	11.81	13.55	14.45	15.04	14.99	14.31	13.11	11.24	8.63	5.53	3.77	1.11		
V-V	X	0.00	1.75	3.50	7.00	10.50	14.00	21.00	28.00	42.00	56.00	70.00	84.00	98.00	112.00	126.00	133.00	140.00	1.06	1.61
	Y	1.61	4.47	6.19	8.54	10.14	11.33	12.99	13.86	14.42	14.31	13.72	12.57	10.78	8.27	5.31	3.61	1.06		

图 5-2　叶轮模型

图 5-3　叶片模型

2) 叶轮制造工艺设计

(1) 叶片采用机加工方式,保证叶片叶形与设计一致,轮廓公差在 0.05 mm 以内。先铸造叶片毛坯[如图 5-4(a)],再将叶形加工出来[图 5-4(b)],最后上机床加工叶片、叶冠和叶根,制造出合格的叶片[图 5-4(c)]。

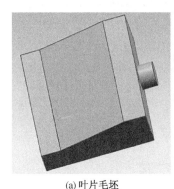 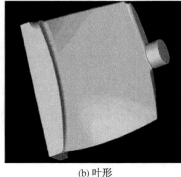 

(a) 叶片毛坯　　　　　　　　(b) 叶形　　　　　　　　(c) 叶片

图 5-4　叶片加工

(2) 在叶轮转子和叶片上增加定位基准,保证叶轮精度,方便装配。用机床旋转轴精确定位每个叶片的安装位置,用三轴联动的方式加工叶片安装的定位槽,如图 5-5 所示。

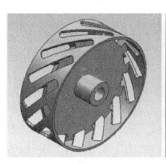   

图 5-5　叶轮转子加工　　　　　　　　　　图 5-6　叶轮焊接

(3) 叶轮采用内部焊接方式,避免由于焊疤凹凸不平引起的噪声,见图 5-6。叶轮转子内部叶片根部预留多,方便焊接;焊接完成后,精车叶轮外形,将转子内部多余的叶片根部去掉以减轻叶轮质量。

(4) 制造叶片叶形检验工装,检测叶片精度(图 5-7)。该工装利用叶片根部的定位基准将叶片固定到工装上,在叶片 2 剖面和 3 剖面位置做好定位销,并利用线切割方式加工出 2 剖面和 3 剖面的模板,用模板靠在叶片叶形上,再用塞尺测量出叶片的精度。

(5) 制造叶轮检验工装,检测叶轮精度(图 5-8)。将叶轮固定在检验工装的回转轴上,将百分表表座吸在工装上,表头压在叶片中部,旋转叶轮,在基准叶片的最高点归零,回转读数盘也归零,这样分别找出叶片最高点来测量叶轮的均布精度和叶片错位精度。

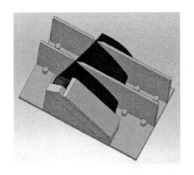

图 5-7 叶片叶形检验工装

图 5-8 叶轮检验工装

3) 风机结构设计

风机结构形式沿用传统的单机轴流抽压式结构,其结构简图如图 5-9 所示。

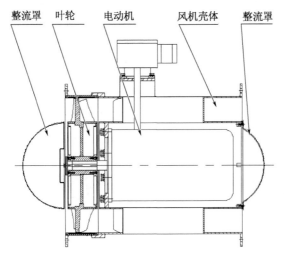

图 5-9 风机结构简图

4) 风机性能测试

新风机测试数据和性能曲线见表 5-2 和图 5-10。由新风机测试数据可知,风机实际最佳性能点(风量 $Q=236\ \text{m}^3/\text{min}$、风机静压 $P_s=1\ 990\ \text{Pa}$、轴功率 $N=12\ \text{kW}$)与设计点(风量 $Q=250\ \text{m}^3/\text{min}$、风机静压 $P_s=2\ 100\ \text{Pa}$、轴功率 $N=18.5\ \text{kW}$)相近,达到设计要求。表 5-3 为原风机性能测试数据。

表 5-2 新风机性能测试数据

序号	输入功率/kW	输出功率/kW	进风量/($\text{m}^3 \cdot \text{min}^{-1}$)	负压/Pa
1	10.39	9.25	348.88	200
2	11.20	10.00	327.22	510
3	11.62	10.38	322.46	700
4	12.08	10.79	316.35	940

续表

序号	输入功率/kW	输出功率/kW	进风量/(m³·min⁻¹)	负压/Pa
5	12.53	11.21	300.93	1 130
6	13.11	11.73	287.51	1 410
7	13.52	12.10	274.19	1 720
8	13.40	12.00	235.91	1 990
9	11.7	10.45	205.29	1 760

表 5-3　原风机性能测试数据

序号	输入功率/kW	输出功率/kW	进风量/(m³·min⁻¹)	负压/Pa
1	17.331	16.371	249.414	1 434.370
2	17.457	16.357	249.199	1 513.111
3	17.624	16.524	240.798	1 577.973
4	17.890	16.836	234.801	1 615.733
5	18.230	17.150	225.033	1 637.099
6	18.850	17.757	210.973	1 751.732
7	19.574	18.273	200.065	1 722.989
8	19.841	18.949	189.306	1 883.064

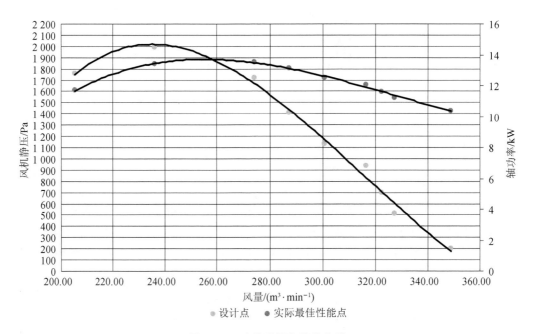

图 5-10　改进后风机性能曲线

将新风机的性能与原风机性能进行对比。在风机最佳性能点,新风机比原风机多 375 Pa 的负压能力,而且功耗少 4.85 kW,新风机的效率明显优于原风机的效率;原风机随着负载的加大功耗加大,在风量 200 m³/min 时出现超功,这是老除尘器出现电机烧毁的根本原因,而新风机在最佳性能点功耗为 12.1 kW,超过后功耗迅速降低至 10.1 kW,随后加大负载功耗增加,在风机能承受的最大负载时仍没有出现超功现象,所以新风机有效提高了除尘器的性能和可靠性。

2. 除尘技术的研究

本研究采用洗涤过滤捕尘技术和湿式旋流捕尘技术相结合的高效捕尘技术进行捕尘,以达到提高除尘器除尘效率的目的。

含有悬浮尘粒的气体通过洗涤过滤捕尘器时,其中的粉尘被捕集,形成含尘污水,含尘污水和气流在经过导流叶片和脱水器时,污水、水雾与气流在旋流离心力作用下充分分离,从而使粉尘被高效地从气流中分离下来。在此过程中,粉尘被捕集下来主要是靠截留、惯性碰撞和扩散等捕尘机理的综合效应实现的,其综合粉尘分离效率可按下式计算:

$$\eta_{IRd} = 1 - (1 - \eta_I)(1 - \eta_R)(1 - \eta_D) \tag{5-15}$$

式中,η_{IRd}——综合粉尘分离效率,%;

η_I——惯性碰撞机理的粉尘分离效率,%;

η_R——截留机理的粉尘分离效率,%;

η_D——扩散机理的粉尘分离效率,%。

由式(5-15)可以看出,在由截留、惯性碰撞和扩散机理起主要作用的粉尘分离过程中,只要提高 η_I、η_R、η_D 中的任何一个值,均能使 η_{IRd} 得到提高。

1) 洗涤过滤捕尘器结构优化设计

原设计中洗涤过滤器部分由喷雾器、过滤网等组成(见图 5-11)。

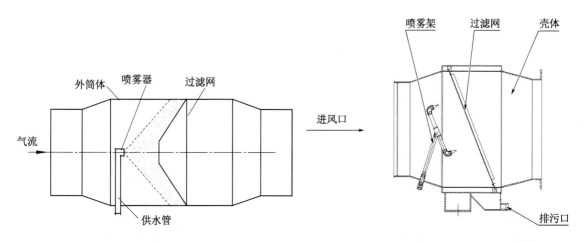

图 5-11 原洗涤过滤捕尘器结构示意图   图 5-12 新洗涤过滤捕尘器结构示意图

在实际运用过程中,该结构出现的最大问题是过滤网不易清洗和更换。为此在不改变捕尘方式和捕尘风速的情况下,对洗涤过滤捕尘器进行优化设计,其结构见图 5-12。

该结构优点:壳体开有检修门,可随时维护喷嘴和过滤网;过滤网采取可换式安装,方便维护和更换;增设前端排污口,减小脱水器压力,提高脱水效率。

2) 脱水技术的研究

脱水性能是湿式除尘器的一个重要技术指标,脱水效果不好,不仅作业环境湿度会增大,而且因未脱离的尘和水雾排出除尘器,会影响除尘器的除尘效率,尤其是呼吸性粉尘除尘效率会受到较大的影响。因此,脱水技术也是除尘器研究的一个关键技术。在综合比较国内外同类技术的基础上,结合重庆煤科院已有的相关技术成果,本研究采用正压旋流脱水技术。

脱水技术的研究主要从风流导向装置的研究和脱水器结构的研究两方面入手。

(1)风流导向装置的研究

旋流脱水技术是利用含尘气流在圆柱形设备内产生高速旋转而形成的强大的离心力作用,将比重大的水和尘粒甩向圆柱形设备的筒壁并将其脱离出来的一种高效脱水技术。该技术的应用首先是建立在产生旋转气流的基础上。产生旋转气流的方法很多,但基本上可分为两种类型:第一种形式为切向引入式,气流从圆柱形设备的切向方向进入,其气流进入方向必须与气流在圆柱形设备内的运动方向相切;第二种形式为叶片导向式,气流靠导向叶片的引导作用,在圆柱形设备中产生旋转气流,其气流进入方向可以与气流在圆柱形设备内的运动方向一致。由于煤矿井下对除尘器的特殊要求,采用切向引入式必然导致除尘器的外形尺寸增大,因而本研究采用叶片导向式。

国内外相关研究表明,导向叶片的安装角度不但影响风流导向装置的阻力,同时对其后的脱水装置的几何尺寸也有很大的影响。本研究在综合考虑除尘器整机工作阻力和外形尺寸要求的条件下,通过实验室模拟试验,最终确定导向叶片的最佳安装角度。

(2)脱水器结构的研究

通过对波兰的旋流脱水技术的分析研究,我们发现采用波兰原有的负压旋流脱水技术,除尘器的总体长度将达到 10 m 以上。为了减小除尘器的总体长度,通过实验室试验,我们发现,采用正压旋流脱水技术将使脱水器的长度从波兰原有的 6 000 mm 缩短为 1 300 mm 左右,从而为缩小除尘器的总体长度提供了足够的空间。脱水器由导向装置、一级脱水器和二级脱水器组成,如图 5-13 所示。

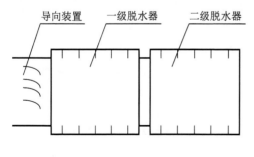

图 5-13 脱水器结构示意图

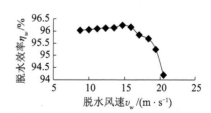

图 5-14 脱水效率 η_w 与脱水风速 v_w 的关系

实验室试验结果表明:当脱水风速 v_w 在 8.75~19.37 m/s 之间时,脱水效率均 $\eta_w \geq 95\%$,脱水效率 η_w 与脱水风速 v_w 的关系如图 5-14 所示。当脱水风速 $v_w > 19.37$ m/s 时,试验装置的脱水效率 η_w 急剧下降。因此,为了保证设计的除尘器的脱水效率 $\eta_w \geq 95\%$,在除尘器设计时应将除尘器的脱水风速 v_w 控制在 $8.75 \sim 19.37$ m/s 之间。根据实验室试验确定的脱水风速 v_w 和除尘器的处理风量 Q，确定内环的内径与风流导向装置的外筒内径相同。在考虑除尘器整机工作阻力符合计划任务书要求的前提下，以提高脱水器的脱水效率 η_w 为目标，并参照 UO-600 型湿式旋流除尘器的脱水器已有的结构，确定内环高度和间距。

3. 降噪的研究

1）风机噪声测试

KCS-250 风机噪声测试数据（单位：dB）如图 5-15 所示。

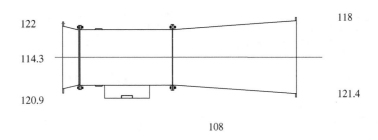

图 5-15　KCS-250 风机噪声测量结果

2）风机噪声频率测试

图 5-16 为风机噪声频率测试结果。通过图 5-16 的 1/3 倍频图可以看出，A 记权声压级明显超过了 85 dB 的要求，能量最大的区间分贝是在以 800 Hz 和 1 600 Hz 为中心频率的 1/3 倍频程区内。选择能消除该频率区间的消声材料可有效地降低噪声。

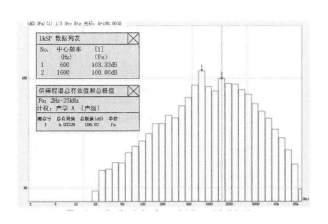

图 5-16　风机噪声频率图

3）消声材料的选择和消声器设计

通过试验对比多种材料发现，玻璃纤维棉对 800 Hz 和 1 600 Hz 的消声效果明显。其消声结构见图 5-17，在风机前后端加消声器。

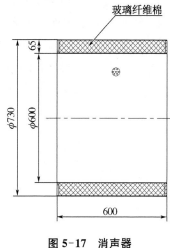

图 5-17 消声器

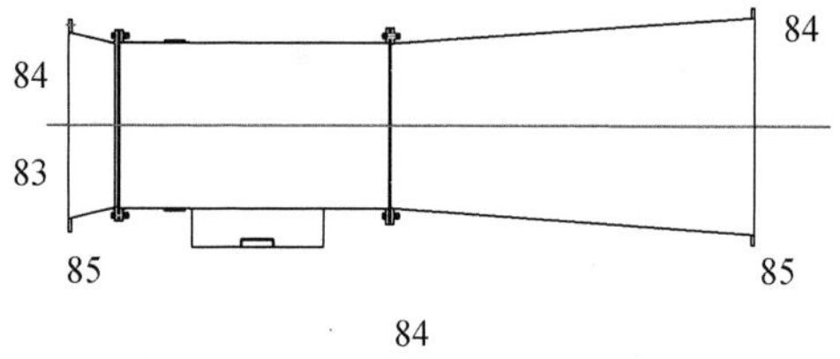

图 5-18 KCS-250 风机加消声器后噪声测量结果

4）风机加消声器噪声测试

KCS-250 风机加消声器后噪声测试数据（单位：dB）如图 5-18 所示，最终噪声测试效果满足标准要求。

4. 除尘器整体改进设计

经过前面的各部件的优化改进设计，最终除尘器的结构见图 5-19。

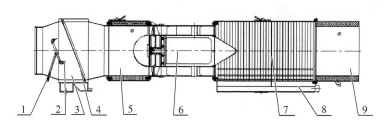

1—进水接口；2—喷嘴；3—过滤除尘段；4—过滤网；5—消声器；6—配套风机；
7—旋流脱水段；8—污水箱；9—消声器

图 5-19 除尘器结构示意图

主要技术参数：

① 处理风量：180～250 m³/min；

② 工作阻力：≤1 500 Pa；

③ 总粉尘除尘效率：≥99%；

④ 呼吸性粉尘除尘效率：≥90%；

⑤ 耗水量：<20 L/min；

⑥ 脱水效率：≥95%；

⑦ 工作噪声：≤85 dB；

⑧ 电动机型号：YBF2-160L-2；

⑨ 电动机功率：18.5 kW；

⑩ 工作电压：380/660 V 或 660/1 140 V。

5. 提高除尘器安全性能的研究

除尘器在煤矿中一般在掘进工作面长压短抽通风除尘方式中作为抽出式除尘风机使用。为了避免除尘器在运行中产生的机械摩擦火花及电气火花点燃瓦斯，从而引起瓦斯、煤尘爆炸，在除尘器的结构设计、主要部件材质选用、强度计算等方面进行了安全性研究。

1）机械摩擦火花的预防

（1）将洗涤过滤器置于风机前端，使大颗粒粉尘及杂物在经过洗涤过滤器时被捕集下来，避免了大颗粒粉尘及杂物撞击高速旋转的除尘器配套风机叶片而产生摩擦火花点燃瓦斯，从而引起瓦斯、煤尘爆炸。

（2）为了防止风机运行中因特殊情况叶轮高速旋转与风机筒体内壁撞击而产生机械摩擦火花点燃瓦斯，引起瓦斯、煤尘爆炸，造成严重安全事故，将叶轮设计为铜合金。选用的两种材质，经国家煤矿防尘通风安全产品质量监督检验中心通过 40 次有效高速冲击试验和 16 000 次以上有效旋转摩擦撞击试验，均未发生引燃试验用气体的现象。

（3）为防止叶轮在运行中发生破裂解体，撞击筒体产生摩擦火花，将铜合金叶轮设计为实心叶轮，以加强叶轮的强度。同时在叶轮组装前，严格按照 JB/TQ 328 进行叶轮的超转速试验，按照 JB/TQ 337 进行叶轮的动平衡试验，从而保证叶轮的加工质量，防止叶轮在运行中解体。

2）电气火花的预防

在结构上，由于采用了内置电机的结构，设计了新风流道，将主风流道和新风流道进行了严格的密封，使电机置于新风流中，提高了电机运行过程中的安全性，防止了电气火花点燃瓦斯，从而避免了引起瓦斯、煤尘爆炸的可能。

本除尘器经煤炭工业重庆电气防爆检验站检验合格，取得了防爆合格证，并取得了安全标志准用证。

在此基础上，重庆煤科院开发出 KCS180、KCS550 等湿式旋流除尘器，满足了不同断面尺寸机掘工作面掘进除尘的需要。

5.2.2　矿用高效湿式过滤除尘器

为了进一步提高湿式除尘器的除尘效率，特别是呼吸性粉尘的除尘效率，重庆煤科院相继开发了高效湿式过滤除尘器。

1. 呼吸性粉尘高效除尘器研究

矿用除尘器以湿式过滤式为主。国内除尘器主要结合我国煤矿开采的实际情况，基本都采用除尘风机和除尘器一体化设计，结构紧凑，外形尺寸小，但风机动力往往不足，喷雾流量小，过滤网不密集，进而导致呼吸性粉尘的捕集能力较差（呼吸性粉尘除尘效率在 80% 以上）。相比之下，国外先进除尘器的除尘效率很高，如德国 CFT 公司的除尘器的呼吸性粉尘除尘效率可以达到 99% 以上。但是，国外先进除尘器也有其不足，比如过滤网容易堵塞的问题没有得到有效解决,这导致设备维护工作量大。因此,对于呼吸性粉尘高效除尘器的研究,一方面需要研究提高呼吸性粉尘捕集效率的途径,另一方面要解决过滤网堵塞等应用问题。

本项目拟在湿式除尘技术的基础上,参照处于国际领先水平的德国 CFT 公司的湿式除尘器结构(图 5-20),并对呼吸性粉尘高效控制单元、循环供水技术、高效脱水技术等影响呼吸性粉尘高效控制的关键技术进行研究,从而开发出满足技术参数要求的高效湿式除尘装备。

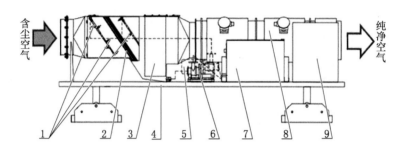

1—专用喷嘴;2—喷雾垫层;3—水滴分离器;4—小车;5—喷雾泵;6—回水泵;
7—水箱;8—对旋风机;9—电控箱

图 5-20　除尘装备总体结构图

1) 呼吸性粉尘高效控制单元及防堵

呼吸性粉尘高效控制单元由喷嘴、过滤组合网两部分组成,主要影响因素有过滤组合网的孔径、层数、喷雾流量等。为了研究这些因素对呼吸性粉尘控制效果的影响规律,拟建立一个如图 5-21 所示的专用试验平台。

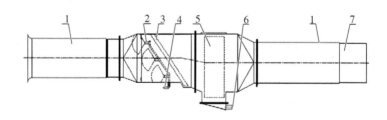

1—测试管道;2—喷嘴;3—过滤组合网;4—进水口;5—脱水器;6—出水口;7—风机

图 5-21　高效控制单元试验平台

利用该试验平台可以研究在不同风量和喷雾流量下,不同过滤组合网孔径、层数对呼吸性粉尘除尘效率的影响规律和对阻力的影响规律,从而为最终确定呼吸性粉尘高效过滤单元的孔径和层数提供依据。

为解决呼吸性粉尘高效过滤单元的堵塞问题,拟对地面相对成熟的防堵技术进行调研,包括防黏结表面处理技术和背面高压清洗技术等,采用对比分析和试验研究等方法来优化出合适的防堵方案。

2）高效脱水单元

高效脱水单元拟采用负压波纹板脱水原理。为了获得优化的波纹板结构参数,包括波纹板密度和波纹板曲率,拟同样利用图 5-21 所示的试验平台研究不同波纹板密度、波纹板曲率与脱水效率之间的关系,从而为脱水结构的设计提供依据。试验过程中风速、喷雾流量、过滤网参数等采用前面研究的优化结果。

3）循环供水及水质处理

循环系统用水由淤泥泵从积水箱中抽出,抽出的污水首先进入净化器,排出污水中的大颗粒杂质,然后流入储水箱,储水箱中间有一道过滤网,最后由喷雾泵将净化后的水从储水箱供给喷嘴,实现循环。该循环系统的重点是净化器研究,其结构拟参照俄罗斯煤矿机械设计研究院研制的 OBC 型动力水净化器,采用旋流分离原理。

重庆煤科院采用具有一定厚度的丝网过滤装置代替传统的过滤网过滤装置,使含尘气流流经过滤装置时与过滤装置的接触距离变长,更有利于对微小粉尘的捕集;使用波纹板脱水结构代替旋流脱水技术,在提高脱水效率的同时使除尘器的体积减小了 25% 左右;由于新式高效除尘器的喷雾流量较大,因此配备了循环水箱,有效地降低了耗水量;此外新式高效除尘器具有自动化程度较高的特点,实现了除尘器启、停、反冲洗的一键控制,减小了除尘设备的维护工作量,并且实现了对除尘系统的实时监控。新式高效除尘器外观结构如图 5-22 所示。

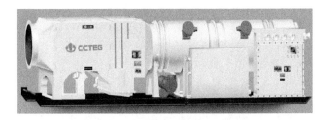

图 5-22　新式高效除尘器外观结构图

KCS 系列湿式除尘器的主要性能参数和适应的掘进工作面条件见表 5-4 所示。

表 5-4　KCS 系列除尘器主要技术参数和适应范围表

型号	工作阻力/Pa	处理风量/ (m³·min⁻¹)	总粉尘除尘效率/%	呼吸性粉尘除尘效率/%	耗水量/ (L·min⁻¹)	配套电机功率/kW	适应条件	
							压入式供风量 / (m³·min⁻¹)	断面积 / m²
KCS-180	1 000～1 250	100～180	99	90	≤15	11.0	180～250	8～14
KCS-250	1 200～1 500	180～250	99	90	≤20	18.5	250～420	10～16
KCS-500	1 200～1 500	350～500	99	90	≤25	37.0	420～800	12～20

5.3 机掘工作面控尘除尘工艺技术

国内外实践表明:对机掘工作面采用以控尘装置控尘、除尘设备抽尘净化为主的长压短抽通风除尘系统,是降低机掘工作面粉尘浓度的最有效的措施之一。

5.3.1 控除尘技术及工艺

1. 技术原理

新鲜风流由压入式局部通风机经风筒送进工作面,通过设置在供风风筒出风口处的控尘装置改变压入式供风方式,由轴向变为径向出风,进而改变掘进工作面的风流流场,抑制粉尘扩散,同时含尘气流经吸尘口抽入除尘器中净化处理,净化后的空气被排至巷道中,如图 5-23 所示。这种压、抽结合的方式形成的长压短抽通风除尘系统可以达到较理想的降尘效果。

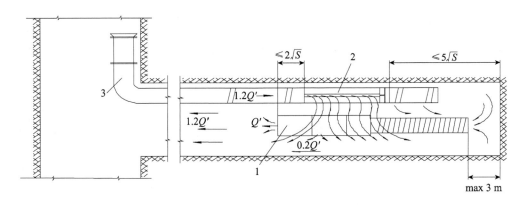

1—除尘系统;2—控尘装置;3—供风风机

图 5-23 机掘工作面长压短抽的新型通风除尘系统

2. 技术内容

20 世纪 80 年代初,重庆煤科院开展了长压短抽通风除尘系统研究,而后引进波兰涡流控尘技术,开发了机掘工作面控除尘技术及成套装备。

1) 控尘技术

控尘技术主要是在供风风筒出风口连接控尘装置,通过控尘装置将压入工作面的轴向风流改变成沿巷道周壁旋转的径向风流向迎头推进,在掘进机司机的前方建立起空气屏幕,控制浮游粉尘向后方扩散,使含尘气流只能沿布置在司机前方的吸尘口吸入除尘器中被净化处理,干净的风流再排至巷道中。

这类控尘装置有附壁风筒、涡流控尘装置和布风器等。附壁风筒、涡流控尘装置都采用附壁效应原理控尘,附壁风筒是一种被动式控尘装置,涡流控尘是一种主动式控尘装置。

（1）附壁风筒装置

附壁风筒装置由风筒存储装置和存储的可伸缩风筒、附壁风筒及风阀组成,如图 5-24 所示。附壁风筒是在一段风筒壁面上开一细的切口或多个小孔,该风筒一般由 2～5 节串联形成。

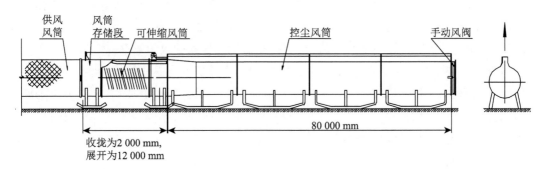

图 5-24　附壁风筒装置结构示意图

在附壁风筒的出风口设置自动或手动风阀。掘进机在工作前,风流由出风口直接向工作面供风;掘进机工作时,启动除尘器,关闭风阀,风流从狭缝喷口喷出,沿巷道壁旋转向工作面推进,喷出的速度以 15 m/s 以上为佳;停机后,打开风阀,恢复向工作面直接供风。

附壁风筒布置在巷道供风侧底板,考虑掘进中每掘进 3～5 m 移动一次,设计成雪橇支撑形式并由掘进机牵引移动。风筒存储装置储存了 10 m 的可伸缩风筒,当控尘装置向前移动使其从收拢状态变成完全展开状态,继续前移时就要将 10 m 可伸缩风筒与供风风筒拆开,把伸缩风筒重新收拢到风筒存储器上,同时用 10 m 新供风风筒接入供风筒端和可伸缩风筒之间,如此循环。附壁风筒可按表 5-5 进行选择。

表 5-5　附壁风筒规格选择表

规格型号	供风量/(m³·min⁻¹)	适应巷道断面积/ m²	外形尺寸(直径×长度)/(mm×mm)	备注
KF-500A	180～250	8～14	500×4 000	保证与供风风筒直径一致
KF-600A	250～420	10～16	600×6 000	
KF-800A	420～800	12～20	800×8 000	

（2）涡流控尘装置

涡流控尘装置由风筒存储装置、涡流发生器和涡流风筒组成,如图 5-25 所示。

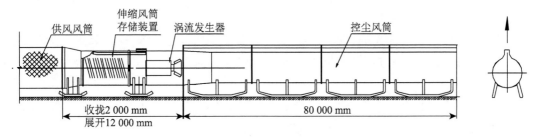

图 5-25　涡流控尘装置结构示意图

其工作原理是将工作面压入式风筒与风筒储存器连接,启动控尘装置,涡流发生器叶轮高速旋转,将原压入式风筒供给机掘工作面的轴向风流改变为具有较大径向速度的旋转风流,大部分旋转风流从涡流风筒上预设的缝隙排出,以一定的旋转速度吹向巷道的周壁及整个巷道断面,使巷道断面上风速分布更加均匀。旋转风流在除尘设备抽吸作用下,整体向工作面迎头推进,在掘进机司机前方建立起阻挡粉尘向外扩散的气幕,封锁住掘进机工作时产生的粉尘,使之吸入除尘设备而不外流,从而提高机掘工作面的收尘效率。

涡流控尘与附壁风筒控尘作用及运行方式相同,主要特点是涡流控尘为主动出风,在出风口的出风速度是附壁风筒的 2 倍,从而使巷道断面上的风速分布更加均匀,形成更为厚实的阻挡粉尘向外扩散的气幕,控尘效果更为显著,更有利稀释工作面顶部瓦斯,同时可以克服由于增加控尘装置给供风系统带来的阻力,减小控尘装置对供风系统工况点的改变范围,从而保证工作面的安全生产。

涡流控尘装置可按表 5-6 进行选择。

表 5-6　涡流控尘装置规格选择表

规格型号	供风量/(m³·min⁻¹)	断面积/m²	外形尺寸(直径×长度)/(mm×mm)	备注
ZKW-500A	180～250	8～14	500×4 000	保证与供风风筒直径一致
ZKW-600A	250～420	10～16	600×6 000	
ZKW-800A	420～800	12～20	800×8 000	

2) 除尘设备

重庆煤科院研制的矿用袋式除尘器及湿式除尘器见 5.1 节和 5.2 节内容。

3. 配套工艺技术

高效的除尘器虽然有很高的除尘效率,但如果机掘工作面产生的粉尘绝大多数不能进入除尘器中被净化处理,仍然不能有效地降低机掘工作面高浓度的粉尘。因此选择合理的配套工艺,充分发挥通风排尘、控尘和高效抽尘净化的作用,使之与机掘工作面的生产技术条件,特别是与采用的掘进机相适应,形成一套完整的通风除尘系统,是实现高效降低机掘工作面粉尘浓度的关键所在。

在现场应用中,一般根据工作面的具体生产技术条件设计不同的布置方式,国内常见的布置方式有机载式、单轨吊挂式、跨皮带式等。

1) 机载式

除尘器固定在掘进机上,吸尘罩固定在掘进机的前方,并使吸尘口靠近滚筒附近,通过刚性风筒或可伸缩软风筒将除尘器和吸尘罩连接起来构成抽尘系统;控尘装置置于巷道供风风筒一侧底板上,并通过可伸缩风筒与压入式供风风筒连接,构成控尘系统,如图 5-26所示。

这种布置方式的优点是除尘器和吸尘罩能够随掘进机移动,工人劳动强度低,适用于巷道高度较大(3 m 以上)且起伏不大的掘进工作面。

2) 单轨吊挂式

吸尘罩、除尘器及连接风筒都用单轨吊固定在巷道的顶部构成抽尘系统,单轨吊是利用锚网支护的锚杠,在巷道顶部中央固定单轨连接而成的辅助运输系统;控尘装置放于巷道供风风筒一侧底板上,并通过可伸缩风筒与压入式供风风筒连接,构成控尘系统,如图 5-27所示。

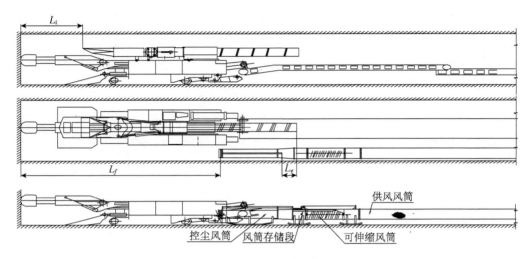

图 5-26　机载式布置图

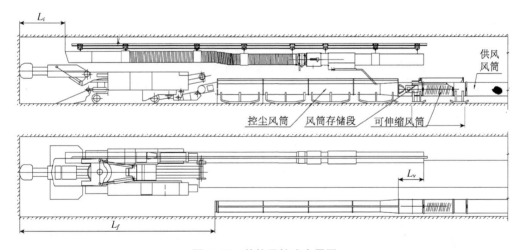

图 5-27　单轨吊挂式布置图

这种布置方式的优点是可以充分利用掘进工作面的空间,适应性强,工人劳动强度低,降尘效果好。但要求巷道的起伏不能太大,并且对单轨吊的铺设要求较高。此布置方式适用于具有单轨吊运输方式的掘进工作面或能够形成单轨吊运输方式的掘进工作面。目前,这种布置方式在国外普遍使用,在我国则很少使用。

3)跨皮带式

吸尘罩固定在掘进机上,并使吸尘口靠近滚筒附近,设置专用的平板小车跨在皮带上方,将除尘器固定在平板小车上,通过刚性风筒或可伸缩软风筒将除尘器和吸尘罩连接起来构成抽尘系统;控尘装置置于巷道供风风筒一侧底板上,并通过可伸缩风筒与压入式供风风筒连接,构成控尘系统,如图 5-28 所示。

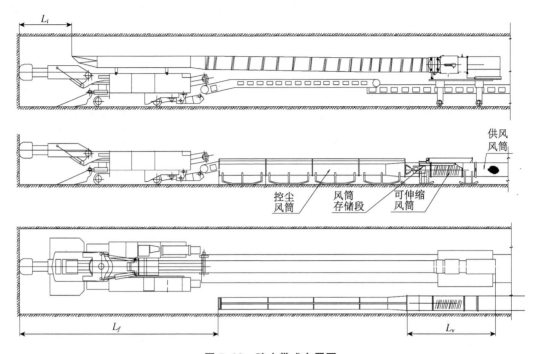

图 5-28　跨皮带式布置图

这种布置方式的优点是适应性强,能够适合各种机掘除尘。缺点是需要的连接风筒较长,导致系统管理复杂,需要频繁人工移动除尘器,导致工人劳动强度增加。

4. 主要配套工艺参数

除尘器处理风量应该为工作面供风量的 75%~85%,即应满足式(5-16)的要求。

$$q_e = (0.75 \sim 0.85)q_f \tag{5-16}$$

式中,q_e——除尘器的处理风量,m³/min;

　　q_f——工作面供风量,m³/min。

压入式风筒口距工作面迎头的距离按式(5-17)进行计算。

$$L_f \leqslant 5\sqrt{S} \tag{5-17}$$

式中,L_f——压入式供风风筒的控尘装置末端出风口距工作面迎头距离,m;

　　S——巷道断面积,m²。

除尘器吸尘口距工作面迎头的距离一般最大不超过 4 m,也可按式(5-18)进行计算。

$$L_i < 1.5\sqrt{S} \tag{5-18}$$

式中,L_i——压入式供风风筒的控尘装置末端出风口距工作面迎头距离,m。

除尘器排放口与供风风筒的控尘装置前端出风口的重叠段距离一般在 3~10 m 左右,

也可按式(5-19)进行计算。

$$L_v \leqslant 2\sqrt{S} \tag{5-19}$$

式中，L_v——除尘器排放口与供风风筒的控尘装置前端出风口的重叠段距离，m。

5.3.2　车载式控除尘一体化装备

在现场应用中，一般根据工作面的具体生产技术条件设计不同的布置方式，国内常见的布置方式有机载式、单轨吊挂式和跨皮带式等。重庆煤科院最新研制了车载控除尘一体化装备，将附壁风筒与高效除尘器集成于一体，实现控尘、除尘一体化，可自行移动，且移动方便。

1）车载控除尘一体化通风除尘系统组成

车载控除尘一体化系统如图 5-29 所示，具体由供风风筒、可伸缩风筒、轻质单轨吊系统、一体化装置（如图 5-30 所示）和负压螺旋风筒五部分组成。该套装置将附壁风筒和除尘器集成于一体：工作面的供风风筒与可伸缩风筒连接，通过一体化装置的风筒存储器存储可伸缩风筒（骨架或负压螺旋风筒），同时将存储风筒吊挂于轻质单轨吊系统上，通过悬挂于巷道顶部的轻质单轨吊系统将一体化装置前段的负压螺旋风筒吊挂于巷道顶部一侧，控制负压螺旋风筒吸风口距工作面迎头距离不大于 3 m。

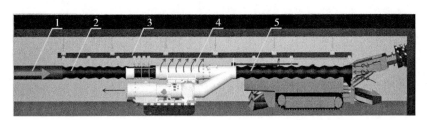

1—供风风筒；2—可伸缩风筒；3—轻质单轨吊系统；4—一体化装置；5—负压螺旋风筒

图 5-29　车载式控除尘系统工作示意图

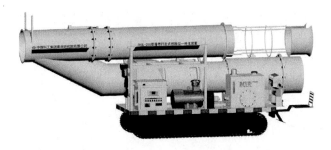

图 5-30　机掘工作面车载式通风、控除尘一体化装置

2）工作原理

当掘进工作面未进行掘进作业时，调节压抽转换风筒为压风通风状态，供风风筒提供的风流经过存储风筒、附壁风筒（未开启）和压抽转换风筒直接到工作面迎头，实现工作面的正常通风。

当掘进工作面开始生产时，压抽转换风筒调节为抽风状态，在除尘器抽尘净化的同时附壁风筒也自动开启进行控尘;掘进工作面向前推进时,在工作面前方接续单轨吊,一体化装置带动前段负压螺旋风筒向前移动到指定位置;风筒存储器内存储的风筒随着一体化装置的前移而在单轨吊滑轨上自动伸长,当骨架风筒完全伸展时,重新接续供风风筒,并将存储风筒重新收入风筒存储器内,同时将后方空出的单轨吊接续到工作面前方,如此反复。当掘进作业结束时,控除尘设备停止工作,工作面通风系统恢复至正常通风状态。

3) ZKCC-250L 型车载式控除尘一体化装置主要技术参数

(1) 额定处理风量:250 m³/min;

(2) 配套除尘器除尘效率:总粉尘≥97%,呼吸性粉尘≥90%;

(3) 爬坡能力:16°。

4) 技术特点

(1) 将附壁风筒与高效除尘器集成于一体,实现控尘、除尘一体化。

(2) 可自行移动,移动方便。

(3) 有效减少对掘进生产的影响,保证最佳除尘效率的工艺参数的稳定不变。

5) 适用条件

适用巷道断面:净宽≥4 m,净高≥3 m,断面积为 12 m² 以上的岩石或低瓦斯掘进巷道。

5.3.3　应用情况

重庆煤科院控除尘装备已在山东、山西、辽宁、四川、内蒙古及安徽等上百家煤矿推广应用。

1. 采用单轨吊挂式

1) 应用地点及工作面的生产技术条件

1999 年 8 月至 11 月在山东省兖州矿业集团有限责任公司东滩煤矿 14312 机掘工作面轨道顺槽巷道进行应用。巷道为梯形断面,上宽 3.7 m,下宽 4.7 m,高 3 m,净断面积为 12.6 m² 的全煤巷道。单轨吊采用锚网带永久支护,2×15 kW 对旋风机向工作面压入式供风,掘进采用 S-100 型掘进机,通过桥式转载机由 650 型胶带运输机出煤。工作面平均涌水量 5 m³/h,瓦斯涌出量 0.02~0.9 m³/min,煤尘爆炸指数大于 35.2%。

2) 控除尘系统

系统是由吸尘风筒、附壁风筒、压入式风筒、袋式除尘器、抽出式风机、移动单轨吊等在机掘工作面构成长压短抽的混合式通风除尘系统。工作面采用长压短抽的通风除尘方式,即压、抽相结合的混合式通风除尘系统。压入式供风的导风筒、附壁风筒布置于巷道靠胶带运输机一侧,吸尘伸缩风筒、袋式除尘器、抽出式风机、移动单轨吊等组成的抽尘系统布置在巷道人行道一侧,形式平行布置方式。压入式风筒通过吊挂在巷道一侧供给工作面新鲜风流,在压入式风筒出口处安装了附壁风筒,形成了长压供风系统。由吸尘风筒、除尘器、抽出式风机、开关等构成的短抽除尘系统全部吊挂在单轨吊的吊挂装置上,通过钢丝绳由掘进机牵引向前整体移动。单轨通过链环和 M20 连接螺母固定于锚杆。

上述系统在实际运行中的工艺参数如下:压入式风量为 230 m³/min,除尘器抽出风量为 180～220 m³/min,压入式风筒口距工作面迎头距离为 10 m,除尘器吸尘口距工作面迎头距离为 4 m,除尘器排放口与压入式风筒出口间重叠段距离为 7 m。

3)结果

除尘器运行正常,具有很高的除尘效率;使用之后工作面降尘效果显著,使掘进机司机处总粉尘的降尘效率达到 91.1%,呼吸性粉尘的降尘效率达到 92.25%。采用单轨吊吊挂由掘进机牵引的移动方式,在技术上是可行的。但是在单轨吊不作为巷道辅助运输的生产条件下,要频繁地撤、接单轨,其工作量大、劳动强度高,且不易保证吸尘口前移到位,有待进一步改进。

2. 采用跨皮带式

在淮南矿业集团公司顾桥煤矿应用了通风控尘和跨皮带布置方式,其中除尘器采用 KCS-550D-I 型矿用湿式过滤除尘器。

1)工作面基本情况

顾桥煤矿北二 11-2 盘区顶板瓦斯治理巷全岩巷掘进工作面,巷道为直墙半圆拱形断面,断面积约为 20 m²,采用 EBZ260H 型掘进机掘进,日进尺 5 m 左右。实测工作面目前供风风量约为 500～600 m³/min,供风风筒 φ1 000 mm。

2)除尘系统布置概况

KCS-550D-I 跟随联动式除尘系统主要由 KCS-550D-I 型矿用湿式旋流除尘器、S 形风筒接头、负压骨架风筒、吸尘罩及控尘装置组成,系统如图 5-31 所示。

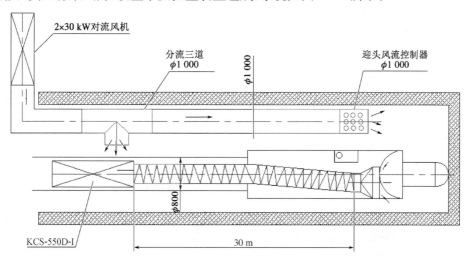

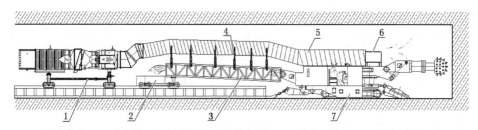

1—承载滑车;2—收容器;3—转载机;4—风筒支撑架;5—抽尘风筒;6—吸尘罩;7—掘进机

图 5-31　跟随联动式除尘系统配套方式示意图

在该除尘器配套方式中除尘器置于专门加工的小车上,小车骑跨在二运承载段上且与桥式转载机相连,从而实现除尘器与掘进机的联动。跟随联动式除尘系统的显著优点是维护量小、不影响生产。

3)数据测试与分析

(1)系统降尘效率的测试与分析

根据《工作场所空气中粉尘测定》(GBZ/T 192.1—2007),采用滤膜采样称重法进行粉尘浓度的测量,使用淮南润成科技有限公司 CCZ-20 型粉尘采样器对试用工作面粉尘浓度进行现场实测。同时,根据《煤矿井下粉尘综合防治技术规范》(AQ1020-2006)中"5.6 煤矿井下作业场所测尘点的选择和布置"的要求,选择司机位置、掘进机后 5 m 位置及除尘器出风口后 5 m 位置作为测试点,在掘进机截割拱形断面上部时(产尘量最大)对原始粉尘浓度(包括总粉尘浓度和呼吸性粉尘浓度)及开启除尘器后的粉尘浓度进行现场测试,计算除尘系统总粉尘及呼吸性粉尘的降尘效率。除尘系统开启和关闭前后的总粉尘和呼吸性粉尘浓度值见表 5-7。

表 5-7　KCS-550D-I 跟随联动式除尘系统粉尘浓度实测记录表

采样位置	类别	原始粉尘浓度/(mg·m⁻³)					除尘系统开启后粉尘浓度/(mg·m⁻³)					降尘效率/%
		样本号				平均值/(mg·m⁻³)	样本号				平均值/(mg·m⁻³)	
		1#	2#	3#	4#		1#	2#	3#	4#		
司机位置	总粉尘	556.0	466.0	857.5	623.1	625.7	20.9	19.6	16.5	21.5	19.6	96.9
	呼吸性粉尘	179.0	165.5	274.0	215.7	208.6	8.2	7.3	7.9	8.2	7.9	96.2
掘进机后 5 m	总粉尘	306.5	331.0	524.0	458.0	404.9	12.8	15.6	16.4	18.6	15.9	96.1
	呼吸性粉尘	123.4	135.8	159.0	145.5	140.9	6.0	7.5	7.2	6.7	6.9	95.1
除尘器出风口后 5 m	总粉尘	298.3	288.7	336.5	364.0	321.9	25.5	21.0	19.0	24.0	22.4	93.0
	呼吸性粉尘	83.5	95.6	87.4	78.4	86.2	7.2	8.6	10.0	8.1	8.5	90.1

从表 5-7 可以看出,开启除尘系统后,司机位置、掘进机后 5 m 位置及除尘器出风口后 5 m 位置原始总尘浓度绝对值有了很大程度上的降低,相对降尘效率值也比较理想,都达到 90% 以上;呼吸性粉尘浓度变化规律与总粉尘基本相似,具体分析说明如下:

① 司机位置距离尘源点较近,原始粉尘浓度局部达到 857.5 mg/m³,呼吸性粉尘浓度局部达到 274.0 mg/m³,呼吸性粉尘所占比例高达 30% 以上,尘害相当严重。开启除尘系统后,司机位置总粉尘浓度平均值降到 19.6 mg/m³,呼吸性粉尘浓度平均值降到 7.9 mg/m³,降尘效率分别为 96.9% 和 96.2%,降尘效果显著。由于截割头割断面顶部产尘点位置较高,如能升高吸尘罩吸风口位置,减小配风,降尘效率会更高。

② 由于除尘器处理风量为 550 mg/m³,已超过迎头供风量,除尘器到吸风罩区域已形成负压循环风区域,可有效控制迎头产尘向巷道外扩散。掘进机后方 5 m 处位置总粉尘浓度和呼吸性粉尘浓度值由 404.9 mg/m³、140.9 mg/m³ 降到 15.9 mg/m³、6.9 mg/m³,系统降尘效率分

别达到96.1%、95.1%，降尘效果明显。此点粉尘浓度偏高是由于受二运返程皮带产尘及前后转载点产尘影响，如能在转载点增设低耗水量的压气喷雾系统，系统降尘效率会更高。

③除尘器出风口后方5 m处位置总粉尘浓度和呼吸性粉尘浓度值由321.9 mg/m³、86.2 mg/m³降到22.4 mg/m³、8.5 mg/m³，系统降尘效率分别达到93.0%、90.1%。

受现场条件限制，吸风罩布置位置受生产影响较大，考虑不影响司机视距、掘进机检修，同时尽可能避免掘进机摇臂转盘转动对骨架风筒的擦刷、磨损，吸风罩只能安置在掘进机司机右侧；同时，吸风罩安装位置不便于升高，对系统的降尘效率产生一定影响。在这种情况下，为了保证抽尘效果，必须保证抽尘风道密封性，防止堵塞风道，保证除尘风机抽风量，在不影响生产挂网、打锚杆锚索的情况下尽可能减小迎头供风对抽风的干扰，合理控制风量配比，可以有效地提高除尘系统的降尘效率。

4）时间加权平均浓度的计算与分析

根据《工作场所有害因素职业接触限值 第1部分：化学有害因素》(GBZ 2.1—2007)及安监总局第73号令《煤矿作业场所职业病危害防治规定》，在司机位置、掘进机后5 m位置以及除尘器出风口后5 m处三个位置定点检测工人接触粉尘浓度，按每班8 h考虑，按式(5-20)计算出三个位置处8 h时间加权平均浓度。

$$c_{TWA} = (c_1 t_1 + c_2 t_2 + \cdots + c_n t_n)/t \qquad (5\text{-}20)$$

式中，c_{TWA}——8 h工作日接触粉尘的时间加权平均浓度，mg/m³；

t——每个班的工作时间，t=8 h；

$c_1, c_2, \cdots, c_n$——$t_1, t_2, \cdots, t_n$时间段接触的粉尘浓度，mg/m³；

$t_1, t_2, \cdots, t_n$——$c_1, c_2, \cdots, c_n$浓度下相应的持续接触时间，h。

根据作业规程对作业工序的设定及要求，根据现场粉尘浓度测试数据，计算8 h粉尘浓度加权平均值，详见表5-8。

表5-8　8 h加权粉尘平均浓度c_{TWA}计算记录表

类别		未开启除尘系统						开启除尘系统后						降尘效率/%
粉尘浓度/ (mg·m⁻³)		现场测试粉尘浓度					c_{TWA}	现场测试粉尘浓度					c_{TWA}	
工序		截割断面顶部	截割断面腰部	截割断面下部	锚网锚杆锚索支护	清渣检修		截割断面顶部	截割断面腰部	截割断面下部	锚网锚杆锚索支护	清渣检修		
时间分配/h		1	1.5	1.5	3	2		1	1.5	1.5	3	2		
位置	司机位置	626	365	78	5	2	163	21	17.6	12.3	5	2	10.4	93.6
	掘进机后5 m	405	224	54	3	2	104	17	13	11.2	3	2	8.0	92.3
	除尘器出风口后5 m	322	187	33	2	2	83	19	15	8	2	2	7.7	90.7

从表5-8可以看出，在司机位置、掘进机后5 m位置以及除尘器出风口后5 m处三个定

点位置检测工人接触粉尘浓度计算 c_{TWA} 值,在未开启除尘系统时分别为 163 mg/m³、104 mg/m³ 和 83 mg/m³,开启除尘系统后分别为 10.4 mg/m³、8.0 mg/m³ 和 7.7 mg/m³,降尘效率分别为93.6%、92.3%及90.7%,降尘效果非常明显。

5)结论

(1)通过 KCS-550D-Ⅰ 跟随联动式除尘系统现场试用情况及测尘数据可以看出:除尘系统性能稳定可靠,除尘效率较高,能满足顾桥煤矿北二 11-2 盘区顶板瓦斯治理巷全岩巷掘进工作面除尘的需要。

(2)除尘系统在污水处理方面还需要进一步优化,建议设置污水储存箱,然后将污水用泵集中打入污水处理管道,减小对现场生产的影响。

第6章 采煤工作面粉尘治理技术

6.1 采煤工作面粉尘治理的相关规定

6.1.1 对煤层注水的规定

煤层注水是回采工作面最重要的、最积极的、最有效的防尘措施,在《煤矿安全规程》和相关标准中对煤层注水做了规定。

1. 煤层注水的适应条件

《煤矿安全规程》规定采煤工作面应采取煤层注水防尘措施,有下列情况之一的除外:

(1)围岩有严重吸水膨胀性质,注水后易造成顶板垮塌或底板变形,或者地质情况复杂、顶板破坏严重,注水后影响采煤安全的煤层;

(2)注水后会影响采煤安全或造成劳动条件恶化的薄煤层;

(3)原有自然水分或防灭火灌浆后水分大于4%的煤层;

(4)孔隙率小于4%的煤层;

(5)煤层很松软、破碎,打钻孔时易塌孔、难成孔的煤层;

(6)采用下行垮落法开采近距离煤层群或分层开采厚煤层,上层或上分层的采空区采取灌水防尘措施时的下一层或下一分层。

2. 煤层注水可注性鉴定的规定

《煤层注水可注性鉴定方法》(MT/T 1023—2006)规定了煤层注水可注性判定指标:煤样测试结果同时满足原有水分 $W \leqslant 4\%$、孔隙率 $n \geqslant 4\%$、吸水率 $\delta \geqslant 1\%$ 和坚固性系数 $f \geqslant 0.4$ 四个条件,则判定取样煤层为可注水煤层,否则判定为可不注水煤层。

《煤矿井下粉尘综合防治技术规范》(AQ 1020—2006)规定:采煤工作面应有由国家认定的机构提供的煤层可注性鉴定报告,并应对可注水煤层采取注水防尘措施。注水过程中应进行流量及压力的计量;单孔注水总量应使该钻孔预湿煤体的平均水分含量增量 $\geqslant$ 1.5%;封孔深度应保证注水过程中煤壁及钻孔不渗水、漏水或跑水。当采用下行陷落法分层开采厚煤层时,可以在上一分层的采空区内灌水,对下一分层的煤体进行湿润;开采近距离煤层群时,在层间没有不透水岩层或夹矸的情况下也可以在上部煤层的采空区内灌水,对下部煤层进行湿润。

6.1.2 对采煤机防尘的规定

综合机械化采煤工作面是煤矿井下的主要尘源,必须采取综合防尘措施,在《煤矿安全规程》和相关标准中对采煤机防尘做了规定。

1. 喷雾参数的规定

《煤矿安全规程》规定采煤机必须安装内、外喷雾装置。截煤时必须喷雾降尘,内喷雾压力不得小于2.0 MPa,外喷雾压力不得小于4.0 MPa,喷雾流量应与机型相匹配。无水或者喷雾装置不能正常使用时必须停机。

由于高产高效矿井采煤工作面采高比较高(一部分工作面采高达4 m),产量不断提高(一部分综采工作面单产达400万吨/年),绝对产尘量也随之增加,《煤矿安全规程》规定的内外喷雾压力已不能满足工作面防尘的要求。因此,《煤矿井下粉尘综合防治技术规范》将采煤机的外喷雾压力提高到不得小于4.0 MPa。如果内喷雾装置不能正常喷雾,外喷雾压力不得小于8.0 MPa;同时规定喷雾系统应与采煤机联动,工作面的高压胶管应有安全防护措施。高压胶管的耐压强度应大于喷雾泵站额定压力的1.5倍。

采煤机高压喷雾是采煤工作面采用最多的防降尘措施,《煤矿采掘工作面高压喷雾降尘技术规范》(AQ 1021—2006)对高压喷雾用喷嘴进行了规定:高压喷嘴喷雾压力达到8.0～12.5 MPa;喷雾的有效射程≥6.0 m;雾流的雾化粒度≤100 μm。

常见喷嘴性能参数见本章附录。

2. 粉尘综合治理措施降尘效率的规定

《煤矿井下粉尘综合防治技术规范》(AQ 1020—2006)规定:采煤工作面采取粉尘综合治理措施后,落煤时产尘点下风侧10～15 m处总粉尘降尘效率应≥85%;支护时产尘点下风侧10～15 m处总粉尘降尘效率应≥75%;放顶煤时产尘点下风侧10～15 m处总粉尘降尘效率应≥75%;回风巷距工作面10～15 m处的总粉尘降尘效率应≥75%。

6.1.3 对液压支架防尘的规定

综采液压支架移动或放煤时,能产生大量的粉尘,因通风断面小,风速大,来自采空区的尘量大增。为了有效地抑制移架或放煤时的产尘,需针对不同架型采用喷雾防尘措施,在《煤矿安全规程》和相关标准中对液压支架防尘做了规定。

1. 总体要求

《煤矿安全规程》规定:液压支架和放顶煤采煤工作面的放煤口必须安装喷雾装置,降柱、移架或放煤时同步喷雾。

2. 安装及喷雾参数的规定

《煤矿井下粉尘综合防治技术规范》(AQ 1020—2006)规定:液压支架的喷雾系统应安设向相邻支架之间进行喷雾的喷嘴;采用放顶煤工艺时应安设向落煤窗口方向喷雾的喷嘴;喷雾压力均不得小于1.5 MPa。

6.1.4 对炮采防尘的规定

放炮采煤工作面是多工序、多尘源的生产作业,应采用综合防尘措施,在《煤矿安全规程》和相关标准中对炮采防尘做了规定。

1. 总体规定

《煤矿安全规程》规定:炮采工作面应采取湿式打眼,使用水泡泥;爆破前、后冲洗煤壁,爆破时应喷雾降尘,出煤时洒水。

2. 防尘参数及降尘效率的规定

《煤矿井下粉尘综合防治技术规范》(AQ 1020—2006)规定:钻眼应采取湿式作业,供水压力 0.2~1.0 MPa,耗水量 5~6 L/min,使排出的煤粉呈糊状;炮眼内应填塞自封式水炮泥,水炮泥的充水容量应为 200~250 mL;放炮时应采用高压喷雾等高效降尘措施,采用高压喷雾降尘措施时,喷雾压力不得小于 8.0 MPa;在放炮前后宜冲洗煤壁、顶板并浇湿底板和落煤,在出煤过程中宜边出煤边洒水。

《煤矿采掘工作面高压喷雾降尘技术规范》(AQ 1021—2006)规定:炮采面爆破时在采煤面采取高压喷雾降尘技术措施后,工人开始作业前工作地点的总粉尘降尘效率应≥90%。

3. 放炮时高压喷雾降尘工艺的规定

《煤矿采掘工作面高压喷雾降尘技术规范》(AQ 1021—2006)规定:放炮前 2 min 使爆破段的高压喷嘴开始喷雾,并延续喷雾至放炮后 5 min 以上;高压喷雾的雾粒应能充满工作面整个断面。

6.2 采煤工作面粉尘治理技术概述

6.2.1 采煤工作面粉尘治理的总体思路

现在大多数的机械化工作面粉尘浓度达到 2 000 mg/m³ 以上,造成如此高粉尘浓度的主要原因是进风流污染、采煤机切割和装载、周期性移架、运输机载运和转载、工作面片帮和顶板冒落、移架和放顶煤等。目前针对采煤工作面粉尘治理的总体思路如下:

1) 尽量减少浮游粉尘的产生,最大限度地阻止粉尘的产生。

2) 将粉尘消灭在尘源地点,防止粉尘飞扬和进入风流中。

3) 使已经浮游的粉尘沉降下来,捕集起来。

4) 剩余的粉尘用足够的风量加以稀释,但又要防止已沉降的粉尘重新飞扬。

6.2.2 采煤工作面粉尘治理的基本途径

1) 采用煤层注水或采空区灌水预先湿润煤体,增加煤体的水分,减少采煤时粉尘的产生量。

2) 采用高压喷雾将采煤过程中产生的粉尘消灭在尘源地,防止粉尘飞扬进入风流中。

3) 采用液压支架自动喷雾将移架和放煤过程中产生的粉尘消灭在尘源地,防止粉尘飞扬进入风流中。

4) 采用挡尘帘或引射喷雾等措施,控制已经飞扬并扩散到风流中的粉尘的运移,避免其向作业区域扩散。

5）通过选择工作面的通风系统和最佳参数以及安装简易的通风设施对剩余的粉尘加以稀释,但又要防止已沉降的粉尘重新飞扬。

6.3 预先湿润煤体粉尘治理技术

预先湿润煤体是国内外广泛采用的粉尘治理最积极、最有效的措施。煤体的预先湿润可以减少煤层开采时的粉尘产生量。苏联的研究表明,煤体的水分增加1％,煤层开采时的粉尘产生量可以减少60％~80％,也会降低其他尘源点(如破碎机、转载点、皮带运煤等)的粉尘产生量。预先湿润煤体分为煤层注水和采空区灌水,本书重点介绍煤层注水,对采空区灌水不做详细介绍。

6.3.1 煤层注水的实质

煤层注水就是回采前预先在煤层中打若干钻孔,通过钻孔并利用水的压力将水注入煤体中,水沿着煤的裂隙包围被裂隙分割的煤体,并在煤的孔隙中形成的毛细管力及水的重力作用下向煤体内部渗透,增加煤的水分和尘粒间的黏着力,并降低煤的强度和脆性,增加塑性,减少采煤时粉尘的生成量;同时将煤体中原生细尘粘结为较大的尘粒,使之失去飞扬能力。

注水后的煤层在回采及整个生产流程中都具有连续的防尘作用,而其他防尘措施则多为局部的。采煤工作面产量占全矿井煤炭总产量的90％,因此煤层注水对减少煤尘的产生,防止煤尘爆炸,有着极其重要的意义。

6.3.2 影响煤层注水效果的因素

1. 煤的裂隙和孔隙的发育程度

对于不同成因及煤岩种类的煤层来说,其裂隙和孔隙的发育程度不同,注水效果差异也比较大。煤体的裂隙和孔隙越发育则越容易注水,可采用低压注水;否则需采用高压注水才能取得预期效果。根据实测资料,当煤层的孔隙率小于4％时,煤层的透水性较差,注水无效果;孔隙率为15％时,煤层的透水性最高,注水效果最佳;当孔隙率达40％时,煤层成为多孔均质体,天然水分丰富无须注水。

2. 上覆岩层压力及支承压力

地压的集中程度与煤层的埋藏深度有关,煤层埋藏越深则地层压力越大,而裂隙和孔隙变得更小,导致透水性降低。因而随着矿井开采深度的增加,要取得良好的煤体湿润效果则需要提高注水压力。

3. 液体性质的影响

煤是极性小的物质,水是极性大的物质,两者之间极性差越小,越易湿润。为了降低水的表面张力,减小水的极性,提高对煤的湿润效果,可以在水中添加表面活性剂。

4. 煤层内的瓦斯压力

煤层内的瓦斯压力是注水的附加阻力,水在克服瓦斯压力后才是注水的有效压力,所以在瓦斯压力大的煤层中注水时,往往要提高注水压力,以保证湿润效果。

5. 注水参数的影响

煤层注水参数是指注水压力、注水流量、注水量和注水时间。注水量和煤的水分增量既是煤层注水效果的标志,也是决定煤层注水降尘率高低的重要因素,如图 6-1、图 6-2 所示。通常,注水量或煤的水分增量变化在 50%~80% 之间。注水量和煤的水分增量都和煤层的渗透性、注水压力、注水速度和注水时间有关。

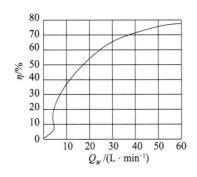

图 6-1　降尘率与注水量的关系　　图 6-2　除尘率与煤水分增量的关系

6.3.3　煤层注水方式及选择

1. 煤层注水方式

注水方式是指钻孔的位置、长度和方向。按国内外注水状况,有以下四种方式。

1) 短孔注水

在回采工作面垂直煤壁或与煤壁斜交打孔注水,注水孔长度一般为 2~3.5 m,如图 6-3 所示。

2) 深孔注水

在回采工作面垂直煤壁打钻孔注水,注水孔长一般为 5~25 m,如图 6-3 所示。

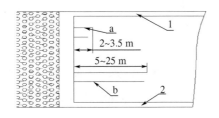

1—回风巷;2—运输巷;a—短孔;b—深孔

图 6-3　短孔、深孔注水方式示意图

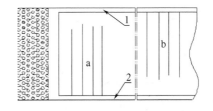

1—回风巷;2—运输巷;a—上向孔;b—下向孔

图 6-4　单向长钻孔注水方式示意图

3) 长孔注水

从回采工作面的运输巷或回风巷、沿煤层倾斜方向平行于工作面打上向孔或下向孔注水(如图 6-4 所示),孔长 30~100 m;当工作面长度超过 120 m 而单向孔达不到设计深度或煤层倾角有变化时,可采用下向、上向钻孔联合布置钻孔注水(如图 6-5 所示)。

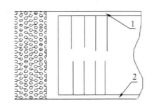

1—回风巷;2—运输巷

图 6-5　双向长钻孔注水方式示意图

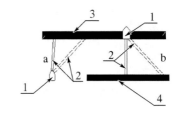

1—巷道;2—钻孔;3—上煤层;4—下煤层;

a—由底板巷道向煤层打钻注水;

b—由上煤层巷道向下煤层打钻注水

图 6-6　巷道钻孔注水方式示意图

4) 巷道钻孔注水

由上邻近煤层向下煤层打钻注水或由底板巷道向煤层打钻注水,如图 6-6 所示。在一个钻场可打多个垂直于煤层或扇形方式布置的钻孔。打岩石钻孔不经济,而且受条件限制,已极少采用。

2. 煤层注水方式的选择

首先要考虑岩石压力的影响,其次要考虑裂隙和孔隙发育程度,最后要考虑煤层厚度、煤层倾角、有无断层、围岩性质及回采工艺、作业组织方式等。三种注水方式的适用条件是:

1) 短孔注水

对于煤层赋存不稳定,地质构造复杂,产量较低的回采工作面,或者顶、底板岩性易吸水膨胀而影响顶板管理的工作面,采用短孔注水较合理。这种注水方法要求水压低,工艺设备简单;缺点是钻孔数量多、湿润范围小、钻孔长度短、易跑水,容易与回采发生矛盾,对生产能力高的工作面不适用,注水效果不如另外两种。短孔注水在机械化采煤工作面很少采用,炮采工作面在爆破前利用炮眼注水在国内应用比较普遍。

2) 深孔注水

由于钻孔比较长,要求煤层赋存稳定。它具有适应顶、底板吸水膨胀等特点。与短孔注水相比较,钻孔数量少,湿润范围较大且均匀;但要求注水压力高,注水工艺设备较复杂,而且采用这种方式要求准备班的时间较长,其在国内采用较少。

3) 长孔注水

长孔注水是一种先进的注水方式,它是在原始应力区的煤体中注水,湿润较大区域的煤体,注水时间长,煤体湿润均匀,注水与回采互不干扰。缺点是对地质条件变化的适应性相对于短孔注水和深孔注水较差。这种方法在国内外均广泛应用。

6.3.4　煤层注水方法及选择

煤层注水方法主要包括静压注水和动压注水两种,其中利用管网将地面水或上水平的水导入钻孔的注水叫静压注水,利用水泵将水压入钻孔的注水叫动压注水。静压注水是多孔连续注水,用橡胶管将每个钻孔的注水管与供水管连接起来,其间安装有水表和截止阀,干管上安装压力表,相应的注水系统如图 6-7 所示。动压注水系统有单孔注水系统与多孔注水系统之分,目前广泛采用多孔注水系统,通过分流器(流量调节阀)的自动调节,可使每个钻孔的注水流量基本相等,其系统组成如图 6-8 所示。

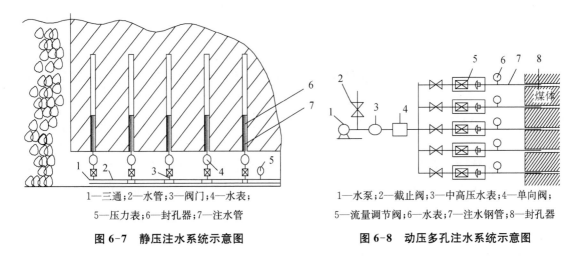

1—三通;2—水管;3—阀门;4—水表; 5—压力表;6—封孔器;7—注水管	1—水泵;2—截止阀;3—中高压水表;4—单向阀; 5—流量调节阀;6—水表;7—注水钢管;8—封孔器
图 6-7　静压注水系统示意图	图 6-8　动压多孔注水系统示意图

　　其中,对于透水性强的煤层,在可能的情况下优先采取静压注水方法。它可以充分利用自然条件,无须加压设备,节约注水电耗和人力,长期连续自行注水,实现缓慢渗透,且这种方法注水工艺简单,管理方便,易于长期坚持。对于透水性较差的煤层,如果采用静压注水,在两昼夜期间内,钻孔的注水流量始终都小于 1 L/min,或者在预定的注水时间内能满足注水量的要求,则应采用动压注水系统进行注水。

6.3.5　长孔注水案例

　　本书将重点介绍长孔注水,对于短孔注水、深孔注水和巷道钻孔注水不予详细介绍。

　　对于孔隙率大于 4% 的易注水煤层,采用长钻孔注水的方式已十分成熟,在很多书上都有介绍,这里不再重复。鉴于孔隙率小于 4% 的难注水煤层在我国占有相当大的比例,而这种煤层注水困难,已严重影响到我国煤矿防尘的整体技术水平。重庆煤科院以难注水煤层注水防尘为研究重点,与淮南矿业(集团)有限责任公司合作,在"十五"期间开展了攻关课题"特殊煤层的注水工艺技术"的研究,研究地点选择在该公司张集煤矿 1213(3) 综采工作面。

1. 工作面概况

　　1213(3) 工作面长 230 m,倾斜长 1 110 m,煤层平均厚 3.65 m,平均倾角 7°。煤质较松软($f \leqslant 1.1$),孔隙率低($n \leqslant 2.5\%$),煤的原始自然水分低($W \leqslant 2.5\%$),吸水率低($\delta \leqslant 1\%$)。

　　一般情况下,煤层可注水的条件需同时满足:煤的原始自然水分 $W \leqslant 4\%$、孔隙率 $n \geqslant 4\%$、吸水率 $\delta \geqslant 1\%$ 和煤的坚固性系数 $f \geqslant 0.4$ 四个条件。由此可见,该工作面的煤层属于难注水煤层。

2. 注水钻孔布置方式及参数

　　由于 1213(3) 工作面煤质较松软、孔隙率低、煤湿润性差、工作面长、煤层厚,为了确定合适的钻孔布置参数,特别是钻孔间距,在实验室对试验煤层的孔隙率及原始水分、自然渗流条件下煤的湿润性、压力渗流条件下煤的湿润性等进行了试验,并在现场对几种不同的钻孔间距的注水效果进行了考察,以确定本煤层合理的钻孔间距。

通过实验室测试得到下述结果:煤的坚固性系数 $f = 0.9$,孔隙率低 $n = 2.35\%$,煤的原始自然水分低($W = 2.47\%$),吸水率低($\delta = 0.8\%$)。对于易注水煤层,煤层注水钻孔间距一般为 $10\sim25$ m。针对试验煤层的具体条件,初步确定煤层注水孔的间距应不大于 10 m。

为了确定合理的钻孔间距,首先选择 10 m 的钻孔间距在现场进行试验,在 12 MPa 压力条件下,注水 5 天之后两个钻孔中间有 $4\sim5$ m 的煤体水分没有增加,钻孔四周 2.5 m 范围内的水分增量比较均匀,水分平均增量为 1.32%;注水 10 天之后两个钻孔中间有 $3\sim4$ m 的煤体水分没有增加,钻孔四周 3 m 范围内的水分增量比较均匀,水分平均增量为 1.44%;注水 15 天之后两个钻孔中间仍有 3 m 左右的煤体水分没有增加,钻孔四周 3 m 范围内的水分增量比较均匀,水分平均增量为 1.51% 。说明该煤层湿润半径为 $2.5\sim3$ m,考虑到工作面的推进速度,最终确定煤层注水孔的间距为 5 m。

钻孔其他参数与一般煤层注水钻孔参数的确定方法相同。具体如下:

(1) 开孔位置:开孔位置一般在距巷道底板的 1/3 处,所以开孔位置距巷道底板为 $1.0\sim1.5$ m。

(2) 钻孔倾角:平行于工作面的水平钻孔。

(3) 钻孔间距:钻孔间距根据试验取 5 m。

(4) 钻孔长度:钻孔长度一般按式(6-1)计算。

$$L_d = \frac{L_h}{2} - 15 \tag{6-1}$$

式中,L_d——钻孔长度,m;

L_h——工作面长度,m。

经过计算,钻孔长度 $L_d = \dfrac{230}{2} - 15 = 100$(m)。

(5) 钻孔直径:采用水泥稠浆封孔时,钻孔直径一般为 $76\sim110$ mm,取钻孔直径为 90 mm。

3. 注水钻孔施工

由于试验煤层的煤质较松软,在沿煤层打长钻孔时,常常因卡钻、塌孔、粉垫抵钻等使钻孔达不到设计长度,钻孔深度大多只能达到 $20\sim80$ m,有的甚至完全报废。对钻进工艺进行改进并对钻进参数进行最佳试验之后,钻孔最大深度能达到 130 m。

在最开始打孔时,采用煤矿常用的打钻,即 $\phi75$ 钻头配合 $\phi73$ 麻花钻杆钻进,利用井下静压水排渣,钻孔深度达到 20 m 时就会出现塌孔、卡钻和钻杆断裂的现象。

分析钻进深度达不到要求的原因,可能是由于松软煤层钻孔在水的浸泡下孔壁强度降低,容易出现垮孔现象。对钻进工艺进行改进,即采用 $\phi75$ 钻头配合 $\phi73$ 麻花钻杆钻进,利用系统压风排渣,钻孔深度达到 80 m 时会出现塌孔、卡钻和钻杆断裂的现象。

分析钻进深度还达不到要求的原因,采用 φ75 钻头配合 φ73 麻花钻杆钻进,因排屑空间小,钻进时产生大块煤屑,压风不易将其排除,给排渣造成困难,且容易造成卡钻、埋钻事故。对钻进工艺进行进一步改进,即采用 φ91 钻头配合 φ73 麻花钻杆钻进,利用系统压风排渣,钻孔深度达到 130 m 时才会出现塌孔、卡钻和钻杆断裂的现象。

压风排渣会使钻孔孔口处的粉尘产生量增加,使孔口粉尘浓度达到 300 mg/m³ 以上,采用 KSC‐11K 型矿用湿式孔口捕尘器除尘,减少钻孔过程中产生的粉尘扩散到风流中。

4. 封孔

目前常用的封孔器封孔、聚氨酯封孔、人工送水泥封孔和压气送水泥封孔的封孔深度一般都小于 5 m。而 1213(3)工作面回风顺槽临近工作面已采完,在距回采工作面 100 m 范围内的巷道变形严重,巷道壁破碎带宽度达到 8 m,要求封孔深度大于 10 m。

根据这一封孔的具体要求,进行了对水泥稠浆的固化收缩性试验和封孔效果的实验室试验,结果如下:水泥稠浆的收缩率随着灰水质量比的增加而降低,当水泥浆的灰水质量比在大于1∶0.4 时,水泥稠浆的收缩率均小于 5%;为了减小水泥稠浆的收缩率和保证在封孔注浆的过程中水泥稠浆有很好的流动性,在水泥稠浆中添加适当比例的石膏,在不同灰水质量比的条件下,添加石膏的比例均为水泥的 10% 时收缩率最小;在封孔效果的实验室试验中,水泥浆的灰水质量比在大于 1∶0.4 的条件下,试样成 5° 及其以上角度倾斜放置时,水泥浆在试样管中固化后,均可在 0.15 MPa 压缩空气作用下不漏气。

为了水泥稠浆的搅拌和输送,研制了能同时搅拌和输送水泥稠浆的注浆封孔泵,封孔泵采用螺杆泵为送浆主体,试验发现:注浆封孔泵在灰水质量比小于 1∶0.4 的情况下能够正常工作,且输送水泥浆的垂直高度达 20 m 以上。

1213(3)工作面回风顺槽采用 BFZ‐10/1.2 型矿用注浆封孔泵,石膏、水和水泥的质量比为0.1∶0.4∶1,封孔深度为 11 m。经过现场实际试验,共封孔 20 个只有一个孔从孔口附近的煤壁跑水。

1213(3)工作面运输顺槽临近工作面没有回采,距工作面 100 m 范围内巷道基本没变形(端头支架处除外),巷道壁破碎带宽度小于 2 m,要求封孔深度达到 5 m 即可。采用聚氨酯人工封孔工艺进行封孔,封孔深度 5 m。经过现场实际试验,共封孔 20 个有三个孔从孔口附近的煤壁跑水。

5. 注水工艺技术及参数

针对张集煤矿试验工作面煤层注水条件的特殊性(煤层孔隙率低、渗透性差),采取先抽放瓦斯后注水,在矿压影响带双向长钻孔的注水方式,在游离瓦斯被抽放之后在煤体中留下许多微细的空间,矿压影响带由于煤体被破坏增加了煤体的孔隙。

实验室对煤样的吸水性试验发现:煤样在水加压 3 MPa(井下静压水的压力)的情况下水分增量达到 1% 需要 168 h 以上,煤样在水加压 8 MPa 的情况下水分增量达到 1% 需要120 h 以上,而煤样在水加压 12 MPa 的情况下只需 72 h 水分增量就能达到 1.16%。因此,该煤层注水应该采用动压注水。

1213(3)工作面回风顺槽只作回风和人员通过用,空间相对较大,适合注水设备运输和使用,故采用动压注水。

动压注水系统由 7BG - 4.5 型高压水泵、自动控制水箱、SGS 型双功能高压水表、DF - 1 型分流器、单向阀及截止阀等组成。

实验室对煤样的吸水性试验和 10 m 钻孔间距的现场试验发现:煤层注水压力在 12 MPa 的情况下煤的水分增量效果明显,因此煤层注水的压力应不小于 12 MPa。

动压注水的其他参数与一般煤层注水参数的确定方法相同。具体参照《矿井防尘理论及技术》。

动压注水具体参数为:

(1) 注水压力:注水压力根据试验取 12~15 MPa。

(2) 单孔注水流量:动压注水各钻孔的注水流量一般取 10~15 L/min。

(3) 单孔注水总量:单孔注水总量一般按式(6-2)计算。

$$V_w = k_x L_d B \delta_c \rho_c q_d \tag{6-2}$$

式中,V_w ——一个钻孔的注水量,m^3;

$\quad$ k_x ——钻孔前方煤体的湿润系数,$k_x = 1.1 \sim 1.5$;透水性弱的煤层取下限值,透水性强的煤层取上限值;

$\quad$ L_d ——钻孔长度,m;

$\quad$ B ——钻孔间距,m;

$\quad$ δ_c ——煤层厚度,m;

$\quad$ ρ_c ——煤的密度,t/m^3;

$\quad$ q_d ——吨煤注水量,m^3/t;中厚煤层取 $q_d = 0.015 \sim 0.03$ m^3/t;厚煤层取 $q_d = 0.025 \sim 0.04$ m^3/t。采煤机工作面及水量流失率大的煤层取上限值;炮采工作面及水量流失率小或产尘量较小的煤层取下限值。

经过计算,单孔注水总量 $V_w = 1.1 \times 100 \times 5 \times 3.65 \times 1.4 \times 0.03 \approx 84.3 (m^3)$。

(4) 注水时间:注水时间一般按式(6-3)计算。

$$t = \frac{V_w}{q_w} \tag{6-3}$$

式中,t ——注水时间,h;

$\quad$ V_w ——钻孔注水量,m^3;

$\quad$ q_w ——注水流量,m^3/h。

经过计算,注水时间 $t \approx 6 \sim 8$ d。

(5) 同时注水钻孔数量:一般取同时注水钻孔为 4 个。

(6) 注水超前工作面距离:注水超前工作面距离一般按式(6-4)计算。

$$s_a = s_w + s_q \tag{6-4}$$

式中，s_a——超前距离，m；

s_w——在注水时间内回采工作面的推进距离，$s_w = v_w \times t$，m；

v_w——回采工作面的推进速度，m/d；

s_q——停止注水时，钻孔与回采工作面之间的距离，一般取 $s_q = 10 \sim 20$ m。

经过计算，注水超前工作面距离 $s_a = 70 \sim 100$ m。

6. 效果考察

煤层注水前，煤的原始水分平均为 2.7%；煤层注水后，距 1213(3) 回风顺槽的工作面 100 m 范围内煤的全水分平均为 4.2%，水分增量平均为 1.5%；距 1213(3) 运输顺槽的工作面 100 m 范围内煤的全水分平均为 3.6%，水分增量平均为 0.9%。

煤层注水前，采煤机司机处原始粉尘浓度为 602 mg/m³，采煤机下风 10 m 处原始粉尘浓度为 717 mg/m³，回风巷原始粉尘浓度平均为 108 mg/m³。

煤层注水后，距 1213(3) 回风顺槽的工作面 100 m 范围内采煤机司机处粉尘浓度平均为 206 mg/m³，采煤机下风 10 m 处粉尘浓度平均为 235 mg/m³，回风巷粉尘浓度平均为 47 mg/m³。采煤机司机处总粉尘降尘效率为 65.8%，采煤机下风 10 m 处总粉尘降尘效率为 67.2%，回风巷总粉尘降尘效率为 56.5%。

煤层注水后，距 1213(3) 运输顺槽的工作面 100 m 范围内采煤机司机处粉尘浓度平均为 413 mg/m³，采煤机下风 10 m 处粉尘浓度平均为 475 mg/m³，回风巷粉尘浓度平均为 63 mg/m³。采煤机司机处总粉尘降尘效率为 31.4%，采煤机下风 10 m 处总粉尘降尘效率为 33.8%，回风巷总粉尘降尘效率为 41.7%。

6.4 机械化采煤工作面粉尘治理技术

机械化采煤工作面是煤矿井下的主要尘源，必须采取粉尘综合治理措施。除采用煤层注水或采空区灌水预先湿润煤体粉尘治理技术外，还必须通过以下几方面的技术途径减少粉尘的产生量，降低空气中的粉尘浓度。

（1）对采煤机的截割机构应选择合理的结构参数及工作参数；

（2）对采煤机需设置合理的喷雾系统；

（3）采用合理的通风技术和最佳排尘风速；

（4）为液压支架设置移架喷雾系统或放煤口放煤喷雾系统；

（5）对煤炭运输、转载及破碎机破煤等生产环节应采取有效的防尘措施。

6.4.1 采煤机截割机构参数的选择

现代化矿井综采（放）工作面的主要尘源来自采煤机作业。首先，研制产尘少的采煤机或改进目前采煤机的机构设计，进而改善煤岩体的破碎机理，减少煤层的破碎程度，增大产尘的粒径，从而降低总粉尘和呼吸性粉尘的生成量，无疑对机械化采煤工作面乃至全矿井的抑尘具有一定现实意义。其次，要合理选择截割的结构参数和工作参数。

1. 结构参数

截割机构的结构参数主要表现在截齿及其安装上,在截割过程中,截齿类型、尺寸、数量、锐度及安装方向都与产尘量有密切关系。

(1) 截齿选型应以煤的机械物理性质和煤层条件为依据。对裂隙发育的脆性硬煤,镐形齿(锥形齿)比刀形齿(扁截齿)产量少;对裂隙不发育的硬煤,刀形齿比镐形齿产尘量少66%。

(2) 从减少产尘量考虑,截齿的几何形状应采用窄截齿,其宽度应减少到只满足强度要求的必要值。最佳截齿宽度可按式(6-5)计算。

$$b_m = k_m \delta_m \tag{6-5}$$

式中 b_m ——截齿的最佳宽度,mm;

k_m ——受煤的性质影响的系数,$k_m = 0.2 \sim 0.3$;

δ_m ——截割厚度,mm。

一般取 $b_m = 12 \sim 20 \text{ mm}$,大型截齿 $b_m = 25 \text{ mm}$。

(3) 滚筒上的截齿数量要适当,必须给每个截齿留出有效的工作空间,以免造成部分截齿因截深太浅而产生大量粉尘。由于粉尘产生和扩散随截割面单位长度内的齿数增加而增加,所以应尽可能减少齿数。实践表明,减少齿数,增大齿距,可减少产尘量。滚筒的截齿数由 70 个减到 45 个,粉尘产生量可减少 25%~30%。

(4) 截齿安装方向分径向和切向 2 种,采用切向安装比径向安装优越。切向安装具有吃力强度大、齿数少、负荷平稳、产生粉尘少等优点。螺旋滚筒的新式结构即采用切向安装。

(5) 为减少截齿对煤体的碾压和摩擦,截齿必须锋利。截齿受到磨损后,在前角减到零之前必须换新截齿,否则随阻力剧增,其产尘量也增大。

(6) 滚筒叶板的螺旋角越大,越容易扬起粉尘;螺距越小,煤块在滚筒中越容易被挤碎,产尘量也就越多。

(7) 滚筒的直径必须与工作面采高相适应,避免截割顶、底板岩石。

2. 工作参数

采煤机的牵引速度、截割速度(或滚筒转速)及截齿的切削厚度(或截割深度)是采煤机的主要工作参数,选择合理的工作参数可以大幅降低产尘量。上述各参数之间的关系极为密切,应综合考虑。

(1) 加快采煤机的牵引速度,同时降低滚筒转速或同时增加截割深度,可选出单位产尘量最低的最佳匹配值。

(2) 加大截齿的切削厚度(即采用深截割),同时降低截齿速度,可以取得单位产尘量最低的效果。

(3) 截割煤时,滚筒的旋转方向以滚筒由顶板向底板方向旋转割煤为宜。因为此时煤块甩出的抛射角较小,甩出的煤块靠近底板,自由下落的高度小,扬起的粉尘较少。

6.4.2　采煤机内喷雾降尘技术

采煤机内喷雾的主要作用是在截齿下的产尘区形成水膜,覆盖尘源,实施湿式截割,抑制粉尘的产生。因此,水雾的雾化程度不必太高,水雾粒径可在 $200\ \mu m$ 以下,但是雾粒的运动速度不能小于 $20\ m/s$,而且水雾密度要高,不小于 10^8 粒$/cm^3$。为此,水雾的扩散角应小一些,并且喷嘴到尘源的距离不应超过 $0.5\ m$,以喷嘴距截齿 $100\sim150\ mm$ 为宜。

内喷雾采用扇形喷雾居多,也采用锥形、伞形和束形喷嘴。内喷雾压力应大于 $2\ MPa$。喷雾流量按吨煤耗水量计算,一般取 $20\sim40\ L/t$。开采较厚煤层及煤质干燥的煤层时,取偏大的值,反之取偏小的值。内喷雾耗水量占总耗水量的 $60\%\sim80\%$。对中厚煤层和厚煤层采煤机,每只滚筒内喷雾耗水量取 $90\sim120\ L/min$ 较为适合。

滚筒采煤机的内喷雾降尘效果与采用的喷嘴型号、类型、喷嘴的布置、喷雾参数、煤尘性质及割煤方向等很多因素有关。因此,各个国家或不同矿井所取得的降尘效果均有差异。国内外经验表明,采煤机采用内喷雾降尘效率一般在 $50\%\sim70\%$。

6.4.3　采煤机高压外喷雾降尘技术

1. 采煤机高压外喷雾的形式

从采煤机内喷雾的实际使用情况看,常因喷嘴的堵塞和系统的密封漏水而不能正常使用,致使大量的高浓度含尘气流扩散到采煤机司机作业空间,给司机和下风流作业区的人员造成严重危害。为此,国外从 20 世纪 70 年代开始研究采煤机的高压外喷雾,在采煤机实施高压外喷雾后,采煤工作面的粉尘浓度大大降低。我国从 20 世纪 80 年代末开始研究采煤机高压外喷雾,取得了很好的降尘效果。采煤机高压外喷雾分为四种形式:采煤机高压外喷雾降尘技术、采煤机高压喷雾引射降尘技术、采煤机高压外喷雾控尘及降尘技术和采煤机尘源智能跟踪喷雾降尘技术。以下对各种技术对应的系统进行简要的介绍。

1) 采煤机高压外喷雾降尘系统

采煤机高压外喷雾降尘系统主要由高压喷雾泵、自动控制水箱、过滤器、多头组合喷头、高压管路及其附件等组成。其系统布置如下:

(1) 高压喷雾泵和自动控制水箱组成泵站固定在平板车上,与顺槽内变压器或乳化液泵站安放在一起。

(2) 高压胶管安装在工作面电缆夹内直至采煤机。

(3) 多头组合喷头安装在截割部固定箱上,位于煤壁一侧、靠采空区一侧的端面上及箱体顶部,如图 6-9 所示。

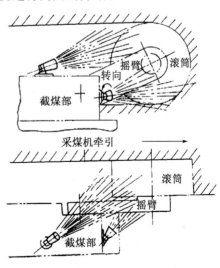

图 6-9　喷嘴布置方式示意图

2）采煤机高压喷雾引射降尘系统

采煤机高压喷雾引射降尘系统主要由高压水泵、自动控制水箱、过滤器、多管引射降尘器、高压管路及其附件等组成。该系统的原理是多管引射装置按不同角度向滚筒喷出高速水雾射流，将滚筒割煤时产生的粉尘沉降下来，同时将飘向采煤机司机侧的粉尘引射到降尘器并除尘，阻止粉尘向司机侧扩散并消除尽可能多的粉尘。它是目前使用最为普遍的采煤机降尘技术，比如水城矿业集团、汾西矿业集团、西山矿业集团、淮南矿业集团等的机械化采煤工作面均采用了该降尘系统。其系统布置如下：

（1）高压水泵和水箱组成泵站固定在平板车上，与顺槽内变压器或乳化液泵站安放在一起。

（2）高压胶管安装在工作面电缆夹内直至采煤机。

（3）降尘器安装在采煤机的前、后摇臂附近，以不影响采煤机的正常操作、工作和能有效防止采煤机落煤、落矸破坏，并能有效降尘为前提，用钢丝绳和绳卡将降尘器固定在采煤机上，如图 6-10 所示。

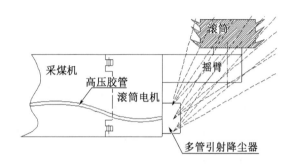

图 6-10　降尘器布置方式示意图

3）采煤机高压外喷雾控尘及降尘系统

该系统的原理是采煤机高压外喷雾控尘及降尘系统采用顺风引射的方式，可将含尘风流引向煤壁，避免采煤机前端产生涡流；同时在高压喷雾和跟踪喷雾的作用下，使引射风流中的粉尘沉降下来，以提高整个降尘系统的降尘效果。采煤机高压外喷雾控尘及降尘系统原理和喷嘴布置如图 6-11 所示。

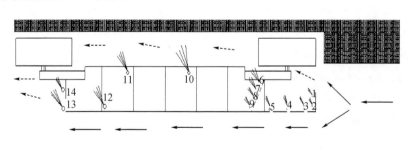

----　含尘风流；——　新鲜风流；1、2、…、14—喷嘴在采煤机上的位置

图 6-11　采煤机高压外喷雾控尘及降尘系统原理和喷嘴布置示意图

（1）根据高压外喷雾引射降尘原理，按照整个系统中各喷嘴所起的作用，可以将整个降尘系统分成以下 3 个部分：

① 引射分流部分：包括分流臂及臂上安装的 1～5 号喷嘴和采煤机上安装的 6～9 号喷嘴。在分流臂靠采空区一侧的全长上安设一块胶皮，以起到分流、加强引射新风和阻挡采落与片帮的碎煤产生的煤尘向人行道扩散的作用。

② 抑制含尘气流及净化部分:包括机体上安装的 10～12 号喷嘴。这 3 个喷嘴的作用是控制含尘气流继续沿煤壁流动,抑制煤尘向人行道扩散,同时加强对含尘气流的净化,使喷出的水雾将煤壁湿润。

③ 跟踪净化部分:包括采煤机后端面上安装的 13、14 号喷嘴。这 2 个喷嘴的作用是跟踪风流继续净化,包括对通过机体下面空间的含尘风流的净化。

(2) 采煤机高压外喷雾控尘及降尘系统布置如下:

① 高压水泵和水箱组成泵站固定在平板车上,与顺槽内变压器或乳化液泵站安放在一起。

② 高压胶管安装在工作面电缆夹内直至采煤机。

③ 喷嘴布置如图 6-11 所示。

4) 采煤机尘源智能跟踪喷雾降尘系统

(1) 组成

采煤机尘源智能跟踪喷雾降尘系统主要由主控箱、传感器、电磁阀、电缆等电气部分和喷雾装置、高压供水管路等水路系统组成。其组成系统及布置如图 6-12 所示。

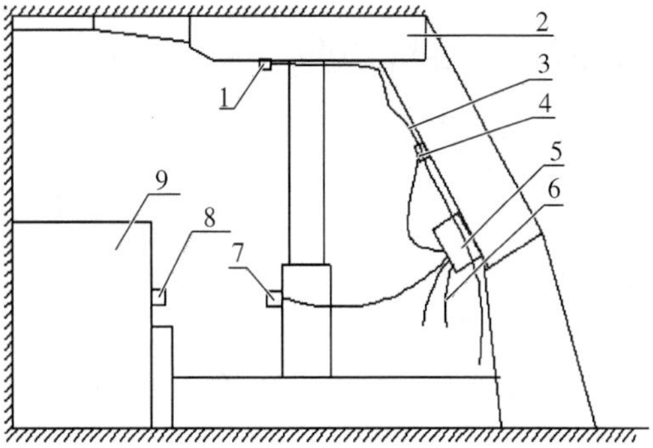

1—喷雾架;2—液压支架;3—高压胶管;4—防爆电磁阀;
5—控制箱;6—电缆;7—光控传感器;8—发光源;9—采煤机

图 6-12　采煤机尘源智能跟踪喷雾降尘
装置系统布置示意图

(2) 原理

采煤机尘源智能跟踪喷雾降尘的原理是如果在整个综采工作面设置 100 个采煤机位置探测点及喷雾点,从进风口处开始按 1 到 100 排列。每个喷雾点的控制器均可按现场需要预先设定联动喷雾表及喷雾时间,当采煤机运行到联动喷雾表内数字对应的位置探测点时,该控制器所控制的电磁阀对应的喷雾点将按预先设定喷雾时间参与联动喷雾。当采煤机运行到 1# 位置探测点时,采煤机上的信号发射装置所发射的信号被 1# 传感器接收,通过转换送入 1# 控制器;同时,1# 控制器通过联动喷雾通信总线,向其他控制器发送目前采煤机的位置信号,若控制器预先设定的联动喷雾表内有"1",则打开所控制的电磁阀,对应的喷雾点将按预先设定喷雾时间参与联动喷雾,时间一到,自动停止喷雾。当采煤机运行到 X# 位置探测点时,采煤机上的信号发射装置所发射的信号被 X# 传感器接收,通过转换送入 X# 控制器;同时,X# 控制器通过联动喷雾通信总线,向其他控制器发送目前采煤机的位置信号,若控制器预先设定的联动喷雾表内有"X",则打开所控制的电磁阀,对应的喷雾点将按预先设定喷雾时间参与联动喷雾,时间一到,自动停止喷雾。即使采煤机停止在某个位置探测点,参与联动喷雾的喷雾点也只按各自预先设定的喷雾时间进行喷雾,时间一到,自动停止喷雾,不存在长时间喷雾现象。

(3) 参数

采煤机尘源智能跟踪喷雾降尘系统所用喷嘴的选型,一般是根据采煤机尘源特点和装

置的抑尘降尘原理,选择雾粒较微细、降尘效果佳、引风效果好、射流形状为实心锥形的系列喷嘴。系统所用喷雾参数的选取如下:

① 喷雾流量:采煤机高压外喷雾流量 50～60 L/min。

② 喷雾压力:采煤机高压外喷雾压力不小于 8 MPa。

2. 喷雾泵的参数及选型

1) 喷雾泵参数

高压喷雾用水来源于喷雾泵站,喷雾泵站的主要参数包括喷雾泵流量、喷雾泵压力、喷雾泵电机功率、喷雾泵数量等。

(1) 喷雾泵流量:喷雾泵一般为柱塞泵,其容积效率 η_r 可达 95% 左右,加上系统的漏损,设供水系统总的容积效率为 90%。喷雾泵流量按式(6-6)计算。

$$q_b \geqslant 1.1 \times q_p \tag{6-6}$$

式中,q_b——喷雾泵流量,L/min;当只考虑采煤机高压外喷雾用水时,流量应不小于 55 L/min;

q_p——喷雾流量,L/min。

(2) 喷雾泵压力:喷雾泵的额定压力按式(6-7)计算。

$$P_b = P_p + \Delta P \tag{6-7}$$

式中,P_b——喷雾泵的额定压力,MPa;

P_p——高压喷嘴的喷雾压力,MPa;

ΔP——供水系统总的压力损失,MPa,等于管路的沿程阻力损失和局部阻力损失之和。管路的长度一般为 200～500 m,在选择管路时,其直径的确定应使沿程阻力损失不大于 3 MPa,局部阻力损失不大于 1 MPa。

(3) 喷雾泵的电机功率:喷雾泵的电机功率按式(6-8)计算。

$$N_b \geqslant \frac{P_b \times q_b}{0.75 \times 61.2} \tag{6-8}$$

式中,N_b——喷雾泵的电机功率,kW;

q_b——喷雾泵的额定流量,L/min;

P_b——喷雾泵的额定压力,MPa。

(4) 喷雾泵数量确定:根据煤矿井下主要设备一台使用一台备用的原则,一般情况下喷雾泵按 2 台设置。

2) 喷雾泵选型

目前喷雾泵中 BP-75/12 各方面技术特征能满足要求。其主要技术参数为:额定输出压力 12 MPa、额定输出流量 75 L/min、驱动电机功率 18.5 kW。

3. 高压外喷雾降尘效果

通过调研国内采煤工作面的使用情况发现,采煤机高压外喷雾的降尘效率一般在 85%～95%。

4. 案例

1）试验工作面概况

山西阳煤集团一矿 8201 综放工作面瓦斯含量高,配风量大,平均风速可达 2.6 m/s,加之因瓦斯抽放使得煤层水分含量仅为 2.7%,采煤机正常割煤时粉尘污染极为严重,而采煤机自带的内喷雾由于喷嘴堵塞基本不能正常使用,司机处总粉尘浓度平均为 9 418 mg/m³,采煤机下风 5~6 m 人行道位置总粉尘浓度平均为 6 652 mg/m³,工作面劳动卫生条件十分恶劣。

2）粉尘运移规律

基于该工作面建立物理模型,并采用数值模拟的方法对该工作面的粉尘运移规律进行了计算,如图 6-13 所示。从图中可以看出,逆风割煤时,前滚筒煤炭垮落产生的粉尘受采煤机阻挡,随着风流向采煤机外侧由底部向上扩散,并快速弥漫采煤机下方作业空间。

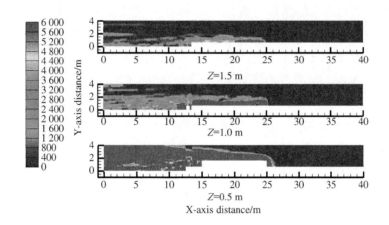

图 6-13　采煤机割煤垮落粉尘运移规律

3）综合治理技术

根据该工作面的产尘特点和粉尘运移规律,综合应用采煤机高压外喷雾控尘及降尘、采煤机尘源智能跟踪喷雾降尘技术进行治理,如图 6-14 所示。首先利用采煤机高压外喷雾控尘系统对滚筒割煤垮落形成的含尘气流进行射引,使其沿着煤壁一侧运动;再利用智能跟踪喷雾降尘系统实时定位采煤机前后滚筒位置及行走方向,并控制安装于支架顶部高压喷雾的开启与关闭,确保雾流能始终包络前后滚筒,实现跟踪降尘。

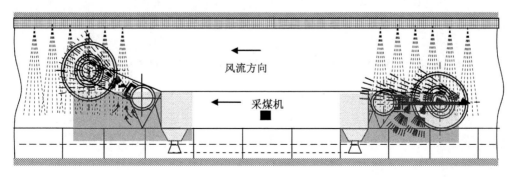

图 6-14　采煤机高压外喷雾综合降尘系统示意图

4）治理效果

使用采煤机高压外喷雾综合降尘系统后,工作面总粉尘浓度可降低至 627 mg/m³,总粉尘降尘率达到 93.34%;司机下风流 10 m 处总粉尘浓度可降低至 371 mg/m³,总粉尘降尘率达到 94.42%。

6.4.4 通风排尘

通风排尘是采煤工作面综合防尘措施中的一个重要方面。它是通过选择工作面的通风系统和最佳参数以及安设简易的通风隔尘设施来实现的。

1. 选择最佳通风参数,保证通风排尘效果

对于回采工作面,如果风速过低,微细粉尘不易排除;过高则落尘会被吹起,增大空气中的粉尘浓度。因此从工作面防尘角度出发,存在一最佳排尘风速,其值大小随开采煤体的水分、采煤机的能力和采取的其他防尘措施的不同而不同。例如煤层注水后煤体水分增加 1% 时,最佳排尘风速要增加 0.1~0.15 m/s;采煤机能力每分钟增加 1 t,最佳排尘风速应平均增加 0.065 m/s;当采取其他防尘措施的降尘效果达到 98%~99% 时,最佳风速增加到 3~4 m/s。由于受上述各种因素的影响,各国或各矿的最佳排尘风速不尽相同,而且不可能是一个恒定值。采煤机司机接触粉尘浓度与风速、煤的水分含量的关系如图 6-15 所示。

由图 6-15 可知,最佳排尘风速一般为 1.5~4 m/s。实际上综采工作面的风速都超过了 1.5 m/s,瓦斯涌出量越大,风速越高,有的已达到 4 m/s。为了适应高速通风,必须加强防尘措施,以使最佳排尘风速与实际通风风速相一致。

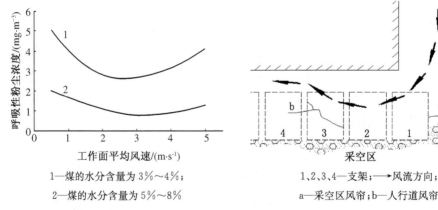

1—煤的水分含量为 3%~4%;
2—煤的水分含量为 5%~8%

图 6-15 风速与粉尘浓度的关系

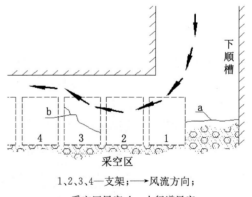

1、2、3、4—支架;→—风流方向;
a—采空区风帘;b—人行道风帘

图 6-16 采空区风帘和人行道风帘设置示意图

2. 改变工作面通风系统或风流方向

我国现行的长壁工作面通风系统一般为 U 形、Y 形、W 形、E 形及 Z 形等,其中 U 形最为普遍。从排尘效果来看,以 W 形和 E 形这类 3 条巷道 2 进 1 排通风系统为最佳。

实践证明,采用顺煤流方向通风(或称"下行通风"),即由上顺槽经工作面向下顺槽通风,能极大地减少工作面区域的粉尘浓度,有时可减少 90%。

3. 安设简易通风隔尘设施

1）安设采空区风帘和人行道风帘

如图 6-16 所示。

2）采煤机隔尘帘幕

为了有效地控制采煤机产尘的扩散,在尽量保证采煤机周围风流稳定的同时,可沿采煤机机身纵向设置隔尘帘幕(图 6-17)。这种帘幕可用废输送带按采煤机实际高度制作而成,简易可行,防尘效果较好。

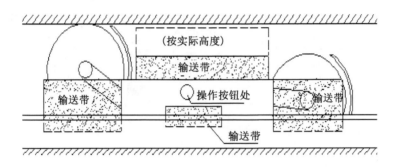

图 6-17　安装在采煤机上的隔尘帘幕

3）切口风帘隔尘帘幕

当采煤机割煤至下顺槽时,高速进风风流将流经切割滚筒携带大量粉尘波及采煤机司机位置。可采用在下顺槽转载机与沿工作面侧煤壁推进方向 1.2～1.8 m 处之间悬挂切口风帘的办法解决(图 6-18)。这一风帘将引导风流绕过切割滚筒。随着工作面沿走向推进,采煤机每隔两刀,风帘再重新安设一次即可。

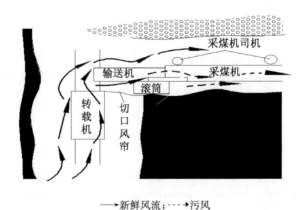

→新鲜风流;---→污风

图 6-18　利用切口风帘减少采煤机进入下顺槽瞬间尘害对采煤机司机的威胁

6.4.5　抽尘净化

最好的空气除尘方法是吸尘,其主要优点是可以防止各种粉尘尤其是最细的浮游粉尘的扩散和传播,吸入含尘空气,然后在空气净化装置中捕尘。

1. 微型旋流集尘器

美国研制和使用的微型旋流集尘器由多个微型旋流集尘管和喷雾器组成。它安装在采煤机上,与通风机串联使用(图 6-19)。当含尘风流由位于采煤机底托架和采煤机两端的集尘器入口抽入时,空气和粉尘与喷雾器形成的水雾相混合,粉尘遇水后落在各旋流管的内壁上,变成煤泥排除,从而使空气得到净化。

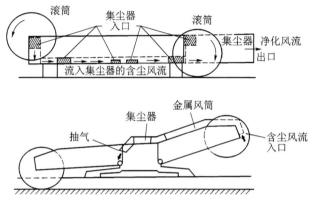

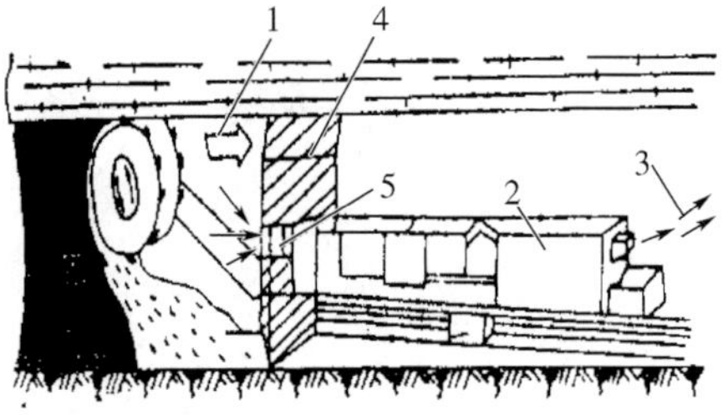

1—主风流;2—除尘装置;3—净化后风流;
4—防尘罩;5—导流筒

图 6-20　过滤除尘器在采煤工作面的
布置示意图

图 6-19　集尘装置在采煤机上的布置示意图

2. 过滤除尘器

英国诺顿煤矿机采工作面采用的过滤除尘器如图 6-20 所示。煤尘被吸入带网罩的导流筒中,然后经纤维过滤器过滤,粉尘沉积在除尘装置中,可随时清除。这种除尘器用于某些特殊场合,例如截割断层和偶然地截顶板,因这时即使对采煤机截割部采取内外喷雾也难以将空气中的粉尘浓度降下来,此时可采用过滤除尘装置。实测表明,当采高 1.8 m、进风量 5 m³/s、除尘器的处理风量 0.6 m³/s 时,除尘率达 62%,如再加上内外喷雾措施,工作面的粉尘浓度将会大为降低。

3. 水力洗涤器

洗涤器是湿式除尘器和各种气液吸收设备的总称。水力洗涤的作用原理是当含尘空气由洗涤器一端进入后,在该端安装的喷嘴喷雾驱使下,风流流向洗涤器另一端,另一端装有波状叶片组成的消雾器,能够吸收载尘水滴并且净化空气。这种洗涤器可用于破碎机除尘。使用时,将洗涤器用法兰盘固定在破碎机的出口管上。

水力洗涤器和风帘配合使用,是使回风巷工人免受尘害最有效的一种方法。具体做法是利用密封性能好的风帘提高吸入工作面乏风的效果,使水力洗涤器在水压为 3.45 MPa、水流量为 37.85 L/min 的条件下工作,即可向回风巷区域供给最大的清洁风流。

6.4.6　液压支架移架时的喷雾降尘

综采液压支架移动或放煤时,能产生大量的粉尘,因通风断面小,风速大,来自采空区的尘量大增。为了有效地抑制移架或放煤时的产尘,可针对不同架型采用喷雾防尘措施。

1. 对喷雾系统及用水的基本要求

1) 设置喷雾系统各部件时,应能确保部件不被砸坏;

2) 喷雾系统各部件不应造成大的压力损失;

3) 喷雾系统的结构和设置位置,应能实现从工作面一侧对各部件进行安装、维修和更换;

4) 喷雾系统中应安装移架或放煤时能自动开关供水的自动阀;

5) 进入喷雾系统的水必须先经过过滤器净化,并符合防尘水质要求。

2. 支撑式液压支架的喷雾系统

1) 移架时顶梁与顶板不接触的支撑式支架的喷雾

该系统必须安设向顶梁上的岩屑进行喷雾的装置,以及下放顶梁时向采空区进行喷雾的装置,如图 6-21 所示。系统的喷雾水压应控制在 2~4 MPa,向顶梁喷雾的流量应在30 L/min以下,向采空区喷雾的流量应为 20~25 L/min。

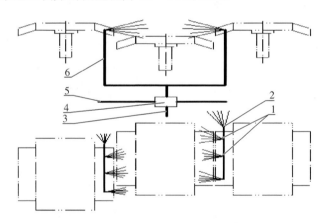

1—顶梁喷嘴;2—放顶区喷嘴;3、6—软管;4—控制阀;5—供水管

图 6-21　移架顶梁与顶板不接触的支架喷雾系统

2) 移架时顶梁与顶板接触的支撑式支架的喷雾

该系统应安设沿支架间隙采空区一侧进行喷雾的喷嘴,如图 6-22 所示。系统的喷雾水压应控制在 2~4 MPa,每个喷嘴流量控制在 10 L/min 以下,雾流扩散角 35°~40°较为适宜,可采用喷口直径为 2~2.5 mm 的锥形喷嘴。

3. 支撑掩护式支架的喷雾系统

该系统应安设向相邻支架之间的空间、采空区和顶梁进行喷雾的喷嘴,如图 6-23 所示。系统的喷雾水压应控制在 2~4 MPa,喷雾流量不超过 35 L/min。

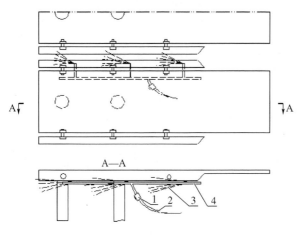

1—高压球阀；2—高压胶管；3—喷嘴；4—水管

图 6-22　移架顶梁与顶板接触的支架喷雾系统

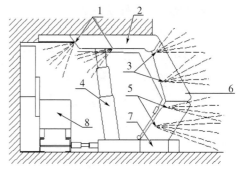

1—顶梁下喷嘴；2—顶梁；3—架间喷嘴；4—立柱；
5—靠采空区喷嘴；6—掩护架；7—底座；8—采煤机

图 6-23　支撑掩护式支架的喷雾系统

4. 综采放顶煤支架的喷雾系统

该系统除设置顶梁下喷雾、采空区喷雾和架间喷雾外，还应安设向放煤口喷雾引射的高压喷嘴，如图 6-24 所示。喷雾水压应控制在 8～10 MPa，喷雾流量不超过 20 L/min。

5. 自动喷雾控制阀

自动喷雾控制阀要求既能将喷雾的液压系统与支架的液压系统有效地隔开，又能共用；既能用降架系统的负遮盖式阀，又能靠移架系统的正遮盖式阀工作，其连接系统的原理如图 6-25所示。

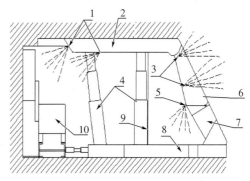

1—顶梁下喷嘴；2—顶梁；3—架间和采空区喷嘴；
4—立柱；5—放煤口喷嘴；6—掩护架；7—放煤口；
8—底座；9—帘子；10—采煤机

图 6-24　综采放顶煤支架的喷雾系统

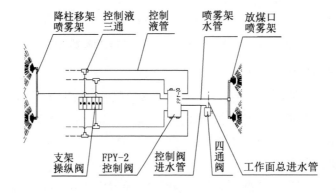

图 6-25　液压支架自动喷雾控制阀连接系统原理

6. 喷雾降尘效果

具有喷雾系统的自移式液压支架在降架、移架和放煤过程中,移架工操作地点的空气含尘量可降低 80% 以上。

7. 支架水幕及挡矸帘

已投入使用而无喷雾系统的自移式液压支架,可在控制区内,每 10 m 左右安装 2 个伞形喷嘴,移架时手动打开控制下风流侧喷嘴的阀门进行喷雾形成水幕,捕集移架时产生的浮游粉尘,同时可在相邻支架间设置塑料(或其他材料)制成的挡矸帘,以减少移架时矸石及粉尘沿支架间隙窜入工作面空间。

6.5 炮采工作面粉尘治理技术

放炮采煤工作面是多工序、多尘源的生产作业,其尘源有打眼、放炮、出煤及运输等工序。因此,炮采工作面应采用综合防尘措施,包括煤层注水及采空区灌水预湿煤体(与机械化采煤工作面相同)、湿式打眼、水炮泥填塞炮眼或水封爆破、冲洗煤壁、洒水出煤、转载喷雾及采用最佳排尘风速等。下面着重介绍湿式打眼防尘、水封爆破落煤防尘和放炮高压喷雾降尘。

6.5.1 湿式煤电钻打眼防尘

湿式煤电钻是实施湿式打眼的专用设备,与其配套的用具是中空麻花钻杆与湿式煤钻头。

1. 供水参数

1)供水压力要求在 0.2~1 MPa;

2)耗水量应达到 5~10 L/min,使粉尘与水呈糊状为宜。

2. 降尘效率

一般情况下的降尘率可达 95%~99%,最低为 90%,而且免除了掏干炮眼工序,避免了粉尘的飞扬。所以,通常使用湿式煤电钻打眼时,都能保持空气含尘量在 10 mg/m³ 以下。

6.5.2 水封爆破落煤防尘

水封爆破落煤是在炮眼底部装入炸药后,用木塞、黄泥(或用封孔器)封严孔口,然后向孔内注水,再进行爆破。

水封爆破和水炮泥的作用相同,能降低粉尘与瓦斯的产生量,减弱爆破时的火焰强度,提高爆破的安全性和爆破效率,还能提高爆破后落煤的块度。

水封爆破的方式有 2 种。

1. 短炮眼水封爆破

短炮眼水封爆破有 2 种情况(图 6-26):一是无底槽炮采工作面采用的;另一种为有底槽炮采工作面采用。

短炮眼无底槽的钻孔长度为 1.2~2.3 m,裂隙不发育煤层孔间距取 0.9~1.8 m,裂隙

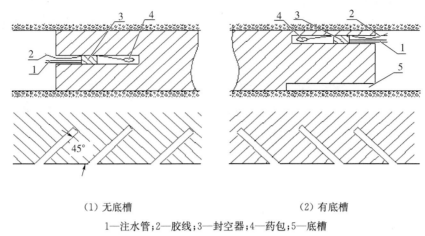

（1）无底槽　　　　　　　　　　　　（2）有底槽

1—注水管；2—胶线；3—封空器；4—药包；5—底槽

图 6-26　短炮眼水封爆破炮眼布置图

发育煤层孔间距取 3～3.6 m。向钻孔内注水可分两次进行，也可以只注一次。若两次注水，则第一次注水在装填炸药前进行，第二次注水在装药后进行。水压为 0.7～2.1 MPa，流量为13.6～22.7 L/min，每孔注水 60～120 L，钻孔引爆时，应使水在孔内呈承压状态下进行。

注水爆破的降尘效果良好，爆破时降尘率可达 83%，装煤时浮尘也可大大降低。

短炮眼有底槽水封爆破，其技术条件与无底槽式相同，只是增加底槽能够提高爆破效率。

2. 长炮眼水封爆破

长炮眼水封爆破（图 6-27）落煤的最大特点就是在煤能自溜或水力冲运的条件下，大大改善了作业环境。长炮眼水封爆破先在炮眼装药，再将炮眼两端用炮泥、木塞堵严，然后通过注水管注水，最终爆破。

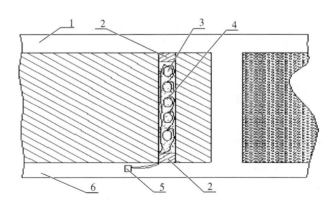

1—回风巷；2—炮眼和木塞；3—药包；4—水；5—放炮器；6—运输巷

图 6-27　长炮眼多雷管水封爆破炮眼布置图

6.5.3　放炮高压喷雾降尘

放炮高压喷雾降尘系统(图6-28)主要由高压喷雾泵站、高压管路、高压精密水质过滤器、高压喷雾降尘器等组成。喷雾一般安设于工作面回风距端头 50 m 范围内,在工作面放炮前开启。

放炮高压喷雾降尘一般能在放炮后 5 min 内使工作面回风巷中的粉尘浓度能降低到 10 mg/m³ 以下,并基本消除炮烟的异味。喷雾压力一般大于 10 MPa,耗水量小于 30 L/min,是常规喷雾的 1/3。

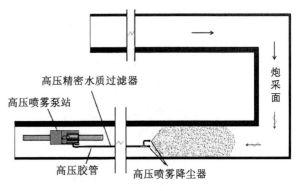

图 6-28　炮采工作面高压喷雾降尘系统示意图

6.6　转载机—破碎机降尘装置

转载机—破碎机也是机械化采煤工作面最主要的尘源点之一,由于转载机和破碎机一般布置于采煤工作面的进风巷,其产生的粉尘若不能得到有效的治理,必将会严重污染进入工作面的新鲜风流,进一步增加采煤工作面的粉尘浓度,恶化作业区域的生产环境。

目前针对转载机—破碎机粉尘较为有效的治理措施是有效密闭加微雾(即超声雾化)降尘。超声雾化所产生的雾粒粒径一般为 1~10 μm,可以在封闭空间内与粉尘发生密集的碰撞并最终沉降,抑尘效率高,无二次污染,降尘效率达到 90% 以上,且耗水量小,物料湿度增加重量比小于 0.5%,是传统除尘耗水量的 1/10~1/100,系统简单易维护。超声雾化的效果如图 6-29 所示。

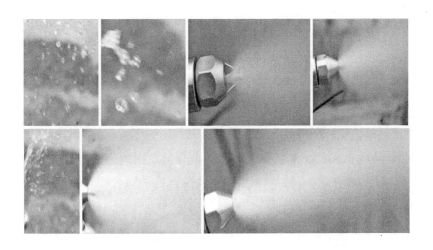

图 6-29　超声雾化示意图

在破碎煤机内部布置一定数量的微雾喷嘴,用于沉降破碎过程中产生的粉尘,避免粉尘通过破碎煤机出口逸出,具体布置如图 6-30 所示。

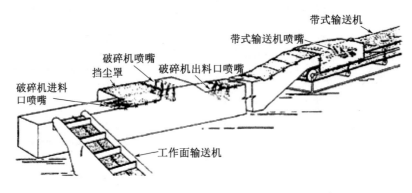

图 6-30　转载机—破碎机系统的降尘装置

对于某些密闭效果不好的破碎机或转载机,最有效的措施还是抽尘净化,它可以在破碎机和转载机的内部形成局部负压,阻止粉尘从设备缝隙扩散至新鲜风流中,同时还有效地净化了破碎和转载过程中产生的粉尘,进一步降低了粉尘从转载机出口的逃逸量。转载机—破碎机抽尘净化系统(图 6-31)主要由除尘器、吸尘罩、骨架风筒、高压精密水质过滤器、高压胶管、喷雾架等组成。

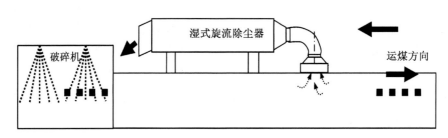

图 6-31　转载机—破碎机抽尘净化系统

转载机—破碎机抽尘净化系统应根据破碎机机型、破碎能力等进行合理的设计,保证在不带走物料的情况下,防止粉尘外逸,达到最佳的集尘效果。系统处理风量在 $100\sim180~m^3/min$,降尘效率可达 90% 以上。以下以山西阳煤一矿为例进行简介。

(1) 工作面破碎机—转载机概况

阳煤一矿 8710 工作面破碎机是宁夏天地奔牛煤机厂制造的 PLM3000 型轮式破碎机,安装在 SZZ1000/400 型顺槽桥式转载机落地段固定位置。在转载机输送煤炭过程中,由破碎机的破碎轴带动安装在破碎机轴上的 8 个刀体高速旋转,冲击和截割大块煤炭,使大块煤炭轧碎成所需的块度。由于破碎过程中破碎轴旋转引起空气的快速流动,产生大量煤尘,且因为设备移动频繁,密闭罩产生了大量的缝隙,在风流作用下,产生的粉尘很快就随高速风流进入工作面人员作业区域,不仅降低了工作场所的能见度,影响正常工作,而且会对工作面人员的人身安全产生不利影响。

（2）治理措施

首先对现有破碎机密闭罩进行改造完善，加强密闭，尽最大努力减少破碎机内部煤尘外逸，改造现有前、后挡风帘；紧接着再完善现有喷雾降尘设施，将破碎机产生的煤尘消除在破碎机内部；随后再利用高效除尘的湿式旋流除尘器，使破碎机内部形成负压，并将破碎机内产生的煤尘抽进除尘器内，含尘气流在除尘器内部通过喷雾、过滤及旋流脱水除尘得到净化，排出洁净风流。

（3）治理效果

治理前破碎机在工作时的平均产尘浓度为 337.9 mg/m³，治理后除尘器出口下风 10 m 位置的平均粉尘浓度降为 40.5 mg/m³，降尘效率为 88.01%，有效地降低了工作面进风流污染。

附录 常用喷嘴性能参数

表 6-1 低压雾化喷嘴性能参数

喷嘴型号	连接尺寸	条件雾化角度/°	压力/MPa			
			0.5	1.0	1.5	0.7
			流量/(L·min⁻¹)			有效射程/m
BA102		30	1.56	2.19	2.68	3.0
BA112		30	2.32	3.29	4.02	3.5
BA202		30	3.55	5.02	6.15	3.0
BA602		30	8.00	11.32	13.86	4.8
BA103		45	1.94	2.74	3.35	2.6
BA203		45	3.23	4.56	5.59	2.5
BA303		45	4.52	6.39	7.83	3.4
BA403		45	6.33	8.95	10.96	2.3
BA104		60	2.32	3.29	4.02	2.5
BA204		60	3.74	5.29	6.48	3.4
BA304		60	4.65	6.58	8.06	3.0
BA704	M14×1.5	60	11.87	16.79	20.57	3.7
BA105		75	2.19	3.10	3.80	2.2
BA305		75	3.42	4.94	5.93	3.4
BA405		75	5.36	7.59	9.29	3.5
BA705		75	11.36	16.06	19.67	3.6
BA106		90	1.68	2.37	2.90	2.1
BA306		90	3.87	5.48	6.70	3.1
BA406		90	5.30	7.49	9.18	3.6
BA606		90	8.52	12.05	14.76	4.6
BA108		120	2.06	2.91	3.56	2.4
BA308		120	4.90	6.93	8.48	3.0
BA408		120	8.32	8.95	10.96	3.0
BA708		120	12.00	16.98	20.80	3.6

喷嘴型号	连接尺寸	条件雾化角度/°	压力/MPa			
			0.5	1.0	1.5	0.7
			流量/(L·min⁻¹)			有效射程/m
SA102		30	1.43	2.02	2.48	2.4
SA202		30	2.57	3.64	4.45	4.0
SA302		30	4.14	5.85	7.17	3.7
SA203		45	2.57	3.64	4.45	2.1
SA303		45	4.27	6.04	7.40	3.4
SA403		45	6.33	8.95	10.96	3.7
SA304		60	4.38	6.20	7.59	3.8
SA404		60	5.95	8.41	10.32	3.3
SA704		60	9.68	13.69	16.77	4.8
SA405		75	5.68	8.22	10.07	2.9
SA605		75	8.01	11.32	13.86	2.9
SA705		75	11.36	16.06	19.67	3.8
SA506		90	6.98	9.87	12.08	2.3
SA706		90	10.06	14.23	17.43	2.4
SB202		30	2.57	3.64	4.45	3.5
SB302		30	4.00	5.66	6.93	4.2
SB502	ZG1/2′	30	6.57	9.30	11.39	5.6
SB203		45	2.57	3.64	4.45	3.5
SB303		45	3.87	5.47	6.70	3.2
SB403		45	6.06	8.97	10.50	3.8
SB404		60	6.19	8.76	10.73	3.3
SB104		60	2.53	3.57	4.38	2.3
SB204		60	3.80	5.38	6.58	2.8
SB205		75	3.49	4.93	6.04	2.3
SB305		75	4.00	5.66	6.93	2.4
SB405		75	5.40	7.65	9.37	2.7
SB306		90	4.38	6.20	7.59	2.6
SC102		90	2.06	2.91	3.56	2.2
SC202		30	3.74	5.29	6.48	2.5
SC502		30	7.11	10.06	12.32	2.1
SC203		45	3.74	5.29	6.48	2.0
SC503		45	6.57	9.30	11.39	2.1
SC204		60	3.74	5.29	6.48	3.3
SC405		75	5.41	7.65	9.37	2.5

喷嘴型号	连接尺寸	条件雾化角度/°	压力/MPa			
			0.5	1.0	1.5	0.7
			流量/(L·min⁻¹)			有效射程/m
SC505		75	7.11	10.06	12.32	3.1
SC408		120	6.06	8.97	10.50	2.1
SC508		120	6.71	9.49	11.62	1.9
SD102		30	2.05	2.90	3.56	3.7
SD202		30	3.60	5.09	6.23	3.9
SD302		30	4.24	6.00	7.35	4.3
SD312		30	6.03	7.11	8.71	4.0
SD103		45	2.32	3.28	4.02	3.2
SD203		45	3.46	4.90	6.00	3.4
SD303		45	4.89	6.92	8.48	3.7
SD503		45	6.95	9.83	12.04	4.1
SD304	ZG1/2′	60	4.11	5.81	7.12	4.1
SD314		60	5.03	7.11	8.71	4.2
SD504		60	6.57	9.89	11.38	3.9
SD604		60	11.51	14.09	8.13	4.2
SD305		75	6.92	8.48	4.89	3.2
SD405		75	9.10	11.15	6.43	4.2
SD605		75	11.13	13.63	7.87	4.1
SD705		75	12.96	15.87	9.16	4.2
SD506		90	9.29	11.38	6.57	4.3
SD606		90	12.04	14.75	8.51	3.7
SD706		90	13.50	16.53	9.54	3.4
SD716		90	14.61	17.89	10.33	4.2
KA203		45	2.70	3.80	4.70	2.5
KA303		45	4.00	5.70	6.90	2.7
KA104		60	1.90	2.70	3.40	1.8
KA204		60	3.10	4.40	5.40	2.4
KA304		60	4.30	6.00	7.40	2.7
KA404	ZG1/2′	60	5.60	7.80	9.60	2.5
KA205		75	3.50	4.90	6.00	2.0
KA305		75	4.50	6.40	7.80	2.3
KB104		60	1.54	2.18	2.67	2.2
KB204		60	2.70	3.82	4.68	3.1
KB404		60	5.41	7.65	9.37	3.3

喷嘴型号	连接尺寸	条件雾化角度/°	压力/MPa			
			0.5	1.0	1.5	0.7
			流量/(L·min⁻¹)			有效射程/m
KB414	ZG1/2′	60	6.43	9.10	11.15	2.9
KB105		75	2.19	3.09	3.79	2.1
KB205		75	3.35	4.74	5.80	3.0
KB305		75	4.51	6.38	7.82	3.1
KB405		75	6.30	8.91	10.92	2.8
KB205		90	3.08	4.36	5.34	3.1
KB306		90	4.11	5.81	7.12	3.4
KB318		90	5.14	7.27	8.90	3.3
KC103	ZG3/8′	45	2.46	3.48	4.26	2.0
KC203		45	2.91	4.11	5.03	1.9
KC213		45	3.62	5.12	6.27	2.0
KC104		60	1.48	2.09	2.56	2.1
KC304		60	4.58	6.48	7.94	3.3
KC404		60	6.06	8.97	10.50	3.2
KC105		75	1.30	1.83	2.25	2.4
KC305		75	4.00	5.66	6.93	3.5
KC405		75	5.75	8.13	9.95	3.9
KC106		90	1.94	2.75	3.37	1.6
KC206		90	2.71	3.83	4.69	1.5
KC306		90	4.07	5.75	7.05	2.1
QA104	ZG3/4′	60	1.29	1.83	2.24	2.3
QA114		60	2.07	2.92	3.58	3.0
QA204		60	2.71	3.83	4.70	3.4
QA214		60	3.68	5.20	6.37	3.4
QA105		75	2.29	1.83	2.24	2.3
QA115		75	3.07	3.93	3.53	2.9
QA205		75	2.53	3.55	4.48	2.6
QA305		75	3.87	5.48	6.71	3.1
QA315		75	4.91	6.94	8.50	3.0
QA106		90	1.29	1.83	2.24	2.3
QA116		90	1.81	2.56	3.13	2.3
QA126		90	2.45	3.47	4.25	2.5
QA206		90	3.23	4.56	5.59	2.7
QA306		90	3.89	5.50	6.73	3.0

续表

喷嘴型号	连接尺寸	条件雾化角度/°	压力/MPa			
			0.5	1.0	1.5	0.7
			流量/(L·min⁻¹)			有效射程/m
QA107		105	1.94	2.75	3.37	2.4
QA207	ZG3/4′	105	2.75	3.88	4.76	2.6
QA217		105	3.49	4.93	6.04	2.6
DA804		60	18.58	26.27	32.18	5.5
DA807	ZG3/4′	105	19.99	28.27	34.62	4.1
DA809		130	17.55	24.82	30.40	3.9

表 6-2　螺旋喷嘴性能参数表

喷嘴规格/mm	连接尺寸	条件雾化角度/°	压力/MPa			
			0.2	0.3	0.5	1.0
			流量/(L·min⁻¹)			
φ2.8	ZG 1/2″	120	6.5	7.9	10.1	14.4
φ3.2		120	8.4	10.36	13.2	18.7

表 6-3　高压雾化喷嘴性能参数

喷嘴型号	连接尺寸	出口直径 (n−φ)/mm	条件雾化角度/°	压力/MPa					
				5.0	7.5	10.0	12.5	15.0	12.5
				流量/(L·min⁻¹)					有效射程/m
GA904		6−φ0.8	60	16.31	18.19	21.69	23.56	25.77	8.9
GB904		5−φ0.8	60	14.21	16.69	18.88	20.43	22.18	9.0
GB914		5−φ1.0	60	19.72	22.67	26.51	28.95	32.02	9.2
GC804		4−φ0.8	60	12.19	14.32	15.93	17.16	18.46	8.8
GC904	KJ7-13	4−φ1.0	60	16.80	19.45	22.37	24.32	26.65	9.0
GD804		3−φ0.8	60	9.92	11.75	12.80	13.71	14.57	8.7
GD814		3−φ1.0	60	13.66	15.96	17.97	19.43	21.03	9.0
GE704		φ0.8	60	3.30	3.92	4.27	4.57	6.90	8.8
GE714		φ1.0	60	4.50	5.40	6.02	6.48	7.04	9.0

表 6-4　压气雾化喷嘴性能参数

喷嘴型号	连接尺寸	条件雾化角度/°	水压/MPa			气压/MPa			有效射程/m（水压为0.2 MPa，气压为0.3 MPa时）	
			0.1	0.2	0.3	0.2	0.5	0.7	轴向	横向
			水流量/(L·min⁻¹)							
YA303	ZG1/4′	45	1.77	2.50	3.06	50	58	64	5.0	—
YA603		45	3.96	5.60	6.80	59	74	84	6.0	—
YB303		45	2.12	3.00	3.67	48	56	62	5.5	—
YB703		45	4.60	6.50	7.96	50	64	72	6.2	—
YC207		105	1.24	1.75	2.14	94	102	112	2.3	1.8
YC608		120	3.75	5.30	6.49	103	112	120	3.2	2.2

第7章 煤矿粉尘监测技术

7.1 游离 SiO_2 测定技术

7.1.1 焦磷酸质量法

1. 原理

硅酸盐溶于加热的焦磷酸，而石英几乎不溶，以质量法测定粉尘中游离 SiO_2 的含量。

2. 器材

1）锥形烧瓶（50 mL）、量筒（25 mL）、烧杯（200～400 mL）。

2）玻璃漏斗和漏斗架。

3）温度计（0～360 ℃）。

4）电炉（可调）、高温电炉（带温度控制器）。

5）瓷坩埚或铂坩埚（25 mL 带盖）。

6）坩埚钳或铂尖坩埚钳。

7）干燥器（内盛变色硅胶）。

8）玛瑙研钵。

9）定量滤纸（慢速）。

10）pH 试纸。

11）分析天平（分度值为 0.000 1 g）。

3. 试剂

1）焦磷酸（将 85％磷酸加热到沸腾，至 250 ℃不冒气泡为止，冷却，贮存于试剂瓶中备用）。

2）氢氟酸。

3）结晶硝酸铵。

4）盐酸。

以上试剂均为化学纯。

4. 采样

采集工人经常工作地点呼吸带附近的悬浮尘。按滤膜直径为 75 mm 的采样方法以最大流量采集 0.1～0.2 g 的粉尘，或用其他合适的方法采集。当受采样条件限制时，也可在其呼吸带高度采集沉降尘。

5. 分析步骤

1) 将采集的粉尘样品放在(105±3)℃的烘箱内烘干 2 h,冷却后储存于干燥器内备用,如粉尘粒子较大,需用玛瑙研钵磨细到手捻有滑感为止。

2) 用分析天平准确称取 0.1~0.2 g 粉尘,记录质量后放入 50 mL 锥形烧瓶中。

3) 如粉尘样品中含有煤、其他碳素物质或有机物质时,应放在瓷坩埚中,在 800~900 ℃的高温电炉中灼烧 30 min 以上,使其中的碳素和有机物完全灰化,冷却后将残渣用焦磷酸洗入锥形瓶中。若粉尘中含有硫化矿物(如黄铁矿、黄铜矿、辉钼矿等),应加数毫克结晶硝酸铵于锥形烧瓶中。

4) 用量筒取 15 mL 焦磷酸,倒入锥形烧瓶中,摇动,使样品完全湿润。

5) 将锥形烧瓶置于可调电炉上,迅速加热到 245~250 ℃,保持 15 min,并用有温度计的玻璃棒不断搅拌。

6) 取下锥形烧瓶,在室温下冷却到 100~150 ℃,再将锥形烧瓶放入冷水中冷却到 40~50 ℃。在冷却过程中,加入 50~80 ℃蒸馏水稀释到 40~50 mL,稀释时一边加水,一边用力搅拌均匀。

7) 将锥形烧瓶内容物小心移入烧杯中,再用热蒸馏水冲洗温度计、玻璃棒和锥形烧瓶。把洗液一并倒入烧杯中,并加蒸馏水稀释至 150~200 mL,用玻璃棒搅匀。

8) 将烧杯放在电炉上煮沸内容物,趁热用无灰滤纸过滤。滤液中有结晶尘粒时,需加纸浆。滤液勿倒太满,一般约在滤纸漏斗的 2/3 处。

9) 过滤后用 0.1 mol/L 盐酸洗涤烧杯并移入漏斗中,将滤纸上的残渣冲洗 3~5 次,再用蒸馏水洗至无酸性反应为止(可用 pH 试纸检验)。如用铂坩埚时,需洗至无磷酸根反应后再洗三次(检验方法见后)。上述过程应在当天完成。

10) 将带有沉渣的滤纸折叠数次,放于恒重的瓷坩埚中,在 80 ℃的烘箱中烘干,再放在电炉上低温炭化,炭化时要加盖并稍留一小缝隙,然后放入高温电炉(800~900 ℃)中灼烧 30 min,取出瓷坩埚,在室温下稍冷却,再放入干燥器中冷却 1 h,称至恒重并记录。

6. 计算

粉尘中游离 SiO_2 含量按式(7-1)计算:

$$C_{SiO_2(F)} = \frac{m_2 - m_1}{m_p} \times 100\% \tag{7-1}$$

式中,$C_{SiO_2(F)}$ ——游离 SiO_2 含量,%;

m_1 ——坩埚质量,g;

m_2 ——坩埚加沉渣质量,g;

m_p ——粉尘样品质量,g。

7. 粉尘中含有难溶物质的处理

1) 当粉尘中含有难以被焦磷酸溶解的物质时,如碳化硅、绿柱石、电气石、黄玉等,则需用氢氟酸在铂坩埚中处理。

2）向铂坩埚内加入数滴 1∶1 的硫酸,使沉渣全部润湿,然后再加 40% 的氢氟酸 5～10 mL。(操作需在通风橱内进行)稍加热,使沉渣中游离 SiO_2 溶解,继续加热蒸发至不冒白烟为止(需防止沸腾)。再于 900 ℃温度下灼烧、称至恒重。

3）处理难溶物质后粉尘中游离 SiO_2 含量按式(7-2)计算。

$$C_{SiO_2(F)} = \frac{m_3 - m_2}{m_p} \times 100\% \tag{7-2}$$

式中,m_3 ——经氢氟酸处理后坩埚加沉渣质量,g。

8. 磷酸根(PO_4^{3-})的检验方法

1）原理

磷酸和钼酸铵在 pH＝4.1 时,用抗坏血酸还原生成蓝色。

2）试剂的配制

(1) 乙酸盐缓冲液(pH＝4.1):取 0.025 mol/L 乙酸钠溶液、0.1 mol/L 乙酸溶液等体积混合。

(2) 1% 抗坏血酸溶液(保存于冰箱中备用)。

(3) 钼酸铵溶液:取 2.5 g 钼酸铵溶于 100 mL 的 0.05 mol/L 硫酸中(临用时配制)。

3）检验方法

(1) 测定时分别将 1% 抗坏血酸溶液和钼酸铵溶液用乙酸缓冲液各稀释 10 倍。

(2) 取 1 mL 被检溶液加上述溶液各 4.5 mL 混匀,放置 20 min,如有磷酸根离子则显蓝色。

7.1.2 呼吸性煤尘中游离 SiO_2 含量红外光谱测定法

1. 原理

生产性粉尘中最常见的是 α 石英,α 石英在红外光谱中于 12.5 μm(800 cm^{-1})、12.8 μm(780 cm^{-1})及 14.4 μm(694 cm^{-1})处出现特异性强的吸收带,在一定范围内其吸收光度值与 α 石英质量呈线形关系。

2. 器材及试剂

1）器材

(1) 红外分光光度计;

(2) 压片机及锭片模具;

(3) 感量为 0.000 01g 或 0.000 001 g 的分析天平;

(4) 箱式电阻炉或低温灰化炉;

(5) 干燥箱及干燥器;

(6) 玛瑙乳钵;

(7) 200 目粉尘筛;

(8) 瓷坩埚;

(9) 坩埚钳。

2）试剂

（1）标准 α 石英尘，纯度在 99% 以上，粒度小于 5 μm；

（2）溴化钾，优级纯或光谱纯，过 200 目粉尘筛后，用湿式法研磨，于 105 ℃ 干燥后，贮存于干燥器中备用。

（3）无水乙醇，分析纯。

3. 粉尘样品采集及处理

1）采集

按呼吸性煤尘浓度测定方法中的采样方法进行采样。

2）样品处理

（1）采尘后的滤膜受尘面向内对折三次放在瓷坩埚内，置于低温灰化炉或电阻炉（小于 600℃）内灰化，冷却，放入干燥器内待用。称取溴化钾 250 mg 和灰化后的粉尘样品一起放在玛瑙乳钵中研磨均匀后，连同压片模具一起放在干燥箱内（110 ℃±5 ℃）干燥 10 min，将干燥后的混合样品置于压片模具中，加压 25 MPa，持续 3 min，制备出的锭片作为测定样品。

（2）取空白滤膜一张，放入瓷坩埚内灰化后，与溴化钾 250 mg 一起放入玛瑙乳钵中研磨混匀，按上述方法进行压片处理，制备出的锭片作为参比样品。

4. 样品测定

依各种类型的红外分光光度计的性能确定测试条件。以 x 横坐标记录 $900\sim600$ cm^{-1} 的谱图，在 900 cm^{-1} 处校正零点和 100%，以 y 纵坐标表示吸光度值。分别将测定样品锭片与参比样品锭片置于样品室光路中进行扫描，记录 800 cm^{-1} 处吸光度值，测定样品的吸光度值减去参比样品的吸光度值后，查 α 石英标准曲线，求出煤尘中游离 SiO$_2$ 的质量。

5. α 石英标准曲线制备

1）精确称取不同剂量的标准石英尘（$10\sim1\,000$ μg），分别加入 250 mg 溴化钾，置于玛瑙乳钵中充分研磨混匀，按上述样品制备方法做出透明的锭片。

2）制备石英标准曲线样品的分析条件应与被测样品的条件完全一致。

3）将不同剂量的标准石英锭片置于样品室光路中进行扫描，以 800 cm^{-1}、780 cm^{-1} 及 694 cm^{-1} 三处吸光度值为纵坐标，以石英质量为横坐标，绘制出三条不同波长的 α 石英标准曲线，并求出标准曲线的回归方程式。在无干扰的情况下，一般选用 800 cm^{-1} 标准曲线进行定量分析。

6. 粉尘中游离 SiO$_2$ 含量计算

粉尘中游离 SiO$_2$ 含量可按式(7-3)计算：

$$C_{SiO_2(F)} = \frac{m}{m_p} \times 100 \qquad (7-3)$$

7. 注意事项

1）本测定法的 α 石英最低检出限为 10 μg，平均回收率为 96.1%$\sim$99.8%，精确度（CV）达 0.64%$\sim$1.41%。

2）粉尘粒度大小对测定结果有一定影响，因此，制作标准曲线的石英尘应充分研磨，使其分散度小于 5 μm 者占 95% 以上,方可进行分析测定。

3）煤尘样品灰化温度对定量结果有一定影响,若煤尘样品中有大量高岭土成分,在高于 600 ℃ 灰化时产生分解,于 800 cm⁻¹ 附近产生干扰,如灰化温度小于 600 ℃ 时,可消除此干扰带。

4）在粉尘中含有黏土、云母、闪石、长石等成分时,可在 800 cm⁻¹ 附近产生干扰,则可用 694 cm⁻¹ 的标准曲线进行定量分析。

5）为减低测量的随机误差,实验室温度应控制在 18~24 ℃,相对湿度以小于 50% 为宜。

7.2　粉尘粒度测试技术

7.2.1　粒径的定义及表示方法

1. 单颗粒粒径的表示方法

单颗粒粒径的表示方法有采用显微镜测得的投影径,有采用筛分法测得的筛分径,还有分割粒径和物理当量径。其中,物理当量径目前使用最广泛,这里将重点介绍。

1）分割粒径 d_{c50}：指某除尘器能捕集一半的尘粒的直径,即除尘器分级效率为 50% 的尘粒直径,单位为 μm。这是一种表示除尘器性能的很有代表性的粒径。

2）物理当量径

与粉尘的某一物理量相同时球形粒子的直径。例如：

空气动力径 d_a 指在静止空气中,粉尘颗粒的沉降速度与密度为 1 g/cm³ 的圆球的沉降速度相同的圆球直径。

斯托克斯径 d_{st} 在层流区内（粉尘粒子的雷诺数 $Re < 0.2$）的空气动力径即为斯托克斯径。可使用式(7-4)计算。

$$d_{st} = \sqrt{\frac{18\mu v}{(\rho_p - \rho)g}} \tag{7-4}$$

式中，μ——空气动力黏性系数,Pa·s;

　　　ρ_p——尘粒的密度,kg/m³;

　　　ρ——空气的密度,kg/m³;

　　　v——沉降速度,m/s;

　　　g——重力加速度,m/s²。

同一粉尘按不同的定义所测得的粒径值是不同的。不同的粒径测定方法能得到不同概念的粒径,斯托克斯径采用沉降法测得。使用时必须加以注意。

斯托克斯径与空气动力径的换算:斯托克斯径和空气动力径是除尘技术中应用最多的两种粒径,按两者的定义,如果忽略空气密度的影响,换算关系如式(7-5)所示。

$$d_a = d_{st}\sqrt{\frac{\rho_p}{1\ 000}} \tag{7-5}$$

2. 颗粒群代表粒径的表示方法

在粉尘治理技术研究中,粉尘无论是悬浮状还是堆积状,大多都是由粒径大小不一的粉尘颗粒所组成的颗粒群体。对于粉尘颗粒群只能用代表粉尘径的方法来表示。这样的代表颗粒直径有面积平均直径、中位径、最大频率径等。

1) 面积平均直径 d_{32}

面积平均直径是用一个假想的、尺寸均一的(直径均为 d_{32})粒子群代替实际的粒子群时,保持总体积和总表面积不变。根据定义,可以得到式(7-6)。

$$d_{32} = \frac{\sum_1^i n_i d_i^3}{\sum_1^i n_i d_i^2} \tag{7-6}$$

或取积分形式

$$d_{32} = \frac{\int_0^{d_{max}} d^3\,\mathrm{d}n}{\int_0^{d_{max}} d^2\,\mathrm{d}n} \tag{7-7}$$

式中, d_{max} ——最大的粒子直径。

如果粒子粒径服从罗辛-拉姆勒(Rosin-Rammler)分布,则得到公式(7-8)。

面积平均直径是一种应用最广泛的平均直径,《煤矿降尘用喷嘴通用技术条件》(MT/T 240—1997)用该参数来检测评价喷嘴的雾化粒度。

2) 中位径 d_{50}

中位径指质量中位径和计数中位。质量中位径是指粒径分布的质量累计值为50%的粒径,即大于该直径的所有粉尘的质量与小于该直径的所有粉尘的质量相等。中位径用符号 d_{50} 表示。

质量中位径在粉尘防治中使用非常广泛。而计数中位径目前使用很少,这里不再介绍。

3) 最大频率径 d_d

粒度分布中频率密度值最大的粒径。

7.2.2 粒度分布的定义及表示方法

1. 粒度分布的定义

某一粒子群中,不同粒径范围内粉尘粒子所占的比例称为粒子的粒径分布。若以粒子的个数所占的比例来表示时称为数量分布;以粒子的质量表示时称为质量分布。一般都采用质量分布来表示粉尘粒子的粒度分布。

2. 粒径大小分布数据的表示方法

粒径大小分布数据的表示方法主要有列表法、图示法和分布函数法,前两种方法属于常规方法,比较简单,这里不再介绍,下面介绍分布函数法。

3. 粒度分布函数

由于粉尘的粒径分布近似地符合某种规律,因而可以用一些分布函数表示。主要有正态分布函数、对数正态分布函数、罗辛-拉姆勒函数等,但最常用的是罗辛-拉姆勒函数。

罗辛-拉姆勒分布函数为一经验关系式,见式(7-8)。

$$R = 100\exp(-\lambda d_p^n) \tag{7-8}$$

式中,λ、n ——常数。λ 表征粒径的范围,n 表征所分析物料的多分散性。

按式(3-4)可得罗辛-拉姆勒分布的面积平均直径计算公式。

$$d_{32} = \frac{\sqrt[n]{1/\lambda}}{\Gamma(1-1/n)} \tag{7-9}$$

中位径计算公式见式(7-10)。

$$d_{50} = 0.693^{\frac{1}{n}}\sqrt[n]{1/\lambda} \tag{7-10}$$

式中,d_{50} ——中位径,μm。

在专门的罗辛-拉姆勒概率坐标纸上,分布函数也可以绘成一条直线(见图7-1)。

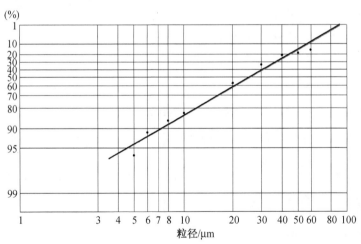

图 7-1　在罗辛-拉姆勒分布坐标纸上粒度分布拟合图

7.2.3　粒度分布的测定方法和仪器

1. 测定方法概述

测定粉尘粒径分布时,要根据测定目的来选择测定方法,粉尘粒径的测定方法主要有以下几种。

1）计数法

是针对具有代表性的一定数量的样品逐个测定其粒径的方法。属于这种方法的有显微镜法、光散射法等。计数法测得的是各级粒子的颗粒百分数。

2）计重法

以某种手段把粉尘按一定的粒径范围分级,然后称取各部分的质量,求其粒径分布。常用的计重法粉尘粒径测量采用离心、沉降或冲击原理将粉尘按粒径分级,测出的是各级粒子的质量百分数。

2. 测定仪器的分类

主要的粉尘粒径测定方法及测定仪器种类列于表 7-1 中。

表 7-1　粉尘粒度分布主要方法和仪器

类别	测定方法	仪器名称	测定范围/μm	粒径表示	分布基准	适用场合
显微镜法	光学显微镜法	低倍光学显微镜	(10-25)～100	d_j	面积或个数	实验室
		中倍光学显微镜	(1-10)～100			
		高倍光学显微镜	＞0.25			
	电子显微镜法	电子显微镜	＞(0.01～0.05)			
筛分法	筛分	普通筛	＞(40～60)	d_A	计重	实验室
		空气喷射筛	＞20			
		声波筛	5～5 600			
液体沉降法	移液法	移液管、移液瓶	(5～10)＜60	d_{st}	计重	实验室
	沉降天平法	沉降天平	0.5～60			
	光透法	光透法粒度分析仪	1～150			
细孔通过法	电导法	库尔特粒径测定仪	0.6～800	d_v	体积	实验室
	光散射法	光散射粒子计数器	0.3～10		个数	现场

各种测定方法得到的粒径含义很可能是不同的。所以在使用某种仪器测得粉尘的粒径分布数据后,特别要注意分析一下这种仪器属于哪种粒径分布测定方法,得出的是何种意义的粉尘粒径。

筛分法、显微镜法及细孔通过法属于传统的测试方法,这里不再介绍,仅介绍目前使用最广泛的新方法——重力沉降光透法。

7.2.4　重力沉降光透法

1. 工作原理

利用粒径大小不同的粉尘在液体介质中的沉降速度不同的原理,可以测量粉尘的粒径分布。

在液面下的一个已知深度 h 处,一束平行光穿过悬浮液(见图 7-2)。假设在沉降开始时刻($t=0$),粉尘悬浮液处于均匀状态,其质量浓度为 c_0。粉尘颗粒在重力的作用下出现沉降现象。在沉降初期,光束所处平面溶质颗粒动态平衡,即离开该平面与从上层沉降到此的颗粒数相同。所以,在该处的浓度是保持不变的。当悬浮液中存在的最大颗粒平面穿过光束平面后,该平面上就不再有相同大小的颗粒来替代,这个平面的浓度也开始随之减少。因此,在时刻 t 和深度 h 处的悬浮液浓度中只含有小于 d_{st} 的颗粒。d_{st} 由斯托克斯公式决定,斯托克斯直径 d_{st} 在时间 t 时为:

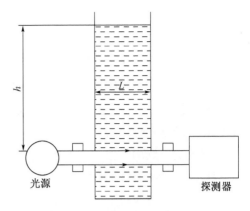

$$d_{st} = \sqrt{\frac{18\mu h}{(\rho_e - \rho_l)gt}} \tag{7-12}$$

式中, ρ_e——颗粒密度;

　　　ρ_l——水的密度。

图 7-2　光透法原理示意图

当光线通过含尘悬浊介质时,由于尘粒对光的吸收、散射等作用,光的强度会衰减。当悬浊介质中的粉尘具有不同大小的粒径时,光强度的变化根据罗斯(Rose)研究的计算公式为:

$$\ln \frac{I_0}{I} = Cs \sum_0^{d_{max}} k_i \sigma n_i d_i^2 \tag{7-13}$$

式中, k_i——与尘粒形状有关的系数;

　　　C——粉尘浓度;

　　　s——介质的厚度;

　　　σ——消光系数;

　　　n_i——单位体积内直径为 d_i 的尘粒数。

在粒径为 d_i 到 d_{i+1} 的范围内

$$\ln \frac{I_0}{I} = \ln I_i - \ln I_{i+1} = \ln \frac{I_i}{I_{i+1}} \tag{7-14}$$

当 d_i 到 d_{i+1} 的间隔很小时,光强的变化用符号 ΔD_i 表示,则

$$\Delta D_i = \ln \frac{I_{i+1}}{I_i} = Cl \sum_{d_i}^{d_{i+1}} \sigma k_i n_i d_i^2 \tag{7-15}$$

式中, l——光程。

在粒径变化范围很小的时候,可得出由 d_i 到 d_{i+1} 的尘粒质量 Δm 与光强度变化 ΔD_i 的关系

$$\Delta m = \frac{\pi \rho_p}{6} \frac{\Delta D_i d_i}{\sigma k_i lC} \tag{7-16}$$

在实际应用中,可以认为消光系数 σ 为常数,则粉尘的粉径分布 R 可表示为

$$R = \frac{\sum_0^{dt} \Delta D_i d_i}{\sum_0^{d_{max}} \Delta D_i d_i} \times 100\% \tag{7-17}$$

由式(7-17)可以看出,测出各粒径区间的光强度变化 ΔD_i,并进行相应的计算就可以得出粉尘的粒径分布。

2. 液体介质及分散剂

以液体介质沉降法进行粒径分布测定,必须注意选用合适的液体介质。选用的液体介质应满足以下条件:不与粉尘发生作用;不使粉尘溶解或产生凝絮沉淀;粉尘对介质应有亲和性,即介质应该浸润粒子表面;介质的黏性可以使尘粒子的沉降速度不至太快。对于密度大的粉尘要选用黏性大的液体或在水中加放甘油或蔗糖以增加介质的黏性。

加入少量的分散剂将增加粒子表面与介质的亲和性,使粒子与介质分子的吸附力增加,从而达到介质浸润粒子表面的目的,阻止粒子间互相凝聚,通常使用的分散剂有焦磷酸钠、六偏磷酸钠等。这些分散剂在介质中的浓度一般为 0.2%。

3. 光透法仪器

此种方法适用于自动记录或遥控测定。方法简便、灵敏度高、重现性好,在许多国家得到应用。苏联将它列为磨料粒径分布测定的标准方法。我国煤炭行业标准《煤矿粉尘粒度分布测定方法(质量法)》(MT 422—1996)也将此方法规定为煤矿粉尘粒度测定的标准方法。

常见的光透法仪器有 MD‐1 粉尘粒度分析仪、SA‐CP2‐20 粉尘粒度分析仪。

如果光透法仪器配合使用离心沉降,可使测量的最小粉尘粒径为 0.1 μm。一般测定范围为0.1～150 μm。根据粒子密度、溶液密度及黏滞系数等测定条件不同而有所变化。

1) 光透法粒径测定仪的结构

光透法粒径测定仪通常由光源、沉降盘、光电管、电路系统组成,图 7‐3 是 MD‐1 粉尘粒度分析仪的结构图。光源射出的光线经滤光,通过可变光栅和棱镜,形成一组近似平行的光束。这束光通过狭缝照射在被测的样品池上,通过样品池的光线再经狭缝照射到光电管上,光电管输出的信号经 A/D 转换后由 CPU 处理,将测定结果显示或打印出来。

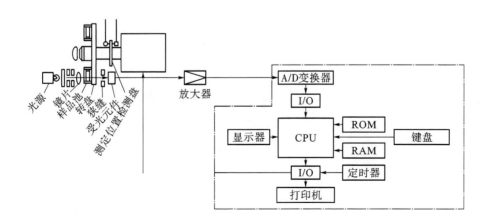

图 7‐3　MD‐1 粉尘粒度分析仪结构示意图

2）实例

样品是滤膜煤粉,粉尘真密度 $\rho_p = 1.59$ g/cm³,实验温度 $T = 12.5$ ℃,沉降介质选用无水乙醇,介质密度 $\rho_w = 0.882\,5$ g/cm³,介质黏滞系数 $\mu = 0.001\,105$ Pa·s,沉降高度 $h = 4$ mm。采用 MD－1 粉尘粒度分析仪进行测试,其结果列于表 7－2。

表 7-2　滤膜煤粉光透法测定结果

测定序号	粒径/μm											
	>150	>100	>80	>60	>50	>40	>30	>20	>10	>8	>6	>5
	粒度分布(累计质量百分比)/%											
1	0.0	2.2	2.2	8.3	14.0	18.8	24.8	39.0	55.7	61.2	67.5	74.2
2	0.0	4.3	4.3	12.9	15.7	18.1	23.5	37.2	54.6	62.3	70.2	75.4
平均值	0.0	3.3	3.3	10.6	14.9	18.5	24.2	38.1	55.2	61.8	68.9	74.8

滤膜粉尘的粒度分布曲线见图 7-4、7-5。

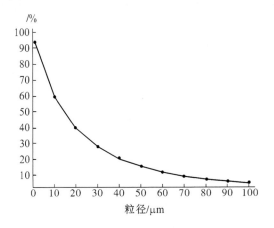

图 7-4　筛上累计分布曲线

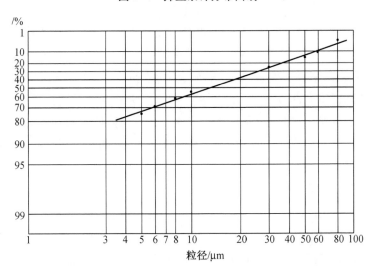

图 7-5　罗辛-拉姆勒滤膜粉尘的粒度分布拟合曲线

7.3 粉尘浓度监测技术

7.3.1 粉尘浓度监测技术概述

粉尘浓度监测工作是粉尘防治工作的重要组成部分。

粉尘浓度监测内容包括总粉尘浓度监测和呼吸性粉尘浓度监测两部分。《煤矿安全规程》第 740 条规定:煤矿井下作业场所的总粉尘浓度每月测定 2 次,工班个体呼吸性粉尘浓度监测,采、掘(剥)工作面每 3 个月测定 1 次,其他工作面或作业场所每 6 个月测定 1 次;定点呼吸性粉尘浓度每月测定 1 次。

对流行病学(尘肺病)调查的数据结果获得的粉尘剂量与尘肺病的反应关系表明:单纯尘肺的发生取决于粉尘粒子在肺内的累积、粉尘的毒性作用和粉尘粒子滞留肺内的时间等因素,同时也认为,作业场所粉尘的平均浓度比最高浓度更有实际意义。但是,作业场所测定的粉尘浓度必须能反映到达肺内的全部粉尘粒子,即呼吸性粉尘粒子。鉴于以上原因,世界各国都制订了矿山呼吸性粉尘接触限值,粉尘监测技术也由测量总粉尘浓度向测量呼吸性粉尘浓度转变,由短时测量向长周期连续监测转变。

短时采样测尘是定时定点采集空气中的粉尘,由于测量速度快而在中国广泛使用,但不及长时间连续监测数据准确和可靠。因此,国内粉尘监测的发展及趋势可以概括如下:一是短时间采样测尘与长时间(一般为 8 h)连续监测并重,并逐步向连续在线监测发展;二是向多点连续监测发展;三是向远距离大面积连续监测发展。

7.3.2 呼吸性粉尘分离效能曲线

研究表明,只有小于某种粒径的粉尘才可能进入人体肺泡,导致尘肺病,这些粉尘被称为可吸入粉尘。但可吸入粉尘并不会全部进入肺泡,而是根据尺寸大小,按不同比例进入肺泡,进入的这部分粉尘总量就是所谓的呼吸性粉尘(见图 7-6 的肺泡沉积曲线)。呼吸性粉尘粒径,从采样角度看就是采样标准曲线。采样标准曲线在呼吸性粉尘浓度的测定中起着非常重要的作用,任何呼吸性粉尘采样仪器的采样效能都必须满足该曲线。目前,国际上存在着两条采样效能标准曲线,即 BMRC 曲线和 ACGIH 曲线(图 7-6)。这两条曲线得到了国际标准化组织的承认和推荐,选择任何一条都是合适的。但是,一个国家应该有一个统一的标准,特别是在制定呼吸性粉尘浓度标准时,确定呼吸性粉尘粒径标准是前提条件。在两条采样效率曲线中,我国选择 BMRC 曲线作为呼吸性粉尘采样标准曲线。

两条曲线的比较表明,BMRC 曲线比 ACGIH 曲线表示累计的呼吸性粉尘量要大,即呼吸性粉尘占总粉尘的比例大,因此,BMRC 曲线比 ACGIH 曲线更严格。总之,按 BMRC 曲线所示采样器采集的粉尘浓度结果比按 ACGIH 曲线的高 20%～80%。在我国目前粉尘危害尚很严重的情况下,选取相对严格的曲线设计粉尘采样器更为适宜。

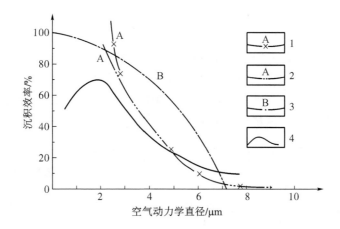

1—AEC 曲线；2—ACGIH 曲线；3—BMRC 曲线；4—肺泡沉积曲线

图 7-6　呼吸性粉尘采样标准曲线

目前,世界各国采用 BMRC 标准曲线的较多,如英国、日本、德国和英联邦的一些国家,按 BMRC 曲线设计的仪器占很大比例,并在广泛使用;美国采用 ACGIH 曲线。我国选取 BMRC 曲线有利于与世界各国接轨。

据统计,目前我国研制和生产的各类呼吸性粉尘采样器有十多种,大部分采用 BMRC 曲线,仅 2～3 种采样器采用的是 ACGIH 曲线。虽然在两条曲线提出时,BMRC 曲线适用于水平淘析原理的分离装置,ACGIH 曲线适用于旋风原理的分离装置,但近年来国内采用 BMRC 曲线,用冲击原理或旋风原理设计的各类呼吸性粉尘采样器都能较好地与标准曲线相吻合。

我国煤炭行业标准《呼吸性粉尘测量仪采样效能测定方法》(MT 394—1995)规定,采用单分散气溶胶发生器对呼吸性粉尘测量仪进行采样效能测定,选用 BMRC 曲线时,分别产生 $2.2\ \mu m$、$3.9\ \mu m$、$5.0\ \mu m$、$5.9\ \mu m$、$7.1\ \mu m$ 等 5 种粒径粒子的气溶胶;选用 ACGIH 曲线时,分别产生 $2.0\ \mu m$、$2.5\ \mu m$、$3.5\ \mu m$、$5.0\ \mu m$、$10.0\ \mu m$ 等 5 种粒径粒子的气溶胶。粒径的偏差不应大于 $0.1\ \mu m$。将求出的每种粒径粒子的采样效能与 BMRC 曲线或 ACGIH 曲线相应点的值比较,每一点的偏差均不得大于 5%。

7.3.3　与粉尘浓度监测有关的法规及标准

1. 与粉尘浓度监测有关的法规

《煤矿安全规程》第 740 条规定:"煤矿企业必须按国家规定对生产性粉尘进行监测。"必须测定的内容包括总粉尘浓度、粉尘分散度、个体呼吸性粉尘、定点呼吸性粉尘、粉尘中游离 SiO_2 含量。

《煤矿安全规程》第 739 条规定了作业场所中粉尘(总粉尘、呼吸性粉尘)浓度标准。

此外,国家煤矿安全监察局于 2003 年还相继颁布了 3 个法规:《煤矿安全监察行政处罚办法》《煤矿安全生产基本条件规定》和《煤矿建设项目安全设施监察规定》。3 个法规中对粉尘的危害防治都有相关条文规定。

2. 粉尘的工业卫生标准

我国工业卫生标准规定:粉尘作业环境的粉尘浓度为质量浓度。英、美等主要西方国家从 20 世纪 70 年代开始,粉尘浓度的测量逐渐由数量浓度向呼吸性粉尘的质量浓度过渡。为了控制作业环境的粉尘浓度,防止粉尘危害,各国都制定了粉尘浓度标准。我国和其他主要产煤国家或地区的粉尘浓度标准列于表 7-3。

表 7-3　我国和其他主要产煤国家或地区的粉尘浓度标准

国家或地区	粉尘类别	最大允许粉尘浓度/($mg \cdot m^{-3}$)	
		总粉尘	呼吸性粉尘
中国	粉尘中游离 SiO_2 含量:<10%	10	3.5
	粉尘中游离 SiO_2 含量:10%~50%	2	1
	粉尘中游离 SiO_2 含量:50%~80%	2	0.5
	粉尘中游离 SiO_2 含量:≥80%	2	0.3
俄罗斯	粉尘中游离 SiO_2 含量:10%~70%	2	
	粉尘中游离 SiO_2 含量:2%~10%	4	
	粉尘中游离 SiO_2 含量:<2%	10	
美国	石英	30/(游离 SiO_2%+2)	10/(石英%+2)
	粉尘中游离 SiO_2 含量:<5%的煤尘	30/(游离 SiO_2%+2)	2
	粉尘中游离 SiO_2 含量:>5%的煤尘	30/(游离 SiO_2%+2)	10/(游离 SiO_2%)
	方石英、鳞石英	30/(游离 SiO_2%+2)	石英限值/2
英国	长壁工作面		7
	掘进工作面		3
	进风巷		3
	矿柱、矿房及其他作业点		4
德国	石英		0.15
	粉尘中游离 SiO_2 含量:>5%的粉尘		0.15
	粉尘中游离 SiO_2 含量:<5%的粉尘		4
波兰	粉尘中游离 SiO_2 含量:<10%	4	2
	粉尘中游离 SiO_2 含量:10%~70%	2	1
	粉尘中游离 SiO_2 含量:>70%	1	0.3
日本	粉尘中游离 SiO_2 含量:>10%的粉尘	12/(0.23×SiO_2%+2)	2.9/(0.23×SiO_2%+1)
	粉尘中游离 SiO_2 含量:<10%的煤尘等	4	1
	粉尘中游离 SiO_2 含量:<10%的滑石等	2	0.5
法国	粉尘中游离 SiO_2 含量:>5%的粉尘		25/(SiO_2%)
	粉尘中游离 SiO_2 含量:<5%的粉尘		5
印度	粉尘中游离 SiO_2 含量:<5%的粉尘		3
	粉尘中游离 SiO_2 含量:>5%的粉尘		15/(呼吸性 SiO_2%)

续表

国家或地区	粉尘类别	最大允许粉尘浓度/(mg·m⁻³)	
		总粉尘	呼吸性粉尘
比利时	硅尘	$30/(SiO_2\%+3)$	$10/(SiO_2\%+2)$
	粉尘中游离 SiO_2 含量:<5%的烟煤尘	$30/(SiO_2\%+3)$	2
	粉尘中游离 SiO_2 含量:>5%的烟煤尘	$30/(SiO_2\%+3)$	$10/(SiO_2\%+2)$
欧盟	粉尘中游离 SiO_2 含量:<5%的矿尘		5
	粉尘中游离 SiO_2 含量:>5%的矿尘		25/(石英百分含量)
	粉尘中游离 SiO_2 含量:<7%的矿尘		25/(石英百分含量)

7.3.4　粉尘浓度监测仪器的分类及适应范围

粉尘浓度监测仪器的分类及适应范围见图 7-7。

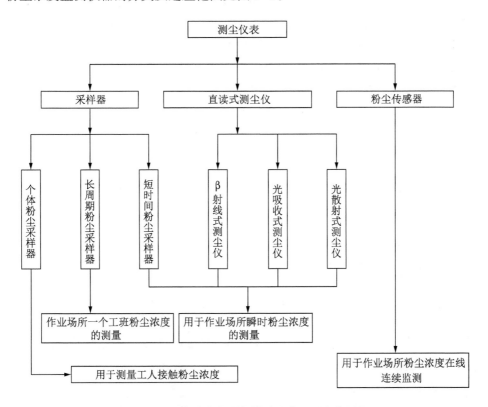

图 7-7　粉尘浓度监测仪器的分类及适应范围图

7.3.5　粉尘浓度监测技术的分类

粉尘浓度的监测技术大致有两类:(1)常规粉尘浓度监测技术,主要包括粉尘采样器滤膜采样测尘技术、直读式测尘仪测尘技术;(2)粉尘浓度连续监测技术,主要是利用粉尘浓度传感器与监控系统联网进行粉尘浓度的连续监测。

1. 常规粉尘浓度监测技术

目前国内常规测量粉尘浓度的方法大致有两种,一种是使用采样器(大流量粉尘采样器和个体呼吸性粉尘采样器)采样,通过称重和计算得出粉尘浓度值,也称滤膜采样测尘法;第二种方法是用快速测尘仪,通过校正,直读粉尘浓度。滤膜采样测尘法是一种传统的老方法,这里不予再介绍。下文将对目前国内使用较多的直读式测尘法予以介绍。

直读式测尘仪大多应用光电转换、β射线吸收和压电石英晶体响应频率的变化来测量粉尘的质量浓度。应用光电转换原理制成的测尘仪表由于受粒子的组成、粉尘的粒度分布和光折射率的影响较大,难于精确地进行实验室标定,必须使用现场标定,标定工作量很大。应用低能β射线吸收和压电石英晶体响应频率变化制成的测尘仪表,突出优点是能直接测量粉尘的质量浓度。这两种原理的测尘仪同光电转换原理的测尘仪相比,压电石英晶体的线形响应范围小,因此压电石英晶体原理的测尘仪仅能测量较低的粉尘质量浓度,还需要经常清洗晶体。目前,煤矿生产过程中粉尘质量浓度较高,限制了压电石英晶体原理的测尘仪在煤矿中的应用;β射线测尘仪在两个读数之间要求较长的周期(一般需要 5 min 以上),但β射线测尘仪不受粉尘种类、粉尘粒度分布的影响,而且测量范围较宽(一般为 $0.1 \sim 1\,000$ mg/m³),因此煤矿现场应用较广。本章仅介绍β射线测尘原理。

1) β射线吸收测尘原理

β射线通过特定物质后,其强度衰减程度与所透过的物质质量有关,而与物质的物理、化学性质无关。设同强度的β射线分别穿过清洁滤膜和采尘滤膜后的强度为 N_0 和 N,则二者的关系为:

$$N = N_0 e^{-k \cdot \Delta m} \tag{7-18}$$

式中,k ——质量吸收系数,cm²/mg;

Δm ——滤膜单位面积上尘的质量,mg/cm²。

设滤膜采尘部分的面积为 S,采气体积为 V,则大气中含尘浓度 c 为:

$$c = \frac{\Delta m \cdot S}{V} = \frac{S}{V \cdot k} \ln \frac{N_0}{N} \tag{7-19}$$

式(7-19)说明:当仪器工作条件选定后,气体含尘浓度只取决于β射线穿过清洁滤膜和采尘滤膜后的两次计数值。

2) 直读式测尘仪表

直读式测尘仪表可分为总粉尘测量仪表和呼吸性粉尘测量仪表。现把应用于矿山的国内外有关的测尘仪表列入表 7-4 中。

3) 直读式测尘仪表的标定校验

直读式测尘仪表在研制和生产过程中需要进行标定。使用一段时间后又要进行校验。由于直读式测尘仪表尚处于发展阶段,标定和校验方法各国也不一致。例如,日本采用平均粒径为 0.3 μm、几何标准偏差为 1.25% 的硬脂酸粒子来标定和校验测尘仪;我国、英国和美国采用试验粉尘在粉尘风洞中标定和校验测尘仪;德国采用 DOP 粒子发生装置生成粒径

$0.9~\mu m$ 的气溶胶粒子来标定校验 TM 型测尘仪。下面介绍几种测尘仪的标定校验方法。

表 7-4　国内外矿用直读式测尘仪及有关参数

仪器型号	测量范围/ $(mg \cdot m^{-3})$	测量精度/%	标定方式	测量粉尘粒度范围	生产国
CCGZ-1000 型直读式测尘仪（β 射线原理）	$0.1\sim1~000$	±5（标定精度）	试验粉尘对照标定或标定装置标定	总粉尘或呼吸性粉尘	中国
TM 数字细尘测量仪	$0\sim99.9$ $0\sim9.99$	±5（采用标定粒子的精度） ±10（采用标定粒子的精度）	用 DOP 生成的 $0.9~\mu m$ 粒径的气溶胶标定	呼吸性粉尘	德国
TM-μP 数字细尘测量仪	$0\sim99.9$ $0\sim9.99$	±5（采用标定粒子的精度） ±10（采用标定粒子的精度）	用 DOP 粒子发生装置生成粒径 $0.9~\mu m$ 的气溶胶标定	呼吸性粉尘	德国
P-5Hz 型数字测尘仪	$0.001\sim10$	±10（采用标定粒子的精度）	用平均粒径为 $0.3~\mu m$、几何标准偏差为 1.25% 的硬脂酸粒子标定	总粉尘	日本
RDM-101-1 型 β 射线测尘仪	$0.25\sim15$	±25	用试验粉尘在粉尘风洞中标定	总粉尘或呼吸性粉尘	美国
RDM-101-4 型 β 射线测尘仪	$0.02\sim50$	±25	用试验粉尘在粉尘风洞中标定	总粉尘或呼吸性粉尘	美国
ДПВ-1 型携带式测尘仪	$0\sim3~000$ $0\sim600$ $0\sim300$ $0\sim60$ $0\sim30$	±25		总粉尘或呼吸性粉尘	俄罗斯
Sims lin-Ⅱ 型连续测尘仪	$0\sim199.9$ $0\sim19.99$	±25（采用实验粉尘）	用试验粉尘在粉尘风洞中标定	呼吸性粉尘	英国

（1）用粉尘风洞标定校验测尘仪

粉尘风洞标定校验装置如图 7-8 所示。该装置使用标准试验粉尘（即厂矿有代表性的粉尘）作为试验用粉尘。被标定或校验的测尘仪表放置在粉尘风洞的测试段，由监控系统测量该测试段的粉尘质量浓度，粉尘质量浓度在该测尘仪的测量范围内可调。按监控系统测量的粉尘质量浓度对测尘仪进行标定。分别以监控系统的测量值和被校测尘仪的读值为横坐标和纵坐标，绘出校验曲线，同时计算出测量精度。

工厂对测尘仪进行出厂检验时，可以校

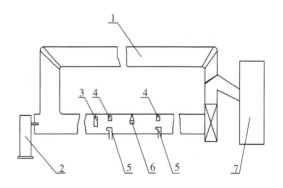

1—粉尘风洞洞体；2—给尘装置；3—风速探头；
4—粉尘浓度探头；5—标准粉尘采样器；
6—被校测尘仪；7—除尘器

图 7-8　粉尘风洞标定校验测尘仪的示意图

正的测尘仪为标准,检验生产的测尘仪。而作为标准的测尘仪表需要定期在粉尘风洞中进行校验。

重庆煤科院对直读式测尘仪的标定和校正方法有新的突破,研制出一种对本院直读式测尘仪进行标定和校正的专用标准标定装置,标定误差小于1%。

（2）用硬脂酸粒子标定校验测尘仪

日本规定用平均粒径为0.3μm、几何偏差为1.25%的硬脂酸粒子来标定校验测尘仪。标定校验装置如图7-9所示。硬脂酸粒子发生装置产生的气溶胶进入测试管道,以标准粉尘采样器的测量结果标定校验测尘仪。分别以被校验测尘仪的读值和粉尘采样器的测量结果为坐标,绘出校验曲线。同时,也可用高精度的测尘仪代替标准粉尘采样器来标定校验较低精度的测尘仪表。

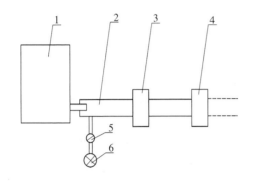 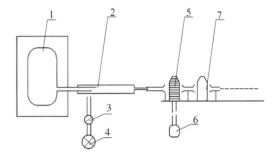

1—硬脂酸粒子发生装置;2—测试管道;
3—被校测尘仪;4—标准粉尘采样器;5—流量计;
6—净化空气供给装置

图7-9　硬脂酸粒子标定校验测尘仪的示意图

1—气溶胶粒子发生器;2—气溶胶与空气混合管;
3—流量计;4—空气供给装置;5—标准测尘仪;
6—记录仪;7—被校测尘仪

图7-10　TM系列测尘仪标定校验装置示意图

（3）TM系列测尘仪表的标定校验

TM系列测尘仪表包括德国的丁达尔仪、TM数字测尘仪和TM-μP数字测尘仪,采用DOP粒子发生装置产生粒径0.9μm的气溶胶来进行标定校验,标定装置如图7-10所示。

单分散气溶胶进入TM系列测尘仪的测量室,气溶胶浓度不同,TM系列测尘仪的读值也不同。调节气溶胶的浓度(可由粒子计数器或者散射光光度计得出),可得出TM系列测尘仪的相应读值,以此标定校验TM系列测尘仪。

4）直读式测尘仪现场使用时的标定

直读式测尘仪是在特定条件下标定校验的。标定校验用的试验粉尘(特别是硬脂酸粒子、单分散相气溶胶)与作业场所的粉尘性质可能是不相同的,直读式测尘仪测定的粉尘质量浓度可能不准确。因此,各国对快速直读粉尘测量仪表在现场使用情况做出了如下规定：

（1）对新工作面,用标准粉尘采样器与快速直读式测尘仪进行对照试验后,做出校正曲线,然后就可用快速直读式测尘仪进行准确测量。

（2）对粉尘质量浓度较低的作业场所和进风巷,可直接用快速直读式测尘仪进行测量。

（3）对粉尘质量浓度较大的其他作业场所，需用标准粉尘采样器进行对照试验后，按照对照曲线直接用快速直读式测尘仪进行测量。

按照《煤矿井下粉尘综合防治技术规范》（AQ 1020—2006）的规定，测量地点及布置要求如表 7-5 所示。

表 7-5　煤矿井上下作业场所测尘点的选择和布置要求

类别	生产工艺	测尘点布置
采煤工作面	1. 采煤机割煤 2. 移架 3. 放顶煤 4. 风镐落煤、手工落煤及人工攉煤 5. 工作面巷道钻机钻孔 6. 电煤钻打眼 7. 回柱放顶、移刮板运输机 8. 薄煤层工作面风镐和手工落煤 9. 薄煤层刨煤机落煤 10. 刨煤机司机操作刨煤机 11. 倒台阶工作面风镐落煤 12. 掩护支架工作面风镐落煤 13. 工作面多工序同时作业 14. 采煤工作面放炮作业 15. 带式输送机作业 16. 工作面回风巷	采煤机回风侧 10～15 m 司机工作地点 司机工作地点 司机工作地点 一人作业，在其回风侧 3 m 处，多人作业，在最后一人回风侧 3 m 处 打钻地点回风侧 3～5 m 处 操作人员回风侧 3～5 m 处 工作人员的工作范围 作业人员回风侧 3～5 m 处 工作面作业人员回风侧 3～6 m 处 司机工作地点 作业人员回风侧 3～5 m 处 作业人员回风侧 3～5 m 处 回风巷内距工作面端头 10～15 m 处 放炮后工人已进入工作面开始作业前在工人作业地点 转载点回风侧 5～10 m 距工作面端头 15～20 m
掘进工作面	1. 掘进机作业 2. 机械装岩 3. 人工装岩 4. 风钻钻眼 5. 电煤钻钻眼 6. 钻眼与装岩机同时作业 7. 砌碹 8. 抽出式通风 9. 切割联络眼作业 10. 刷帮作业 11. 挑顶作业 12. 拉底作业 13. 工作面放炮作业	机组后 4～5 m 处的回风侧 司机工作地点 在未安设风筒的巷道一侧，距装岩机 4～5 m 处的回风流中 在未安设风筒的巷道一侧，距矿车 4～5 m 处的回风流中 距作业点 4～5 m 处巷道中部 距作业点 4～5 m 处巷道中部 装岩机回风侧 3～5 m 处巷道中部 在作业人员活动范围内 在工作面产尘点与除尘器捕罩之间，粉尘扩散得较均匀地区的呼吸带范围 在作业人员活动范围内 在距作业点回风侧 4～5 m 处 在距作业点回风侧 4～5 m 处 在距作业点回风侧 4～5 m 处 放炮后工人在工作面开始作业前的地点
锚喷	1. 钻眼作业 2. 打锚杆作业 3. 喷浆 4. 搅拌上料 5. 装卸料 6. 带式输送机作业	工人操作地点回风侧 5～10 m 处 工人操作地点回风侧 5～10 m 处 工人操作地点回风侧 5～10 m 处 工人操作地点回风侧 5～10 m 处 工人操作地点回风侧 5～10 m 处 转载点回风侧 5～10 m

类别	生产工艺	测尘点布置
转载点处	1. 刮板运输机作业 2. 皮带运输机作业 3. 装煤(岩)点及翻罐笼 4. 翻罐笼及溜煤口司机进行翻罐笼和放煤作业 5. 人工装卸材料	距两台运输机转载点回风侧 5～10 m 处 距两台运输机转载点回风侧 5～10 m 处 尘源回风侧 5～10 m 处 司机工作地点 作业人员工作地点
井下其他场所	1. 地质刻槽 2. 巷道内维修作业 3. 材料库、配电室、水泵房、机修硐室等处工人作业	作业人员回风侧 3～5 m 处 作业人员回风侧 3～5 m 处 作业人员活动范围内

2. 粉尘浓度在线连续监测技术

粉尘浓度在线连续监测技术是利用粉尘浓度传感器与监控系统联网进行粉尘浓度的连续监测。

1)粉尘浓度在线连续监测系统的构成

粉尘浓度在线连续监测系统主要由粉尘浓度传感器、井下分站和地面监控系统组成。井下分站与传感器连接前应进行联检试验,试验合格后,方可下井使用。

2)粉尘浓度传感器的原理、结构和技术参数

(1)光散射原理

粉尘浓度传感器主要应用光吸收和光散射原理,两种原理同直读式测尘仪的光电转换原理。目前国内的粉尘浓度传感器主要采用光散射原理。

含尘气流可以认为是空气中散布着固体颗粒的气溶胶,当光束通过含尘空气时,会发生吸收和散射,从而使光在原来传播方向上的光强减弱。

对粒径较大的颗粒,按经典的米氏散射理论,可推导得到粉尘浓度为

$$c = \frac{\rho_p \int_0^\infty d_p^3 f(d_p) \mathrm{d}d_p}{3 I_0 \int_0^\infty d_p^2 f(d_p) \int_{\theta_1}^{\theta_2} \frac{J_1^2(x)}{\sin\theta} \mathrm{d}\theta \mathrm{d}d_p} \times I(\theta) \tag{7-20}$$

式中,c——粉尘浓度;

$I(\theta)$——散射角为 θ 方向的散射光强;

ρ_p——尘粒密度;

d_p——颗粒粒径;

$f(d_p)$——粉尘的粒度分布;

I_0——散射光原始光强;

J_1——一阶 Bessel 函数。

令

$$k = \frac{\rho_p \int_0^\infty d_p^3 f(d_p) \mathrm{d}d_p}{3 I_0 \int_0^\infty d_p^2 f(d_p) \int_{\theta_1}^{\theta_2} \frac{J_1^2(x)}{\sin\theta} \mathrm{d}\theta \mathrm{d}d_p} \tag{7-21}$$

则式(7-20)变为：

$$C = k \times I(\theta) \tag{7-22}$$

式中，k ——光散射比例系数。

从式(7-21)可以看出，该系数与粉尘粒度分布和粉尘密度高度相关。

（2）GCG500 型粉尘浓度传感器测量原理

GCG500 型粉尘浓度传感器工作原理是含尘气流在抽气系统的作用下，通过入风口进入光散射检测暗室，激光光源发出的激光照射含尘气流，探测器探测粉尘的散射光强，按照式(7-22)，在粉尘性质一定的条件下，粉尘浓度正比于粉尘的散射光强度。

GCG500 型粉尘浓度传感器原理框图如图 7-11 所示。

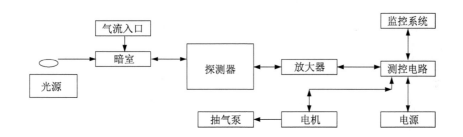

图 7-11　粉尘浓度传感器原理框图

被粉尘散射的散射光透过狭缝进入探测器，探测器将光强信号转换为电压信号，经过放大器放大后，进入 A/D，将模拟信号转换为数字信号，供 CPU 处理，CPU 在软件的控制下将粉尘浓度值显示在面板上，同时转换为模拟信号，输出到监测系统。

（3）GCG500 型粉尘浓度传感器的结构

GCG500 型粉尘浓度传感器主要由光散射检测系统、抽气系统和单片机组成。该传感器采用光散射原理直接测量粉尘浓度，测定数据就地显示，同时输出与矿井安全监测系统相适应的频率、电流信号（两种信号任选一种），供监测系统处理。

（4）GCG500 型粉尘浓度传感器主要技术参数

总粉尘浓度测量范围：0.1～500 mg/m³；

测量误差：±15%；

输出信号：200～1 000 Hz，1～5 mA；

电源：14～18 V DC（本安电源）；

防爆型：Exib I 矿用本安型。

3）粉尘浓度传感器的标定和校准

粉尘浓度传感器的标定可以采用平行采样标定法和在线校准法。

（1）粉尘浓度传感器的平行采样标定

平行采样标定法是在传感器的旁边放置一台标准粉尘采样器，在传感器测量的同时，用该采样器采样，并记录下传感器的测量数据（10 组以上），取其算术平均值作为传感器的测量值。标准粉尘采样器采集粉尘后,用天平称重法称重,并计算出粉尘浓度,按式(7-23)计算比例系数。

粉尘光散射比例系数计算公式:

$$K = c_b/c_c \tag{7-23}$$

式中,c_b——标准粉尘采样器测得的粉尘浓度值,mg/m^3;

$\quad\quad c_c$——传感器测得的粉尘浓度值,mg/m^3。

(2)粉尘光散射比例系数的在线校准

在工作现场,可用直读式测尘仪(重庆煤科院研制的带有标定接口的 CCGZ-1000 型直读式测尘仪)来校准。校准时,用通信电缆线将传感器和直读式测尘仪连接起来即可自动在线校准。

4)粉尘浓度传感器的现场应用

(1)安装位置

粉尘浓度传感器一般布置在尘源回风侧粉尘扩散较为均匀地区距巷道底板高 1.5 m 左右的呼吸带。在薄煤层及其他特殊条件下安装高度根据实际情况调整。

(2)安装调试

将传感器安装在巷道内所选择的安装位置处,并固定牢靠,仪器入风口正面迎向风流;将系统分站的直流电源接至传感器,传感器的信号输出线接入系统分站,地面系统主机应相应设置。以上准备工作进行完备后,对粉尘浓度传感器进行现场标定和调零后即可使用。

(3)粉尘浓度传感器的现场应用案例

① 应用地点

淄博矿业集团有限责任公司许厂煤矿。

② 粉尘浓度在线监测及设限喷雾降尘系统布置

本系统依托许厂煤矿现有的 KJ76 安全监控系统,由 GCG500 型粉尘浓度传感器、KXJ1-127/36型控制箱、电动球阀和 QS 气水喷雾器组成。根据许厂煤矿的实际情况,分别在4304、4307 综采工作面和 4303 综掘工作面各布置一套该系统,对这些作业地点的粉尘浓度进行在线监测,并控制该地点的粉尘浓度不超过 50 mg/m^3。当粉尘浓度超过 50 mg/m^3 时,QS 气水喷雾系统将自动启动,降低该作业地点的粉尘,粉尘浓度低于 10 mg/m^3 时才停止喷雾。

粉尘浓度在线监测及设限喷雾降尘系统全矿布置见图 7-12。

③ 应用效果

粉尘浓度在线监测及设限喷雾降尘系统的应用效果主要包括粉尘 GCG500 型粉尘浓度传感器测量数据的准确性和设限喷雾降尘系统工作的可靠性。

为确认 GCG500 型粉尘浓度传感器测量数据的准确性,将使用 AZF-02 型粉尘采样器通过滤膜采样法测试得出的数据与 GCG500 型粉尘浓度传感器同期记录的数据进行对比,

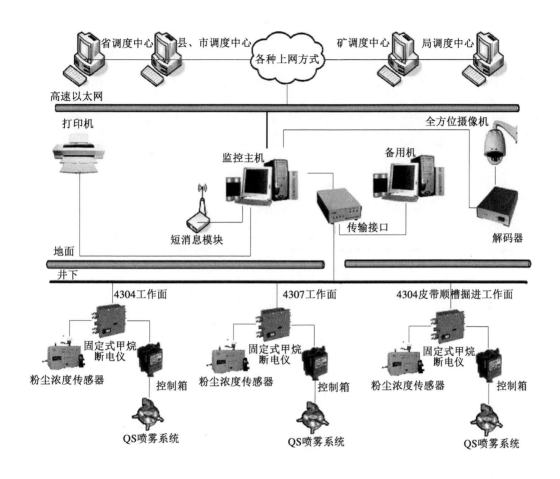

图 7-12　粉尘浓度在线监测及智能喷雾降尘系统全矿布置图

测定了粉尘浓度传感器的测量误差。测试数据见表 7-6。

表 7-6　粉尘浓度传感器与采样器测试结果对比表

序号	滤膜增重/mg	采样时间/min	采样流量/(L·min⁻¹)	采样法测得的粉尘浓度/(mg·m⁻³)	传感器显示平均浓度/(mg·m⁻³)	误差/%
1	9.6	10	20	48.0	44.0	8.3
2	8.5	10	20	42.5	36.5	14.1
3	3.3	10	20	16.5	15.8	4.2
4	12.2	5	20	122.0	128.5	5.3
5	3.6	5	20	36.0	34.5	4.2
6	5.6	5	20	56.0	60.3	7.7
7	6.2	5	20	62.0	67.3	8.5

通过对比测试,GCG500 型粉尘浓度传感器与采样器采样测试的粉尘浓度测定结果基本相符,最大测量误差为 14.1%。

设限喷雾降尘是在实现粉尘浓度连续监测基础上的又一创新点。根据现场情况,在

KJ76 系统主机上设置启动喷雾浓度值为 30 mg/m³、关闭喷雾浓度值为 10 mg/m³，也就是说当粉尘浓度传感器监测浓度超过 30 mg/m³时，电动球阀打开，开始喷雾；当监测到的粉尘浓度低于 10 mg/m³时，电动球阀关闭，停止喷雾。到井下观察并做好记录，其中 3 天的记录结果如表 7-7，同时取得系统主机中同一时刻的记录曲线如图 7-13、图 7-14、图 7-15。

表 7-7 水雾自动控制测试结果

日期	井下传感器数据/(mg·m⁻³)	水雾状况
2006 年 10 月 15 日	32、46、86、98、64、128、192、22、16、8	15:49 打开，16:02 关闭
2006 年 10 月 26 日	28、36、44、52、58、34、22、16、12、8	14:40 打开，14:42 关闭
2006 年 10 月 26 日	24、32、34、38、28、22、16、14、10、8	15:19 打开，15:23 关闭
2006 年 10 月 28 日	28、32、30、26、34、22、18、24、12、8	7:37 打开，7:51 关闭

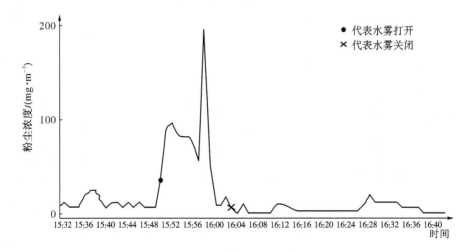

图 7-13 粉尘传感器监测曲线(2006 年 10 月 15 日)

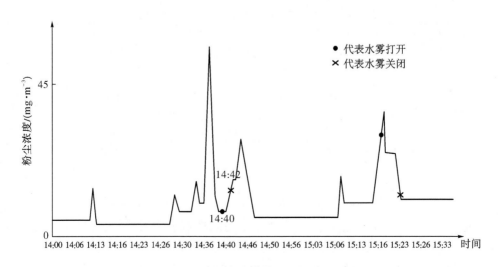

图 7-14 粉尘传感器监测曲线(2006 年 10 月 26 日)

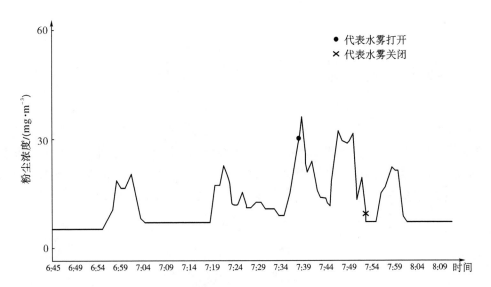

图 7-15　粉尘传感器监测曲线(2006 年 10 月 28 日)

从表 7-7、图 7-13、图 7-14、图 7-15 中可以看出,用 GCG500 型粉尘浓度传感器实现了粉尘浓度设限喷雾降尘,而且在使用过程中该传感器动作灵敏、可靠,有效减少了无效喷雾,节约了水资源。

第8章 煤矿粉尘等职业危害监管

在监管过程中采用了分布式处理模式和集中管理模式,构建了云平台职业危害监管系统,形成了四级监管系统方案,分别为集团监管中心、市级监管中心、省级监管中心、国家级监管中心,系统框架图如图 8-1 所示。该系统分为 3 个子系统,分别如下:

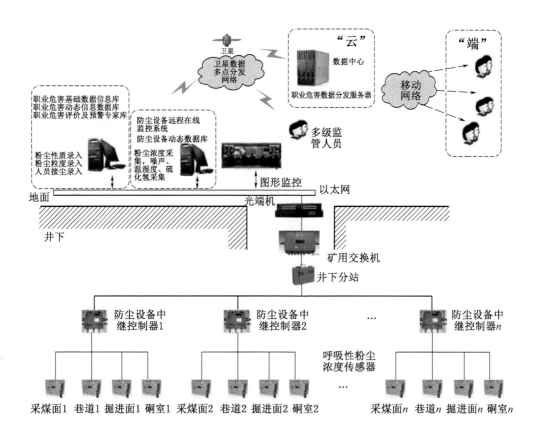

图 8-1 职业病危害及防护设施监控系统构架框图

(1)煤矿井下监测系统。该子系统由存储和实现煤矿井下采集数据的地下主机、传感器(采集职业危害数据)、井下监控数据分站以及井下智能数据传输接口四个部分组成。该子系统中,传感器、智能数据传输接口以及监控分站组成了监测采集域,该域可以将井下生产工作面以及巷道内的各种数据采集后实时传输到地下主机中。地下主机可根据系统设置对每个传感器和工作站自动发出指令以达到改变工作面环境参数的目的。

(2)数据传输子系统。该子系统安设在煤矿井上地面控制中心,由无线监察终端、有线监察终端以及数据传输应用程序组成。该子系统主要负责将地下主机采集到的数据实时地通过内置应用程序和主控服务器标准接口传输到各个终端数据处理机中。经过处理机的处理,将分析后的数据利用 Internet 传输到职业危害监管系统中。

(3) 网络实时监察子系统。该子系统安设在职业危害监管系统的云计算服务中心的服务器中,研究采用阿里云作为云平台。"端"包括智能终端、PC 终端,领导和各级监管部门的技术人员可以通过该子系统实时地监察管辖范围内的传感器数据、工作面参数以及安全设备运行情况。

8.1　煤矿职业危害及防护设施监控系统研究

8.1.1　总体方案及思路

1. 研究方案

职业危害及防护设施监控系统的研究主要是为了实现将煤矿井下防尘设备的信息远程上传至地面监控中心,同时,也能接收地面监控中心发送的指令,完成相应的操作。具体包括以下几部分的内容:

(1) 解决防尘设备数据(指令和数据)输入、输出问题。所有联入系统的防降尘设备必须包含智能接口,硬件上能实现与其他设备的串行物理连接,软件上能通过相应的控制协议,按一定模式打包或分拆数据,与特定的设备(同步研发)进行数据交换。

(2) 研究数据中继及控制技术。将大量防降尘设备运行状态及参数进行集中采集、处理、存储、显示、打包上传;并接收来自地面中心站的数据,进行解析,再依据指令分发给联入系统中的井下各种防降尘设备。

(3) 传输网络的设计。为实现不同方式的传输,需设计多方式通信链路。一是借助本单位监控系统的数据转换器及数据链路,二是依靠自身的串行(RS485、CAN 等)、以太网实现独立的数据传输,接入井下以太环网。

(4) 地面监控平台的开发。可以在煤矿自动化监控平台基础上进行嵌入式开发,共用基础平台构架;也可以开发独立的软件平台,实现远程数据的获取、解析、运算及存储,并在人机界面上进行列表及图形化的显示。

(5) 控制协议的研究。解决各防降尘设备与中继控制器及中继控制器与地面监控中心可靠快速的数据传输问题。

研究方案框架如图 8-2 所示。整个方案中,以中继控制器研究为核心,围绕其展开现地控制、控制协议、防尘设备智能化升级、数据交换、软件功能等研究。

该系统方案拟采用集散控制系统的模式,即信息的传递可通过井下(瓦斯)监控系统,也可直接通过井下工业以太网来实现。将煤矿井下现有的测尘仪表、各种降(除)尘装置用网络连接起来,并通过在井上监控室建立的粉尘防治远程监控平台,实现远程监测和远程控制,即实现各种控制参数的远程在线修改、运行工况的实时监控。

2. 研究思路

研究思路按"设备及仪表"→"协议"→"平台"的路线进行,如图 8-3 所示。

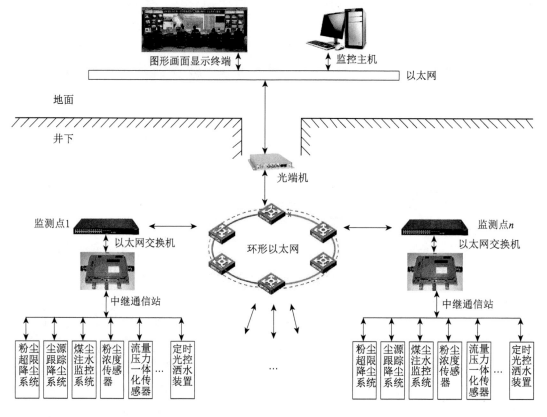

图 8-2 煤矿防尘设备远程智能在线监控系统方案框图

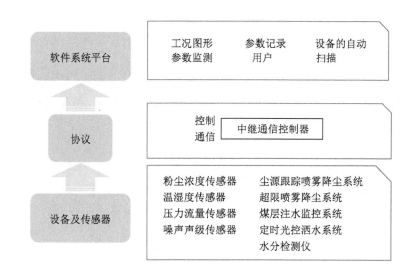

图 8-3 煤矿防尘设备远程智能在线监控系统研究思路

　　首先对测尘类仪器仪表、控尘、降尘类设备进行远程在线监测监控技术的研究,在硬件上满足设备的网络互联;其次开展通信与控制协议及中继通信控制器的研究,实现测尘类仪表及装置经中继控制器与地面监控中心的数据交换;最后开展煤矿防尘设备远程智能在线监控系统综合信息化平台技术的研究。

8.1.2　技术途径

1. 测尘仪表及防降尘装置的智能化升级

　　煤矿防尘设备远程智能在线监控系统主要采集煤矿现场的防尘设备、测尘仪表的参数、工况。首先要保证现场的防尘设备、测尘仪表具有数据通信功能,对采集数据进行编码、传输,以及接收外部的命令。对本身具有智能控制的防尘设备及测尘仪表,通过开发智能通信接口的模式,实现对防尘设备的升级。没有核心处理单元的防尘设备的信号(主要为单一的开关量)则直接由中继控制器进行处理。

　　智能化接口常用串行通信控制来实现,如 RS232、RS485、CAN 等,传输信息量大、通信模式成熟、通用性强。

2. 中继控制器研究

　　整个煤矿防尘设备远程智能在线监控技术的核心是可实现数据中转、交换的中继控制器。即如何实现对煤矿井下现地防尘设备(系统)大量参数信息的采集,并上传至地面监控中心进行解析、处理及存储等;同时接收地面监控中心的控制指令,解析后下发至现地的各煤矿防尘设备是整个研究的关键。中继控制器通过控制协议实现与地面监控中心、井下防尘设备的数据交换。

3. 监控软件平台的研究

　　煤矿智能防尘设备远程在线监控系统信息化平台采用基于通用操作系统(Windows)平台的编程环境,开发具有图形化监视和控制界面,能兼容 tcp、ip、http、udp 等通用网络协议的远程在线监控系统平台,实现防尘设备的远程智能检测和控制,防尘设备的智能侦测,远程监控系统(平台)的模块化组建及数据查询、存储等功能。

8.1.3　中继控制器的研究

　　职业危害监控技术的研究涉及现场数据的采集、编码、传输,控制指令的编码、传输及分发,现地设备的实时控制,监控平台的研发等技术。其中中继控制器作为现地控制、数据交换的核心,负责与煤矿井下防尘设备和地面监控中心的数据连接,以及对设备的控制。根据应用要求,能对现地防尘设备的状态、工况参数进行实时显示,对设备参数进行修改等,既可形成一套独立的井下防尘设备监控系统,也可通过井下环网及地面监控平台构建煤矿防尘设备远程智能在线监控系统,如图 8-4 所示。

　　中继控制器与煤矿井下防尘设备通过串行通信进行数据交换,与中心分站通过数据转换器进行数据交换,数据转换器实现对数据的串行到以太网转换,从而实现与地面监控中心的数据交换。

中继控制器硬件原理框图如图8-5所示,包括核心处理单元、通信控制、输入输出控制、数据采集、遥控按键输入及显示、本安电源等几大部分。串口通信采用双串口模式。

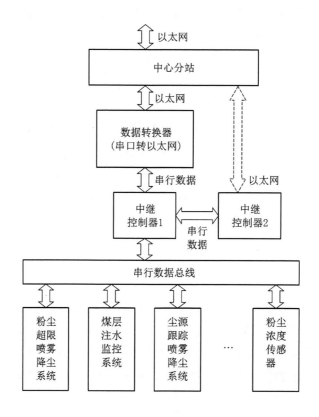

图8-4 煤矿防尘设备远程智能在线监控系统数据流框图

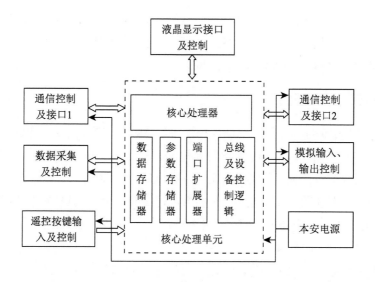

图8-5 中继控制器原理框图

1. 核心处理单元的设计研究

核心处理单元主要由微处理器及存储器、总线逻辑控制及端口扩展器构成。可以采用单片机、ARM 及 DSP(数字信号处理器)作为核心处理单元,DSP 主要进行复杂的数学运算,ARM 是单片机的升级,具有强大的事务功能,主要配合嵌入式系统来使用,而单片机主要用在一般运算、不太复杂的测控系统等场合。单片机作核心处理单元性价比高,可靠性高,控制的实时性强。在本系统中,由于需要实现数据采集、通信及设备控制等功能,要求较高的实时性,没有复杂的数字运算处理,可靠性要求高,所以采用单片机作为中继控制器核心的处理器。

为实现同时与上位机和现场设备的通信,可以采用双串口模式、双单片机、双口 RAM 等模式,如图 8-6 所示。

(a) 中继控制器实现双端通信模式一

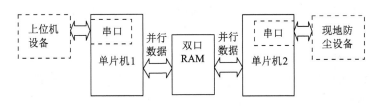

(b) 中继控制器实现双端通信模式二

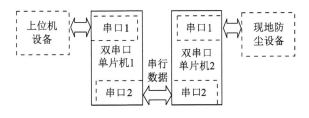

(c) 中继控制器实现双端通信模式三

图 8-6　中继控制器双端通信原理框图

模式一采用一片单片机,结构简洁,但通信并发时,处理延时长,实时性较差,程序负荷大,容易引起通信的联络失误。模式二采用双单片机及双口 RAM,采用并行模式连接,虽然实时性较好,但两片单片机都需对并行数据总线进行控制,电路结构复杂。本系统采用模式三,两片单片机分别处理上位机与现地设备数据,单片机 1 对上位机发过来的非本系统数据(其他如瓦斯监控等数据)进行过滤,单片机 2 独自处理现地设备参数及指令的下发,实时性强,易实现程序结构化,可靠性高。

1) 微处理器的选型

微处理器要完成数据处理、显示、存储控制、端口控制及双串口通信功能,要求有较大的程序存储空间和较快的运行速度。C8051F340 及 STC12C5A60S2 等都具有双串口功能，但 STC12C5A60S2 有 60 KB 程序存储空间、带多路 10 位 A/D 输入及更高的时钟频率（可达 32 MHz）和更快的运行速度，而且无须专用编程设备，直接采用串口进行编程。

2）存储结构设计

系统参数及程序运行过程参数、数据需要进行存储，针对不同的参数类型及应用需求，进行分类分结构存储，多芯片备份，增强系统容错功能。所选用的单片机 STC12C5A60S2 本身带有 EEPROM，用于程序中间过程参数的存储。对于系统参数，为了避免微处理损坏带来的整体丢失，并不保

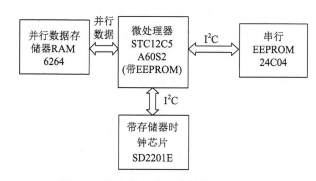

图 8-7　核心处理单元存储结构框图

存在自身带有的 EEPROM 中，而在处理器外扩 EEPROM，需要保存的大量系统数据也存储在外置的 EEPROM 中。为使电路结构简洁、节省端口，外置 EEPROM 采用串行的结构形式，这里采用 24C04。同时为重要参数做备份处理，在选择时钟控制器时，选用了带大容量 EEPROM 的日历时钟芯片 SD2201E。数据存储器采用常用的并行静态 RAM6264（8 KB 的存储容量）弥补单片机 1 280 Byte 的不足。存储结构如图 8-7 所示。

3）端口扩展及总线控制

煤矿防尘设备远程智能在线监控系统的中继控制器要具有现地控制系统的功能，输入输出、人机界面等所需接口较多，必须进行核心处理单元的端口扩展。根据实际应用的需要，采用 81C55 作为端口扩展芯片，结合数据锁存器 74HC373、地址译码器共同实现总线的控制及端口的扩展。81C55 结构框图见图 8-8，可扩展 3 组（22 个）端口。

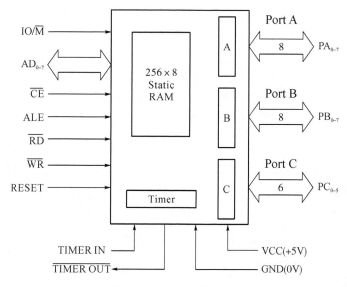

图 8-8　81C55 结构框图

带 256 Byte 静态 RAM,可以满足系统对显示、输入、输出控制端口的需求。地址分配及总线复用采用 74HC138、74HC373 实现,电路原理如图 8-9 所示,74HC373 用于地址、数据复用控制。

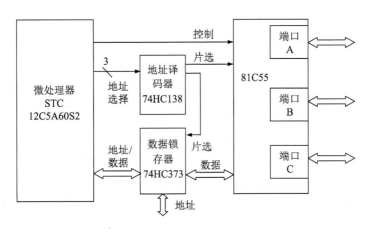

图 8-9　端口扩展及总线控制原理图

2. 数据通信及控制设计研究

数据交换是中继控制器的主要功能之一,连接上位机和现场煤矿防尘设备。通过两片单片机分别控制和管理串行数据通信,并在控制器内实现一路以太网转换及传输。核心控制单元与外部通信采用光耦实现光电隔离,电源采用隔离电源模块隔离,使核心处理单元与外部信号实现物理上的隔离,以增强中继控制器抗干扰能力。串行通信采用 RS-485 模式,RS-485 接口采用平衡驱动器和差分接收器的

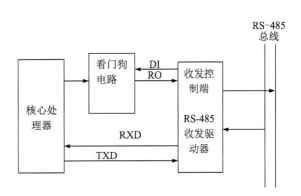

图 8-10　RS485 总线防"死锁"电路原理图

组合,抗共模干扰能力增强,即抗噪声干扰性好,最大传输距离可达 1 000 m 以上。RS-485 总线上允许连接多达 128 个收发器,即具有多站能力,这样用户可以利用单一的 RS-485 接口方便地建立起设备网络。因 RS-485 接口具有良好的抗噪声干扰性,长的传输距离和多站能力等上述优点使其成为首选的串行接口。因为 RS-485 接口组成的半双工网络一般只需两根连线。

3. 数据采集及控制电路研究

中继控制器除实现数据的"中继"外,也需对非串行输出的传感器及设备数据(如 0~5 V 电压信号、频率信号等井下常用设备输出信号模式)进行采集,并经处理后上传至地面监控中心。煤矿井下大量防尘设备输出模拟电压、频率信号至井下分站,再由井下分站上传至地面监控中心。中继控制器要实现对井下防尘设备信息的检测及控制,而只有模拟输出的防尘设备的监测是构成煤矿防尘设备远程智能在线监控系统的重要组成部分。中继控制器通过多路 A/D 转换器采集防尘设备输出的电压信号,而对 200~1 000 Hz 的频率信号则

采用计数口进行采集,并由核心处理单元对端口进行地址编码,实现对输入信号设备地址及参数的识别。其电路原理框图如图 8-11 所示,包含 8 路模拟输入和 8 路频率信号输入。模拟及频率量复用输入电路,由 A/D 采样与计数结果共同判断接入的为模拟量还是频率信号的传感器信号,然后进行分别处理。选择器对每一路输入设定一地址,以实现远程传感器的识别。

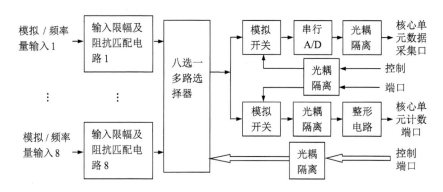

图 8-11　数据采集及控制电路框图

为实现外部信号(输入模拟量、频率量)与核心处理单元的隔离,所有控制信号及输入量都通过光电耦合器进行隔离。在选择 A/D 转换器时,为实现隔离,采用 12 位高精度的串行 A/D 转换器,只需两线就可以实现与核心单元的连接,避免了采用并行 A/D 转换器大量数据线光电隔离上的困难,电路更加简洁、可靠。

8.1.4　中继控制协议研究

Modbus 串行通信协议是工业控制领域比较常用的串行通信协议,可以基于 RS-485 电气结构进行串行通信。但中继控制器主要控制对象为煤矿防尘设备,功能只有查询和参数指令下发两大类,无须复杂的域控制。独特的地方是,中继控制器需要多级的级联,并且中继控制器监控对象可能本身就是一套复杂的系统而非单一的仪表或传感器(如采煤机尘源跟踪喷雾降尘系统),数据量大,还需对设备类型做出规定,因此,在 RS-485 电气结构上,对中继控制器通信协议进行了研究。

中继控制器通信协议从功能上可分为两大类:第一,中心分站与中继控制器之间的通信;第二,中继控制器与防尘设备之间的数据通信。中心分站与中继控制器的通信分三个方面的内容:第一,读取中继控制器挂接的设备参数;第二,读取中继控制器本身的端口信号(开关量及频率信号);第三,修改中继控制器挂接设备的参数。中继控制器与防尘设备之间的通信内容也包含两部分:第一,中继控制器读取防尘设备状态、参数;第二,中继控制器下发修改防尘设备参数的命令。

1. 中继控制站与防尘设备通信协议

1) 传感器类通信协议定义

读取传感器参数时,主机查询格式为报头(AD)+命令码(E1)+设备代码(SBN)+数据长度＋设备地址(SEL)＋参数＋校验码＋结束代码(0D)，数据长度指设备地址到校验码为止(不含)的字节数。从机响应格式为报头(9D)＋命令码(E2)＋设备代码(SBN)＋数据长度＋设备地址(SEL)＋参数＋校验码＋结束代码(0D)，数据长度指设备地址到校验码为止(不含)的字节数。

中继控制器修改取传感器参数时，主机查询格式为报头(AD)＋命令码(E3)＋设备代码(SBN)＋数据长度＋设备地址(SEL)＋参数＋校验码＋结束代码(0D)，数据长度指设备地址到校验码为止(不含)的字节数。从机响应格式为报头(9D)＋命令码(E4)＋设备代码(SBN)＋数据长度＋设备地址(SEL)＋参数＋校验码＋结束代码(0D)，数据长度指设备地址到校验码为止(不含)的字节数。

同类型传感器设计最大挂接数为 5 台，所以在相同的设备代码下，设备地址(SEL)不大于 5。数据长度包括"设备地址"和"参数"的总字节数。不同的传感器分配不同的设备代码(传感器特征代码)，即两条指令可实现对所有防尘类传感器的参数查询和修改。

2) 控、降尘类防尘设备通信协议定义

以超限降尘喷雾装置为例，分析控、降尘类防尘设备通信协议结构，除命令码、设备代码及具体参数不一样外，整个通信协议结构采用与传感器一样的形式。

2. 中心分站与中继控制器通信协议设计

1) 中心分站读取中继控制器挂接设备数据

中心分站查询中继控制器协议格式为报头＋命令码＋中继控制器设备代码＋数据长度＋中继控制器地址＋帧序号＋校验＋结束代码。为与中心分站查询其他类设备的长度一致，加入了 4 个报头及 2 个空字节"7F"。由于中心分站分配给中继控制器的时间有限，采取一次查询、多帧传输的方式，在协议中设计了帧序号，以进行多帧传输的识别。

中继控制器响应协议格式为报头＋命令码＋中继控制器设备代码＋中继控制器地址＋数据帧数＋当前帧位置＋数据长度＋设备代码＋设备参数字节长度＋设备地址＋参数＋校验＋结束代码，这样可实现超长数据量的一次分帧传输。由于传输时间的限制，每台中继控制器所接设备种类不超过 20 种。

2) 中心分站读取中继控制器开关量和频率量

中继控制器自身端口另行编码，区别于其挂接的防尘设备(主要便于对中继控制器本身的独立监控，其自身也相当于一台传感器)。读取内容包括 8 路频率量及 4 路开关量，响应时包括状态和端口号一并上传，即可对中继器本身的频率、开关端口进行寻址。

3) 中心分站修改中继控制器挂接设备参数

中心分站接收地面监控中心发来的修改参数指令，再通过中继控制器向下传输至防尘设备。对防尘设备而言，中心分站对它是不可见的，它只跟中继控制器进行握手。同样，中心分站也只跟中继控制器握手，所以，协议只在中心分站与中继控制器间构建，即中心分站查询的实际上是中继控制器存储的内容。硬件上采用双片单片机的主要目的也在于把中心分站与防尘设备相互独立开来，简化通信模式，加快上位机查询的响应时间。

8.1.5　监控平台的研发

中继控制器通过中心分站,经过井下工业以太网把煤矿井下防尘设备的状态及参数上传至地面监控中心,由地面监控软件接收并按协议解析,获得整个系统的状态及参数,并把控制参数编码传输至中继控制器,对煤矿井下防尘设备的参数进行修改。监控软件平台是地面监控的人机交互终端。

防尘设备远程在线监控系统软件平台内嵌于煤矿安全监控系统,在重庆煤科院研发的煤矿安全监控系统中可借助其网络及平台运行,可以作为安全监控系统的一个子系统,如图 8-4 所示。

1. 软件环境

软件开发设计基于煤矿安全监控系统的研发平台,运行于 Windows 7、Windows Xp 等通用的操作系统环境,采取图形菜单界面形式,能兼容 tcp、ip、http、udp 等通用网络协议。

2. 软件主要功能

1）用户管理

作为一个通用的监控管理平台,必须能对操作用户进行分类管理,并分配不同的权限及密钥,执行不同的操作。用户分为超级用户、管理用户、一般用户三级权限。超级用户拥有所有软件功能的权限,并为管理用户和一般用户分配密钥;管理用户为一般用户增加、删除及分配密码,执行浏览、查询、设备参数修改等功能;一般用户为监控系统的职守者,执行浏览、查询等任务。

2）职业危害监控系统的组建

根据每一个煤矿的防尘设备的布置及数量,可以构建不同的防尘设备监控平台,并可对系统内的设备进行增减(在实际设备变动的情况下),通过对中继控制器的设置来实现(因为地面监控平台只能"见到"中继控制器,而防尘设备是不可见的),界面如图 8-12 所示。在对系统涉及的传感器及防尘装置的种类及数量进行增减组建后,可在系统中自动查询其参数、状态及控制。

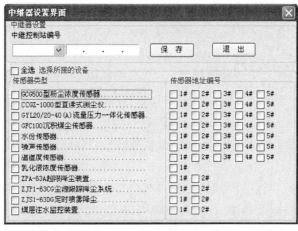

图 8-12　中继控制器设置界面

3）参数修改功能

主要实现对煤矿井下防尘设备的远程控制功能，如设备参数修改、应急开关等操作。对每一种设备，显示其参数，然后进行修改，完成之后下发至中继控制器，中继控制器解析后送至井下的防尘设备，实现参数修改和应急控制，其界面如图 8-13 所示。

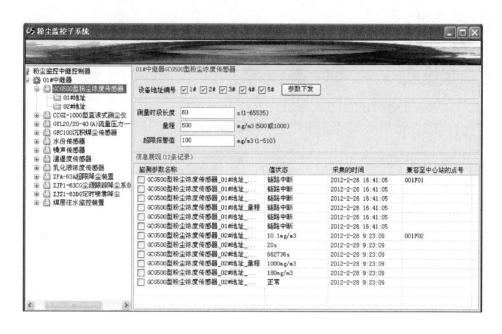

图 8-13　参数修改及控制功能

8.2　煤矿粉尘职业危害监管系统研究

8.2.1　总体方案

基于目前云计算的 IaaS、PaaS 和 SaaS 的三层服务框架的思想构建私有云基础设施平台，为基于"云＋端"的职业危害扁平化监管服务实现软件即服务打好硬件基础。基于"云＋端"的职业危害扁平化监管系统框图如图 8-14 所示，将呼吸性粉尘、噪声、高温、有毒有害物质等职业病危害及防护设施信息上传至私有云计算数据、服务中心，构建适合中国职业危害监管现状的"云＋端"的职业危害扁平化监管系统。基于职业危害相关数据，掌控危害发生发展演变规律，促进粉尘等职业危害治理，打造国际领先的职业危害数据中心，提升集团公司在职业危害领域的国际影响力。研发主流智能手机平台的职业危害监管终端服务应用程序，以方便监管人员及煤矿职业危害责任人员随时随地便捷访问粉尘、高温、有毒有害物质等职业危害数据，采取进一步有效的控制措施。职业危害监管终端应用服务应用程序基于谷歌公司的 Android 等智能手机操作系统，能够基于众多厂家的智能手机应用，实现复杂报表生成，职业危害监管数据阈值设置，职业危害动态监管、事前监管等，具备成本低、易扩展、少维护、功能强等特点。

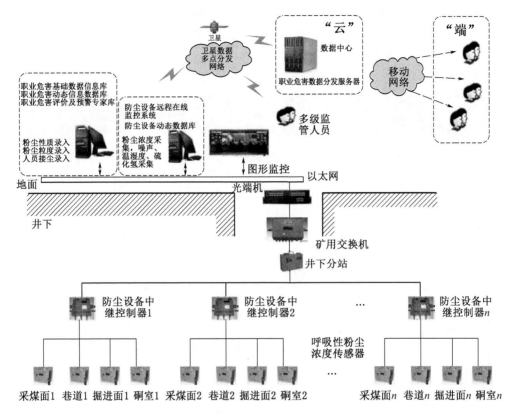

图 8-14　基于"云+端"的职业危害扁平化监管系统框图

8.2.2　通信链路分析、比较

当前国内外监管系统常用的通信链路主要分为两类——有线通信链路和无线通信链路。其中,有线通信链路通常采用的是基于因特网的有线通信链路;无线通信链路通常采用基于移动通信网络的 GSM 通信、GPRS 通信或 4G 通信,以及具有我国独立自主知识产权的北斗卫星通信。

基于因特网的有线通信链路数据传输的主要优点有通信稳定、不易受外界干扰影响;依托于强大的媒介,数据传输更加高速、通信资费便宜等优点。但是,有线通信链路的铺设费用特别昂贵,铺设工作特别烦琐,不方便,特别是在一些偏远的中小型煤矿。

基于移动通信网络的无线通信是当前监管系统常用的无线通信链路搭建方式,其代表主要有 GSM 网络、GPRS 网络以及 4G 网络。GPRS(General Packet Radio Service,通用分组无线业务)是一种基于分组的在 GSM(全球移动通信)基础上发展起来的无线通信技术,它可以补充现有的电路交换手机连接和短信业务,通过在 GSM 移动数字通信网络中引入数据分组交换功能实体,实现用户在端对端情况下收发数据。GPRS 可以将数据传输速率从56 KB/s 增加到 114 KB/s,同时支持移动手持设备和计算机用户与因特网连接。4G 网络是指使用支持高速数据传输的蜂窝移动通信技术的第三代移动通信技术的线路和设备铺设而成的通信网络。4G 网络将无线通信与国际互联网等多媒体通信手段相结合，是新一代移动通信系统。4G 与 2G 的主要区别是在传输声音和数据的速度上的提升，它能够在全球范围内更好地实现无线漫游，并处理图像、音乐、视频流等多种媒体形式，提供包括网页浏览、电话会议、电子商务等多种信息服务。但是，移动通信网络存在节假日网络拥塞现象以及偏远地区无信号覆盖等问题。

北斗卫星导航系统(BeiDou Navigation Satellite System)是中国正在实施的自主发展、独立运行的全球卫星导航系统。系统建设目标是建成独立自主、开放兼容、技术先进、稳定可靠的覆盖全球的北斗卫星导航系统，促进卫星导航产业链形成，形成完善的国家卫星导航应用产业支撑、推广和保障体系，推动卫星导航在国民经济社会各行业的广泛应用。北斗卫星导航系统由空间段、地面段和用户段三部分组成，空间段包括 5 颗静止轨道卫星和 30 颗非静止轨道卫星，地面段包括主控站、注入站和监测站等若干个地面站，用户段包括北斗用户终端以及与其他卫星导航系统兼容的终端。

北斗卫星导航系统致力于向全球用户提供高质量的定位、导航和授时服务，包括开放服务和授权服务两种方式。开放服务是向全球免费提供定位、测速和授时服务，定位精度 10 m，测速精度 0.2 m/s，授时精度 10 ns。授权服务是为有高精度、高可靠卫星导航需求的用户提供定位、测速、授时和通信服务以及系统完好性信息。

北斗卫星通信的主要优点如下：

(1) 信号全覆盖：信号覆盖中国全地域，无任何通信盲区；

(2) 高可靠性：不受雷暴、风雪、地震、低温等恶劣环境影响；

(3) 独立网络：北斗卫星通信使用独立 RD 通道，保障通信畅通；

(4) 自主性高：北斗导航系统由中国自主控制，安全、可靠、稳定、保密性强。

根据北斗卫星通信的优点，结合煤矿职业危害监管系统要求对全国范围内的煤矿职业危害状况进行监管的特点，再考虑到基于因特网有线通信链路的线路铺设费用昂贵，受地理环境限制严重，基于移动通信网络无线数据链路存在信号无覆盖、节假日网络拥塞等问题，本项目最终选择具有我国自主知识产权，信号全覆盖的北斗卫星通信链路(图 8-15)作为系统通信链路。

8.2.3　基于北斗的卫星通信研究

北斗通信终端：从煤矿地面监控系统中抓取职业危害监管系统需要的职业危害数据，并按照北斗通信协议规范，将数据封装成北斗短报文数据包，通过串口通信方式发送给北斗通信模块。北斗通信模块收到数据包后，通过北斗同步卫星作为中继站将数据包发送给远端的北斗通信网关。

北斗通信网关：和北斗通信终端一起按照一对多的方式工作，接收由全国各个地方煤矿通过北斗卫星作为中继站发送来的数据包，并将这些数据包按照 TCP/IP 协议要求，进一步封装成可在因特网上传输的数据包，然后通过因特网转发给职业危害监管数据中心。

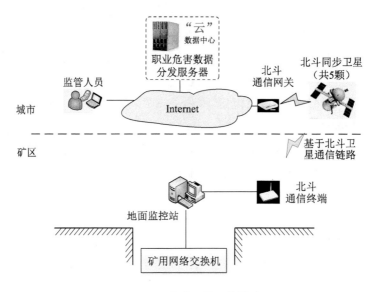

图 8-15　北斗卫星通信链路

1. 硬件功能模块

北斗通信终端和北斗通信网关可以选择同一套硬件电路,根据不同的软件实现不同的功能,实现硬件电路归一,减少硬件维护和开发成本,如图 8-16 所示。

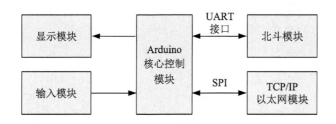

图 8-16　硬件功能框图

1) 输入模块:用于设置本地及对端的通信地址等参数。

2) 显示模块:用于显示本地北斗地址编号、以太网 IP 及对端北斗地址编号、以太网 IP,显示定位和通信的状态,以及提供输入模块相对应的显示界面等。

3) 北斗模块:用于与北斗卫星进行信息交互,向北斗卫星发送请求或上报信令,接收信息以及职业危害监管数据中心的控制指令等。

4) TCP/IP 以太网模块:用于从煤矿地面监控系统中抓取职业危害监管系统需要的数据,或者将北斗短报文通信数据包按照 TCP/IP 协议封装,通过因特网转发给职业危害监管数据中心。

5) Arduino 核心处理模块:硬件电路的核心部分,根据北斗短报文通信协议及 TCP/IP 协议进行数据分析、验证、过滤、打包处理,进行北斗模块及 TCP/IP 以太网模块之间的通信,实现北斗卫星短报文通信网络和因特网之间的数据交互。将从煤矿地面监控系统中抓取的职业危害数据经北斗模块通过北斗卫星发送给远端的北斗通信网关。或者,将从职业危害监管数据中心发送过来的控制指令,经北斗模块通过北斗卫星发送给远端大的北斗通信终端,通知北斗通信终端执行相应的操作。

2. 北斗模块

1)定义

北斗模块采用 QM3540 模块,该模块集成了 RDSS 射频收发芯片、功放芯片、基带电路等,可完整实现 RDSS 收发信号、调制解调全部功能。模组可选内置 RNSS&GPS 模组,可以实现 RDSS&GPS&RNSS 同时工作。该模组集成度高,功耗低,兼容接收 RDSS、RNSS/GPS 卫星导航信号,实现机动载体的高精度定位、测速等,非常适用于系统大规模应用。模块实物图如图 8-17 所示。

图 8-17 QM3540 模块实物图

2)功能框图

QM3540 模组可完整实现 RDSS 定位功能、短报文通信功能,其基本功能框图如图 8-18 所示。

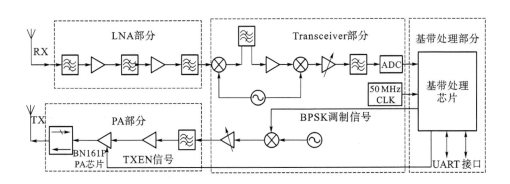

图 8-18 QM3540 模组功能框图

(1)模组内置 LNA,可以对 RDSS S 频点进行滤波,低噪声放大,用户无须外置 LNA,直接连接无源天线即可。

(2)模组内部 Transceiver 芯片将 LNA 放大后的 S 频点卫星信号转换为数字中频信

号,并经基带芯片处理后通过 UART 口输出;基带芯片接收 UART 口命令产生 RDSS 基带数据,经 Transceiver 芯片整形、滤波、调制至 L 频段;基带芯片所需的时钟信号也是由 Transceiver 芯片产生。

(3) 模组内置 PA,将调制后的 L 频点信号放大发送至外置无源天线。

(4) 模组接收通道连续工作,发射通道为突发式工作。

3) 性能指标

QM3540 模组的具体性能指标如表 8-1 所示。

表 8-1　QM3540 模组 RDSS 性能指标

	输入驻波比	≤2.0
	接收信号灵敏度	−127.6 dBm
	发射功率	37 dBm
	载波抑制	≥30 dBc
	调制相位误差	≤3°
性能特点	定位/通信(连续 24 h)	定位、通信成功率:≥95%
		定位精度:≤100 m
	锁定时间	冷启动首捕时间:≤2 s
		失锁重捕时间:≤1 s
	自动定位时间	≤2 min
	时间输出	UTC 时间输出

4) 引脚定义

QM3540 模组连接器引脚定义如表 8-2 所示。

表 8-2　QM3540 引脚定义

序号	定义	备注
1,2,3,4,5	VCCPA	
6,7,8,9	VCC	电源接口
10,11,12,13,16,21,22	GND	
15	1PPS	RNSS 1PPS 输出,3.3 V TTL 电平
18	RX0	RDSS 通信接口,3.3 V TTL 电平
20	TX0	默认波特率为 115 200
17	RX1	GPS&RNSS 通信接口,3.3 V TTL 电平
19	TX1	默认波特率为 9 600
23	IC_SD	
24	IC_SRSTN	SIM 卡接口
25	IC_SCLK	
14	NC	No connect

3. Arduino 核心控制模块

1）定义

Arduino 是一款便捷灵活、方便上手的开源电子原型平台,包含硬件(各种型号的 Arduino 板)和软件(Arduino IDE)。其核心控制模块实物图如图 8-19 所示。Arduino 是一个基于开放原始码的软硬体平台,构建于开放原始码 simple I/O 界面版,并且具有使用类似Java、C 语言的 Processing/Wiring 开发环境。Arduino能通过各种各样的传感器来感知环境,通过控制灯光、马达和其他的装置来反馈、影响环境。板子上的微控制器可以通过 Arduino 的编程语言来编写程序,编译成二进制文件,收录进微控制器。对

图 8-19　Arduino 核心控制模块实物图

Arduino 的编程是利用 Arduino 编程语言(基于Wiring)和 Arduino 开发环境(based on Processing)来实现的。Arduino 可以使用开发完成的电子元件例如 Switch 或 Sensors 或其他控制器、LED、步进马达或其他输出装置。

2）优势

Arduino 的优势主要体现在以下几点:

(1)跨平台:Arduino 软件可以在 Windows、Macintosh OSX 和 Linux 操作系统中运行。大部分其他的单片机系统都只能在 Windows 上运行。

(2)软件开源并可扩展:Arduino 软件是开源的,有经验的程序员可以对其进行扩展。Arduino 编程语言可以通过 C++库进行扩展,如果有人想去了解技术上的细节,可以跳过 Arduino 语言而直接使用 AVR-C 编程语言(因为 Arduino 语言实际上是基于 AVR-C 的)。

(3)硬件开源并可扩展:Arduino 板基于 Atmel 的 ATMEGA8 和 ATMEGA168/328 单片机。Arduino 基于 Creative Commons 许可协议,所以有经验的电路设计师能够根据需求设计自己的模块,可以对其进行扩展或改进。甚至是对于一些相对没有什么经验的用户,也可以通过制作试验板来理解 Arduino 是怎么工作的,省钱又省事。

4. 无线 WiFi 以太网控制模块

无线 WiFi 以太网控制模块(图 8-20)可用于从煤矿地面监控系统中抓取职业危害监管系统需要的数据,或者将北斗短报文通信数据包按照 TCP/IP 协议封装,通过因特网转发给职业危害监管数据中心。

本项目选择 Arduino Ethernet 网络扩展板作为和 Arduino 配套使用的无线 WiFi 以太网控制模块。该模块通过 SPI 总线和 Arduino 核心控制板通信,采用基于通用串行接口的符合网络标准的嵌入式模块,内置 TCP/IP 协议栈,能够实现用户串口、以太网、无线网(WiFi)3 个接口之间的任意转换。其链接的实物如图 8-21 所示。

图 8-20　无线 WiFi 以太网控制模块

图 8-21　无线 WiFi 以太网控制模块链接实物

Arduino Ethernet 网络扩展板的主要特点如表 8-3 所示。

表 8-3　无线 WiFi 以太网控制模块性能参数

网络标准	无线标准:IEEE 802.11n、IEEE 802.11g、IEEE 802.11b
	有线标准:IEEE 802.3、IEEE 802.3u
无线传输速率	11n:最高可达 150 Mb/s 11 g:最高可达 54 Mb/s 11b:最高可达 11 Mb/s
信道数	1~14
频率范围	2.4~2.483 5 G
发射功率	12~15 DBM
接口	1 个 10/100 Mbps LAN/WAN 复用接口、接口
天线	
天线类型	板载天线/外接天线
功能参数	
WiFi 工作模式	Client/AP/Router
WDS 功能	支持 WDS 无线桥接
无线安全	无线 MAC 地址过滤
	无线安全功能开关
	64/128/152 位 WEP 加密
	WPA-PSK/WPA2-PSK、WPA/WPA2 安全机制
网络管理	远程 Web 管理
	配置文件导入与导出
	WEB 软件升级
串口转网络	
最高传输速率	230 400 b/s

续表

TCP 连接	最大连接数>20
UDP 连接	最大连接数>20
串口波特率	50～230 400 b/s
其他参数	
状态指示灯	状态指示
环境标准	工作温度：-20～60 ℃
	工作湿度：10%～90%RH(不凝结)
	存储温度：-40～80 ℃
	存储湿度：5%～90%RH(不凝结)
其他性能	频段带宽可选：20 MHz、40 MHz,自动

8.2.4　制定北斗短报文通信协议

1. 概念

针对北斗短报文通信的报文长度短(76 Byte)、发送服务频度低(1 次/60 s)、接收无频度限制、与因特网物理隔离等特点,并结合煤矿职业危害数据(粉尘浓度、接尘时间、温度、噪声等)的特点,设计了一款用于一个北斗通信网关对多个北斗通信终端监测职业危害数据的北斗短报文通信协议。

2. 终端工作流程

协议规定,北斗通信终端每隔 1 小时向煤矿地面监控中心抓取一次职业危害数据,并按照通信协议规范将数据打包处理后,通过北斗卫星发送给北斗通信网关。因为北斗短报文通信存在丢包的现象,而发送消息的服务频度有限制(1 次/60 s),接收消息无频度限制,且北斗资费是按照年费收取,而不按照流量计费,所以在一对多的监测要求下,不能要求北斗网关在接收到数据后向北斗终端返回应答信号。因此,协议要求北斗终端每小时抓取的数据打包后需连续发送三次,每次间隔 1 min。而北斗职业危害监管数据中心在收到职业危害数据后,根据设备组 IP 和发送时间进行判断是否为重复报文,如果是重复报文则过滤掉。

北斗通信终端每隔 1 小时抓取一次数据并打包发送的流程为先从地面监控中心抓取职业危害数据,然后保存数据,最后根据通信协议打包发送,其流程如图 8-22 所示。

3. 数据打包发送流程

由于北斗短报文通信的报文长度最大只有 76 Byte,当数据较多的时候,必须将数据拆分为多个短报文发送。同时,由于卫星通信还是会受到恶劣天气环境的影响,可能出现丢包现象,丢包率为 5%。所以,北斗通信终端将数据打包好后,连续循环发送三次,以保证数据可靠性,使丢包率降低到 0.012 5%。职业危害监管数据中心收到数据后,根据 IP 及抓取时间判断是否为重复数据,进行滤波操作。其操作流程如图 8-23 所示。

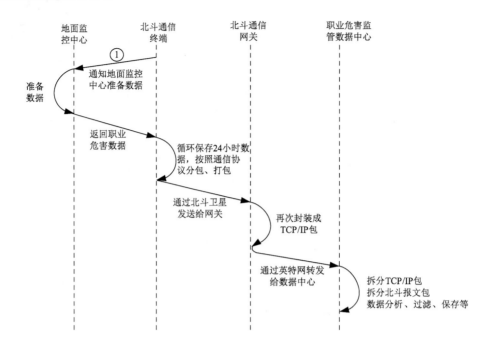

图 8-22 北斗通信终端工作流程

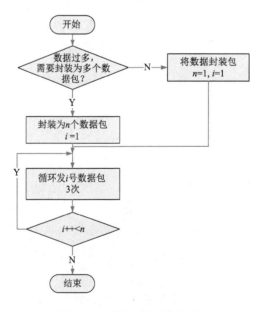

图 8-23 数据打包发送流程

4. 重发流程

通过在发送端将数据重复循环发送,并在接收端执行数据分析、过滤处理后,可以有效提高数据传输的可靠性。但是,还是不能保证数据的 100% 可靠传输。为了实现某些重要数据的 100% 可靠传输,在发送端将保存 24 小时的所有职业危害数据。职业危害监管数据中心如果没有接收到某一时间段的数据,则会主动向发送端发送请求,要求发送端重新发送该时间段数据。其工作流程如图 8-24 所示。

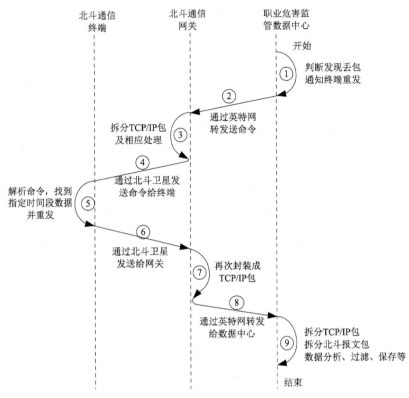

图 8-24　丢包后重发流程

5. 格式

针对煤矿职业危害监管数据的北斗短报文通信协议的格式规范如图 8-25 所示。

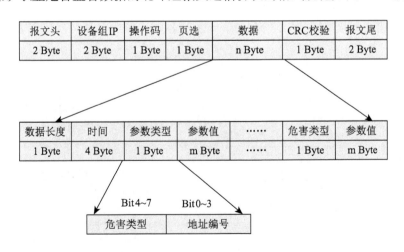

图 8-25　北斗短报文通信协议格式

（1）报文头：判断是否开始接收报文。

（2）报文尾：判断报文是否接收完。

（3）操作码：判断接收数据，还是执行控制命令，是否需要返回确认消息等。

（4）页选：根据不同的页选，进行不同的报文解析，如不同控制命令执行不同操作。

（5）数据：职业危害数据，或控制命令及其参数。

（6）CRC 校验：循环冗余校验码（Cyclic Redundancy Check），保证数据一致性。

（7）设备组 IP：设备自身的 IP，用于区分数据来源及去向。

（8）时间：数据抓取时间，同设备组 IP 一起用于判断是否重复报文及丢包等。

（9）数据长度：本报文中报文数据段的总长度，单位为字节数。

（10）危害类型：包括总粉尘浓度、呼吸性粉尘浓度、温湿度、噪声、有毒有害气体等。

8.2.5 搭建职业危害监管数据中心架构

云计算的出现为大型数据处理技术的发展提供了更大的发展空间，因为它具有强大的计算和存储能力等特点，而且云计算平台将资源虚拟化，同时进行有效且动态的资源划分和分配。本项目基于目前云计算的 IaaS、PaaS 和 SaaS 三层服务框架的思想构建私有云基础设施平台，为职业危害监管服务实现软件即服务打好硬件基础。构建私有云计算平台充分利用目前国内领先的重庆市云计算资源（重庆市两江新区打造 100 万台服务器规模的云计算产业园区，新加坡太平洋电信、阿里、华为、中国移动、中国联通、世纪互联等大型知名公司已陆续进驻，该园区已被列为国家云计算知识产权实验区），为职业危害监管服务提供环境，打造适合我国现有职业危害监管现状的私有云系统，以便完成职业危害监管服务处理运算、在线升级扩容、远程容灾备份等。职业危害监管服务私有云计算平台容易与现有相关数据平台无缝融合，具备成本低、易扩展、少维护、功能强等特点。

1. 云计算服务器分析、比较

云计算的出现为大型数据处理技术的发展提供了更大的发展空间，因为它具有操作易用、安全可靠、灵活扩展、节约成本等优点。云服务器与传统服务器的对比如表 8-4 所示。

表 8-4　云服务器与传统服务器对比

	云主机	传统 IDC
机房网络	高配品牌服务器 EMC 顶级存储，IO 性能远超普通服务器 电信骨干机房，优质网络 带宽充足，独享带宽	普通服务器 机房质量参差不齐，以共享带宽为主， 网络易受干扰
操作易用	开通即可用 可在线更换操作系统 Web 在线自助管理，简单方便	需用户自备操作系统，自行安装 无法在线更换操作系统，需要用户自己重装 没有在线管理工具，维护困难
安全可靠	硬件防火墙，有效防护 DDoS 攻击 内置冗余的共享存储和智能备份	防火墙设备需要另外购买，价格昂贵 单硬盘，无备份，数据容易丢失
灵活扩展	开通云服务器灵活 可以在线升级配置 带宽升降自由 在线使用负载均衡，轻松扩展应用	服务器交付周期长 升级配置麻烦 带宽一次性购买，无法自由升降 硬件负载均衡，价格昂贵，设置麻烦

续表

	云主机	传统 IDC
节约成本	使用成本门槛低 无须一次性大投入，按需购买，弹性付费， 灵活应对业务变化	使用成本门槛高 一次性投入巨大，闲置浪费情况严重 无法按需购买，必须为业务峰值满配

本项目基于目前云计算服务构建私有云基础设施平台，为职业危害监管服务实现软件即服务打好硬件基础。职业危害监管服务私有云计算平台具有容易与现有相关数据平台无缝融合的优点，方便系统后续的升级、扩容等。

当前各大电信公司及服务器公司纷纷开始提供云服务器租用服务，比如电信、华为、华云等（见表 8-5、表 8-6、表 8-7）。

表 8-5 电信云计算服务器资费

	CPU/个	内存/GB	存储/GB	IP/个	独享带宽/MB	元/年 Windows	元/年 Linux
基础Ⅰ型	1	1	80	1	2	1 548	1 548
基础Ⅱ型	1	2	80	1	2	3 108	2 568
标准Ⅰ型	2	1.5	100	1	2	4 800	3 720
标准Ⅱ型	2	2	100	1	2	4 884	3 804
标准Ⅲ型	2	4	150	1	2	5 250	4 170
增强Ⅰ型	4	2.5	250	1	2	11 262	9 102
增强Ⅱ型	4	4	300	1	2	11 532	9 372
极速Ⅰ型	8	8	800	1	2	18 156	13 836

资料来源：http://www.ctyun.cn。

表 8-6 华为云计算服务器资费

	VCP/个	内存/GB	存储/GB	IP/个	独享带宽/MB	元/年 Windows	元/年 Linux
均衡 B 型	2	2	100	1	1	4 600	4 300
均衡 C 型	2	4	200	1	1	7 000	6 700
均衡 D 型	4	7.5	300	1	1	10 500	10 200
高内存 A 型	2	7.5	300	1	1	11 800	11 500
高 CPU B 型	8	7.5	300	1	2	12 400	12 100

资料来源：http://www.hwclouds.com。

表 8-7 华云云计算服务器资费

	VCP/个	内存/GB	存储/GB	IP/个	独享带宽/MB	元/月	元/年
华云 A 型	1	1	100	1	2	185	1 887
华云 B 型	2	2	200	1	5	390	3 978
华云 C 型	4	2	300	1	5	490	4 998

	VCP/个	内存/GB	存储/GB	IP/个	独享带宽/MB	元/月	元/年
华云 D 型	2	4	300	1	5	580	5 916
华云 E 型	4	4	500	1	5	710	7 242
华云 F 型	4	6	600	1	5	880	8 976
华云 G 型	4	8	800	1	5	1 250	12 750
华云 H 型	8	12	1 000	1	5	1 820	18 564
华云 I 型	1	2	80	1	2	380	3 876

资料来源:http://www.chinac.com。

出于节约开发成本考虑,本项目在最初的预研阶段暂时以普通计算机作为服务器使用,后续租用云计算服务器,将数据库、Web 服务器软件等无缝切换到云计算服务器上。

在云计算服务器的选型上,本项目选择华为的均衡标准 C 型云计算服务器。其配置及报价如表 8-6 所示。

项目所选云计算服务器主要有以下优点:

(1)华为不仅提供云服务器租用服务,同时提供数据备份、数据恢复等服务。

(2)华为不仅支持按月付费的租用方式,还支持按小时付费的租用方式,可有效节约开发成本。

(3)该配置的云计算服务器和本项目常用的电脑配置相近,性能可提前验证。

2. 数据库专业开发软件分析、比较

当前常用的数据库软件有 Oracle、SQL Server、MySQL,这几款数据库软件商业使用都是收费的。Oracle 作为功能最强大的数据库,数据容量强大,支持集群,但占硬盘最多;SQL Server 为微软配套的数据库,只能在 Windows 上运行,没有丝毫的开放性,NT Server 只适合中小型企业,而且 Windows 平台的可靠性、安全性和伸缩性是非常有限的;MySQL 属于轻量型数据库,方便小巧,是程序设计阶段最好的试验型数据库,容量较小,但是仍可适用于绝大多数应用场合。经过综合比较,本系统采用 MySQL 数据库。MySQL 数据库软件是当前比较火的一款数据库软件,其特点如下:

(1)轻量型的数据库软件,操作简单,上手快。

(2)代码开源,便于后续技术升级。

(3)社区版自用不用付费(自研过程中不用付费,做产品销售需付费)。

(4)MySQL 提供嵌入式版数据库是当前 Android 上 App 开发普遍使用的。

(5)MySQL 企业版收费便宜(见表 8-8)。

表 8-8 MySQL 数据库专业软件资费

单位:元

	MySQL 标准版	MySQL 企业版	MySQL Cluster 集群版
年度订购 2,3,4,5/具有 1～4 个物理 CPU/每年	人民币 13 644 (未含增值税)	人民币 34 116 (未含增值税)	人民币 68 220 (未含增值税)

通过三款软件的综合分析,本项目的演示验证系统平台建议选用 MySQL 数据库作为本项目的数据库开发软件。在预研过程中,本项目使用其社区版软件,不用付费。项目开发人员使用熟练 MySQL 数据库,对于本项目后期手机终端 App 的开发也是一种技术储备。

3. 界面设计

本项目采取 B/S 网页服务器的方式,支持用户远程登录访问职业危害监管系统。当前,做网站界面的语言主要有 VB、C♯和 Java。这三种语言中,VB 的市场占有率正在逐年降低。C♯是一种安全的、稳定的、简单的、优雅的,由 C 和 C++衍生出来的面向对象的编程语言。它在继承 C 和 C++强大功能的同时去掉了一些它们的复杂特性(例如没有宏以及不允许多重继承)。C♯综合了 VB 简单的可视化操作和 C++的高运行效率,以其强大的操作能力、优雅的语法风格、创新的语言特性和便捷的面向组件编程的支持成为.NET 开发的首选语言。Java 编程语普遍应用于浏览器的编写,它具有安全与系统无关、可移植、高性能等优点,但是 Java 的编程效率比 C♯低。

综上所述,本项目选用 C♯作为开发语言进行职业危害监管数据中心界面设计。

4. 系统架构

B/S 架构(Browser/Server 架构)即浏览器和服务器架构(图 8-26)。它是随着因特网技术的兴起,对 C/S 架构的一种变化或者改进的架构,它将 C/S 架构由客户端负责的业务逻辑层单独划分出来,独立形成中间层即 Web 服务器层。

三层架构分别为表示层、中间层(业务逻辑层)和数据访问层,每一层完成不同的功能。表示层用来显示界面,通过 Web 浏览器将用户的请求发送到 Web 服务器,并通过 Web 服务器返回结果展示给用户;中间层是整个系统的核心,用于处理负责的数据逻辑应用、数据运算、数据分析,并将结果通过通用格式(如 JSP、ASP 等)返回给 Web 浏览器;数据访问层通过数据服务器实现,主要完成 Web 服务器发送的数据库存储、查询、删除等任务请求,并把结果返回给 Web 服务器。

图 8-26 Browser/Server 结构示意图

与传统监测系统相比,基于 B/S 体系架构的网络管理系统使用了大量的 Web 浏览器技术,结合中间插件,解决了 C/S 架构下客户端需要维护的缺点,是一种全新的软件构造技术。该架构有以下优点:

(1)使原来基于单机或者局域网的管理系统扩展到整个因特网,使得职业危害数据可以在全球范围被共享。

（2）Web开发和应用管理成本低，容易部署和管理。在C/S架构下，必须在大量的客户端配置应用程序，升级管理麻烦。而在B/S模式下，整个系统的管理、数据库操作和业务逻辑部署都集中在应用服务器，维护工作由服务器端单独完成，客户端不需要增加任何服务。

（3）跨平台应用，扩展性强，大大超越了传统系统的访问范围，并具有高效的计算负载。

（4）因特网用户只需通过浏览器访问，便可得到统一的界面，享受时刻变化、内容丰富的信息服务。

（5）基于以上分析，正是由于C/S架构在客户端部署、跨平台使用受限和客户端升级维护成本高等局限性，基于因特网的Web技术的B/S架构使监测范围得到提升，增加了监测的灵活性，无论从软件开发、系统构建，到以后的升级维护，B/S架构都能很好解决。所以在解决职业危害的远程监测上，本项目采用B/S架构。

本项目采用B/S三层架构体系来开发管理系统，这不仅简化了客户端的工作，而且对整个系统的管理和维护也只需通过服务器来进行。客户端只要安装了浏览器，对数据库的访问和应用程序的执行都通过服务器完成，允许不同用户通过不同的网络连接方式和操作系统访问同样的信息。B/S三层架构体系使应用服务器与数据服务器分离，使数据库具有很高的物理独立性和逻辑独立性，为数据的安全提供了保障。

5. 系统功能模块

职业危害监管系统主要包括四大功能模块，各模块主要功能介绍如下：

1）用户登录与管理模块

用户登录系统前需要输入用户名及密码以核实身份，只有身份核实通过的用户才有权限修改报警值参数。

2）远程数据接收模块

作为职业危害监管数据中心，接收由北斗网关通过因特网转发过来的数据，并将这些数据保存到数据库中。

3）数据处理模块

对接收到的工况数据进行运算处理并显示，通过初始化的报警值和预警值参数判断设备运行状态是否正常，以便及时排除故障。

4）历史记录查询模块

系统提供历史数据的查询、对比功能，提供图表显示历史数据趋势等功能。

参 考 文 献

［1］李德文,隋金君,刘国庆,等. 中国煤矿粉尘危害防治技术现状及发展方向［J］. 矿业安全与环保, 2019, 46(6):1-7.

［2］李德文,吕二忠,吴付祥,等. 粉尘质量浓度测量技术方案对比研究［J］. 矿山机械, 2019, 47(12):58-62.

［3］李德文,郭胜均. 中国煤矿粉尘防治的现状及发展方向［C］//中国金属学会,中国有色金属学会,中国煤炭学会,等. 第八届全国采矿学术会议论文集. 北京, 2009:765-770.

［4］Liu D D, Ma Q, Li D W, et al. Dust concentration estimation of underground working face based on dark channel prior［J］. IOP Conference Series: Materials Science and Engineering, 2019, 592:012183.

［5］李德文. 中国煤矿粉尘防治技术现状及展望［C］//中国煤炭学会煤矿安全专业委员会. 中国煤炭学会煤矿安全专业委员会 2004 年学术年会论文集. 三亚, 2004:258-263.

［6］李德文. 粉尘防治技术的最新进展［J］. 矿业安全与环保, 2000, 27(1):10-12.

［7］李德文,王伟黎,赵中太,等. 一种矿用综掘面配套除尘器承载车:CN208934692U［P］. 2019-06-04.

［8］李德文. 预荷电喷雾降尘技术的研究［J］. 煤炭工程师, 1994, 21(6):8-13.

［9］李德文,严昌炽. 荷电水雾对呼吸尘的捕集机理及捕集效率［J］. 煤矿安全, 1993, 24(12):5-9.

［10］李德文. 利用声凝聚机理提高喷雾降尘效果的研究［J］. 中国安全科学学报, 1993, 3(2):32-37.

［11］李德文,郭胜均. 中国煤矿粉尘防治的现状及发展方向［J］. 金属矿山, 2009(S1):747-752.

［12］李德文,王树德,胥奎,等. 涡流控尘装置:CN2908788［P］. 2007-06-06.

［13］李德文,杜安平,张广勋,等. 抽出式对旋风机的负压腔体:CN2422448［P］. 2001-03-07.

［14］Tang C R, Liu D D, Li D W. Research on 3D cutting force sensor based on magneto-rheological elastomers［C］//2016 Progress in Electromagnetic Research Symposium (PIERS). August 8-11, 2016, Shanghai, China. IEEE, 2016:3402-3404.

［15］李德文,张设计,马威,等. 煤矿大采高综采工作面移架闭尘导尘装置:CN109162752A［P］. 2019-01-08.

[16] Liu D D, Jing M M, Li D W, et al. Optimization of a dust concentration measuring device based on the Coanda effect[J]. International Journal of Applied Electromagnetics and Mechanics, 2020, 64(1/2/3/4): 1057-1064.

[17] 梁爱春, 李德文, 王树德. 综合防尘技术在开元公司的应用[J]. 能源环境保护, 2008, 22(5): 40-43.

[18] 李德文, 卓勤源, 吴付祥, 等. 基于β射线法的粉尘质量浓度检测算法研究[J]. 矿业安全与环保, 2019, 46(6): 8-13.

[19] 李德文, 张强, 吴付祥, 等. 管道内沉积粉尘厚度监测装置及方法: CN108627107B [P]. 2019-09-27.

[20] 李德文, 惠立锋, 赵政, 等. 一种呼吸性粉尘分离装置: CN109865215A[P]. 2019-06-11.

[21] 李德文, 焦敏, 郑磊. 燃煤电厂超低排放颗粒物在线监测烟气除湿技术[J]. 中国电力, 2019, 52(12): 154-159.

[22] 刘丹丹, 景明明, 汤春瑞, 等. 基于静电感应的小粒径粉尘浓度测量装置优化研究[J]. 煤炭科学技术, 2019, 47(7): 171-175.

[23] 李德文, 陈建阁. 基于电荷感应法浮游金属粉尘质量浓度检测技术[J]. 工业安全与环保, 2019, 45(7): 61-64.

[24] 赵政, 李德文, 吴付祥, 等. 基于高精度沉积厚度检测方法的通风除尘管道粉尘沉积规律[J]. 煤炭学报, 2019, 44(6): 1780-1785.

[25] Liu Dandan, Ma Quan, Li Dewen, et al. Dust concentration estimation of underground working face based on dark channel prior[C]//第二届制造技术, 材料和化学工程国际学术会议(MTMCE 2019). 武汉, 2019: 1388-1393.

[26] 李德文, 陈建阁, 安文斗, 等. 电荷感应式粉尘浓度检测技术[J]. 能源与环保, 2018, 40(8): 5-9.

[27] 李德文, 赵政, 晏丹, 等. 一种基于 DMA 的颗粒物粒径分布检测系统和方法: CN201810781786.3[P]. 2018-07-17

[28] Liu Dandan, Zhao Wendi, Li Dewen, et al. Optimization of dust concentration measuring device[C]//第二届制造技术, 材料和化学工程国际学术会议(MTMCE 2019). 武汉, 2019: 1395-1400.

[29] Liu Dandan, Ma Wu, Li Dewen, Wang Jie, Jing Mingming, Tang Chunrui. Research on dust concentration measurement device based on spiral flow[C]//第二届制造技术, 材料和化学工程国际学术会议(MTMCE 2019). 武汉, 2019: 1402-1407.

[30] 刘丹丹, 景明明, 李德文, 等. 静电感应检测小粒径煤尘通道参数的优化[J]. 黑龙江科技大学学报, 2019, 29(3): 346-352.

[30] 刘丹丹, 景明明, 李德文, 等. 静电感应检测小粒径煤尘通道参数的优化[J]. 黑龙江科技大学学报, 2019, 29(3): 346-352.

［31］李德文，梁爱春，龚小兵，等. β射线法大气颗粒物监测设备的滤纸压紧装置：CN205506627U［P］. 2016-08-24.

［30］刘丹丹，景明明，李德文，等. 静电感应检测小粒径煤尘通道参数的优化［J］. 黑龙江科技大学学报，2019，29(3)：346-352.

［32］张设计，李德文，马威，等. 一种综采工作面采煤机逆风割煤产尘综合治理方法：CN109026126B［P］. 2020-08-21.

［33］张安明，李德文. 电介喷嘴高效喷雾降尘的试验研究［J］. 煤炭工程师，1997，24(1)：3-5.

［34］王昌傲，李德文，张建军，等. 新型采煤机控降尘装置：CN203584430U［P］. 2014-05-07.

［35］郭胜均，龚小兵，刘奎，等. 一种带控除尘功能的扒渣机：CN202645573U［P］. 2013-01-02.

［36］刘丹丹，刘衡，李德文，等. 基于遗传算法的煤矿粉尘浓度测量装置优化［J］. 黑龙江科技大学学报，2018，28(1)：97-101.

［37］张少华，李德文，隋金君，等. 往复送料式高浓度发尘器：CN202648970U［P］. 2013-01-02.

［38］王树德，李建国，胥奎，等. 矿用湿式孔口除尘器：CN2911188［P］. 2007-06-13.

［39］刘丹丹，曹亚迪，汤春瑞，等. 基于测量窗口气鞘多相流分析的粉尘质量浓度测量装置优化［J］. 煤炭学报，2017，42(7)：1906-1911.

［40］郭胜均，吴百剑，张设计，等. 气幕控尘技术的应用［J］. 煤矿安全，2005，36(1)：11-13.

［41］王志宝，李德文，王树德，等. 环缝式引射器变工况特性的试验研究［J］. 煤矿机械，2012，33(3)：54-56.

［42］马威，李德文，张设计，等. 一种具有侧吸功能的喷雾引射式含尘气流控制方法与装置：CN109139007B［P］. 2020-05-12.

［43］严昌炽，李德文. 水雾荷质比极限值与雾粒粒径分布的关系探讨［J］. 煤炭工程师，1993，20(5)：17-19.

［44］刘丹丹，魏重宇，李德文，等. 基于气固两相流的粉尘质量浓度测量装置优化［J］. 煤炭学报，2016，41(7)：1866-1870.

［45］Wang Lin，Tian Qinjian，Li Dewen，et al. The Research of the Activity of the Piedmont Fault on the Tangshankou Segment of the Yuguang Basin Southern Marginal Fault［J］. Earthquake Research in China，2017，31(04)：527-537.

［46］郭胜均，张设计，吴百剑，等. 气幕控尘模拟试验研究［J］. 矿业安全与环保，2005，32(1)：11-12.

［47］郭胜均，吴百剑，张设计，等. 连采工作面气幕控尘技术的研究及实践［C］//中国煤炭学会煤矿安全专业委员会2004年学术年会论文集. 三亚，2004：271-274.

［48］郭胜均，龚小兵，刘奎，等．一种带喷浆机械手和控除尘功能的扒渣机：CN202645572U［P］．2013-01-02.

［49］张少华，李德文，隋金君，等．掘进巷道防脱轨承载车：CN202641705U［P］．2013-01-02.

［50］王树德，李德文，张小涛，等．机掘面车载式控尘除尘一体设备及系统：CN202228079U［P］．2012-05-23.

［51］马官国，郭笑笑，窦茜，等．一种喷浆机械手：CN104533459B［P］．2019-01-08.

［52］龚小兵，郭胜均，李德文，等．无动力液体自动添加装置：CN201982131U［P］．2011-09-21.

［53］梁爱春，李德文，王树德，等．CSY-180液动除尘器在良庄矿的应用［J］．煤炭工程，2009，41(4)：99-101.